개정판

국방대학교 안보문제연구소 총서1

Military Strategy of
Four Powers in Northeast Asia

미·일·중·러의 군사전략

국방대학교 안보문제연구소 엮음
한용섭 · 박영준 · 박창희 · 김영준 지음

한울
아카데미

이 도서의 국립중앙도서관 출판예정도서목록(CIP)은 서지정보유통지원시스템 홈페이지(http://seoji.nl.go.kr)와
국가자료공동목록시스템(http://www.nl.go.kr/kolisnet)에서 이용하실 수 있습니다.
CIP제어번호: CIP2018021799(양장), CIP2018021797(반양장)

개정판 머리말

2008년 12월에 『미·일·중·러의 군사전략』 초판을 출간하고 10년이 지났다. 그동안 한반도 주변 네 강대국 간의 국제관계는 코페르니쿠스적 전환기를 맞이했다. 이 책의 초판을 출간할 때만 해도 동북아는 미국 중심의 안보질서 속에서 중국과 일본이 제2의 경제대국을 놓고 경쟁하고 있었고, 북한은 핵무장 국가로의 도전을 시도하고 있었다. 그러나 2018년에는 미국 제일주의를 내세우는 트럼프의 미국과 시진핑 장기집권체제를 갖추고 중화민족의 부흥을 부르짖는 중국 간 동아시아 패권경쟁이 더욱 격렬해지고 있으며, 일본과 러시아는 각각 미국과 중국 어느 한쪽으로 경사되고 있고, 북한은 핵무장 국가가 되어 미국에게 도전장을 던지고 있다. 이렇게 변화되고 있는 동북아의 질서 속에서 한국은 좀 더 능동적으로 군사전략을 수립해야 할 상황에 놓이고 있다. 따라서 이번에 펴내는 『미·일·중·러의 군사전략』의 개정판에는 그동안 변화된 동북아의 국제질서를 재정의하고, 한국 안보에 영향을 미치는 미·일·중·러의 군사전략을 새롭게 정의하려는 노력이 담겨 있다고 할 수 있다.

돌이켜보면 20세기 후반기에 한국은 미국, 일본, 중국, 러시아의 대(對)동북아 및 한반도전략, 북한의 대(對)남한전략에 적응하는 수동적인 전략적 행동을 보여왔다고 할 수 있다. 경제 분야만 유일하게 수출 중심의 대외지향적인 전략을 구사해왔으나, 그 외 한국의 대외전략은 미국 중심의 동맹 속에서 미국을 통해 세계를 바라보고 적응해왔음을 부인할 수 없다.

그러나 세계적인 탈냉전 흐름과 함께 한국은 새로운 국제위상에 걸맞게 대외적 비전을 정립해야 했으며, 한미동맹의 틀 속에서도 동북아에서 한국의 전략적 위상과 영향력을 증가시키려는 안보정책을 추진할 수밖에 없다고 할 수 있다. 또한 이 움직임은 과거의 국가안보전략에 대한 성찰을 통해 세계를 향한 새로운 비전과 전략을 수립하라는 국민적인 요구와 국제적인 요청에 제대로 부응하게 되는 것이라고 할 수 있다.

한반도 주변의 미·일·중·러 4강국이 각각 자국 제일주의를 추구하는 국가전략의 각축장이 되고 있는 동북아에서, 미·일·중·러 4강국은 자국의 외교와 안보전략을 뒷받침하는 수단으로서의 군사력을 급속하게 증강시키고 있다. 또한 군사력을 어디에, 어떻게 사용할 것인가를 고려하는 군사전략은 국가안보전략의 핵심 요소가 되는 것이기에 제대로 연구할 수밖에 없는 주제이기도 하다. 또한 북한이 동북아의 기존 질서를 깨뜨리고 미국과 핵으로 "맞짱 뜨기" 위해 핵무기를 개발해왔고 비대칭전략으로서의 핵전략까지도 내세우고 있기 때문에, 한국은 한미동맹을 견고히 함으로써 미국의 확장억제력으로 북한의 핵 위협을 억제하면서도 한미연합전략의 변화 노력과 함께 독자적인 군사전략을 강조해나가야 하는 시점에 이르고 있다. 하지만 북한의 핵무기로 초래된 한반도의 전쟁위기를 해소하기 위해 사상 초유의 미북 정상회담이 개최됨에 따라 향후 한미 양국과 북한은 핵 억제에 관한 전략을 상호 재조정해야 할 필요성에 직면할지도 모른다.

이러한 때에 우리는 우리의 시각에서 미국, 일본, 중국, 러시아의 군사전략을 객관적이고 체계적으로 분석해볼 필요성과 사명감을 느꼈다. 이것은 향후 한국적인 군사전략을 수립하는 데 가장 긴요한 사안이 되기 때문이다. 『손자병법』의 "지피지기(知彼知己)면 백전불태(百戰不殆)"라는 말에서 보듯이, 우리의 안보를 확실하게 보장하기 위해서는 우리 주변의 4강국, 즉 미국, 일본, 중국, 러시아의 군사전략을 정확하게 파악하고, 활용할 것은 제대로 활용하며, 대비해야 할 것은 반드시 대비해나가는 지혜가 필요할 것이다.

21세기 정보지식사회에 접어들면서 국방과 군사에 관한 지식과 정보가 대규모로 실시간에 민간 사회에 유포되어, 민간에서도 많은 군사지식과 정보가 범람하게 되었다. 이러한 시대의 흐름에 앞장서서 국방대학교의 안전보장문제연구소에서 2008년에 초판을 발간한 이후에 10년 만에 그동안의 정세와 정책의 변화를 깊이 연구해 새로운 시각과 지식과 정보를 제때에 국민들에게 제공하는 것은 우리에게 맡겨진 고유한 사명이라고 할 수 있을 것이다.

출판의 기회를 주신 도서출판 한울의 김종수 사장님과 편집자 여러분에게 감사드리고, 이 책이 국민들의 많은 애호를 받아 한국적인 군사전략을 수립하는 데 지혜 모음의 계기를 제공하게 되기를 기대한다. 이 책에 대한 많은 질정과 지도를 바라마지 않는다.

2018년 5월

국방대학교 교수

한용섭

초판 머리말

20세기 후반 50년 동안 한국은 미국, 일본, 중국, 러시아의 대(對)동북아 및 한반도 전략, 북한의 대(對)남한 전략에 적응하는 수동적인 전략적 행동을 보여왔다. 경제 분야만 유일하게 수출 중심의 대외지향적인 전략을 구사해왔으나, 그 외 한국의 대외전략은 미국 중심의 동맹 속에서 미국을 통해 세계를 바라보고 적응해왔음을 부인할 수 없다.

그러나 세계적인 탈냉전과 함께 한국은 새로운 국제위상에 걸맞게 대외적 비전을 정립해야 했으며, 한미동맹의 틀 속에서 한국의 위치와 영향력을 증가시키는 안보정책을 추구해왔다고 할 수 있다. 21세기에 들어 한국은 과거의 국가안보전략에 대한 성찰을 통해 세계를 향한 새로운 비전과 전략을 수립하라는 국민적인 요구와 국제적인 요청에 직면하게 되었다.

평화의 시기가 길어지면서 각국은 전쟁 수행 전략보다는 평시에 국가이익을 추구하기 위해 군사력을 포함한 국력을 어떻게 사용할 것인가에 대한 국가전략을 탐색해왔다. 21세기에 들어서면서 세계화와 더불어 지구촌은 국경을 초월한 다양한 관계의 네트워크를 형성하고 있지만, 그 속에서도 국가 간의 치열한 전략 경쟁은 무시할 수 없는 현상이 되고 있다. 국가전략의 경쟁 속에서 각국이 보유한 군사력은 외교와 안보전략을 뒷받침하는 수단이 되어왔고, 군사력을 어디에 어떻게 사용할 것인가 하는 군사전략은 국가안보전략의 핵심 요소가 되고 있는 것이다.

특히 21세기에 한미연합방위체제를 주축으로 한 한미군사동맹의 성격이 변하고, 한국이 작전통제권을 행사할 것으로 기대되면서 한국은 군사전략을 독자적으로 세워야 하는 시점에 이르게 되었다. 이러한 때에 우리의 시각에서 미국, 일본, 중국, 러시아의 군사전략을 객관적이고 체계적으로 분석해본다는 것은 향후 한국적인 군사전략을 수립하는 데 가장 긴요한 사안이 되고 있다. 손자병법의 '지피지기(知彼知己)면 백전불태(百戰不殆)'라는 말에서 보듯이, 우리의 안보를 확실하게 보장하기 위해서는 우리 주변의 4강국, 즉 미국, 일본, 중국, 러시아의 군사전략을 정확하게 파악하고, 활용할 것은 활용하되 대비해야 할 것은 대비해야 할 것이다.

국방대학교 국가안전보장문제연구소(안보문제연구소)는 1972년 박정희 전 대통령이 민간과 군에 있는 군사안보전문가들을 결집시켜 한국적인 안보정책과 군사전략을 연구하기 위해 창립한 연구소이다. 그동안 동 연구소에서는 내부적으로 한국의 안보정책과 군사전략에 관한 많은 연구를 해왔으나, 이번에 처음으로 군사 분야의 책을 출판하게 되었다.

21세기 정보지식사회에 접어들면서 국방과 군사에 관한 지식과 정보가 대규모로 실시간에 민간 사회에 유포되어, 민간에서도 많은 군사지식과 정보가 범람하게 되었다. 이러한 시대의 흐름에 앞장서 연구소의 연구물들을 시중에 많이 출판했어야 하는데 만시지탄(晩時之歎)의 감이 있지만, 늦다고 생각하는 때가 가장 빠른 때라는 말에 용기를 얻어 이번 출판을 하게 되었다.

출판의 기회를 주신 도서출판 한울의 김종수 사장님과 편집자 여러분에게 감사드리고, 이 책이 국민들의 많은 애호를 받아 한국적인 군사전략을 수립하는 데 지혜 모음의 계기를 제공하게 되기를 기대한다. 이 책에 대한 많은 질정과 지도를 바라마지 않는다.

2008년 12월

국방대학교 안보문제연구소 소장

한용섭

차례

서론

전략의 구성체계로 볼 때 군사전략은 국가이익과 국가목표를 추구하기 위한 국가안보전략과 국가정책의 하위 개념이다. 즉, 군사전략이란 정치전략, 경제전략, 외교전략과 함께 국가전략을 구성하는 하나의 하위전략으로서 국가정책에 의해 설정된 국가목표를 달성하기 위해 군사적인 수단을 효과적으로 준비하고 계획하며 운용하는 방책이라 정의할 수 있다.[1]

배리 포젠(Barry Posen)이 지적하고 있듯이 군사전략은 국가전략을 구성하는 핵심적 요소이다.[2] 물론 국가전략이란 한 국가의 정치적·경제적·사회적·군사적 영역을 모두 포괄하는 것이므로 여기에서 군사전략이 차지하는 영역은 일부에 불과한 것이 사실이다. 그러나 군사전략의 외연은 이미 순수한 군사 영역 그 자체를 넘어 크게 확대되고 있다. 과거의 군사전략 개념이 전시에 전장에서 승리를 거두는 것으로 한정되었다면, 이제는 전시는 물론 평시의 국가목표를 달성하는 데 핵심적인 요소로 인식되고 있다. 즉, 현대의 군사전략이란 단순히 전쟁을 준비하고 수행하는 것뿐만 아니라 평시 외교를 지원하고 경제활동을 보호하는 등 확대된 영역에서 국가이익을 달성하는 데 핵심적인 역할을 담당하게 되었다.

왜 군사전략을 연구해야 하는가? 한 국가의 군사전략을 연구하는 것은 단순

1 정병호, 「전략의 본질」, 『군사학개론』(국방대학교 교육학술연구과제, 2007), 138~139쪽.

2 Barry R. Posen, *The Sources of Military Doctrine: France, Britain, and Germany Between the World Wars* (Ithaca: Cornell University Press, 1984), p.33.

히 그 국가의 군사전략을 분석하는 데 그치지 않는다. 한 국가의 군사전략에 대한 연구는 그 국가의 군사전략뿐 아니라 좀 더 상위의 국가전략을 더욱 명확하게 이해하고 그들의 진정한 정치군사적 의도와 군사적 능력을 파악하는 데 도움을 준다. 대개 모든 국가의 대외정책은 화려한 수사로 치장되기 마련이다. 제아무리 공세적이고 팽창적인 정책을 추구하는 국가라 하더라도 스스로의 정책을 방어적이고 평화적인 것이라고 주장한다. 그리고 그들의 군사력 증강이 주변국에 대한 위협을 가하기 위한 것이 아니라 순수하게 자국을 방어하기 위한 것이라고 선전한다. 그러나 군사전략은 국가전략을 이행하기 위해 적절한 수단을 선택하고 운용하는 것인 만큼 대외적으로 숨기기가 어렵다. 따라서 군사전략 연구는 그들의 국가전략 뒤에 숨은 의도가 공세적인 것인지, 방어적인 것인지, 아니면 억제를 위한 것인지 그 성격을 식별할 수 있게 해준다.

또한 국제체제 및 지역 수준에서 볼 때 주요 국가들의 군사전략은 지역질서와 안정성을 결정하는 데 직접적인 영향을 미친다. 따라서 지역 국가들의 군사전략을 분석한다면 역내 역학관계 구도와 현상의 변화를 더욱 정확하게 진단하고 미래의 불확실성에 능동적으로 대처할 수 있을 것이다. 예를 들어 동북아 지역 국가들의 군사전략 연구는 이들의 국가전략이 방어적인지 공세적인지, 협력적인지 경쟁적인지, 현상유지를 추구하는지 현상도전을 추구하는지를 판단케 하며, 이를 토대로 향후 지역질서가 평화적인지 대립적인지, 안정적인지 불안정한지를 전망하는 데 도움을 줄 것이다. 물론 각 국가들의 국가전략과 대외정책을 통해서도 지역안보환경을 전망해볼 수 있다. 그러나 대부분 국가들의 국가전략과 정책은 앞에서 지적한 바와 같이 종종 화려한 수사와 선전적인 문구로 포장되어 있어 그 실체를 파악하기가 어려우며 자칫 현실을 왜곡할 수 있다. 군사전략 연구는 국가전략 연구에서 범할 수 있는 이러한 한계를 극복하고 현상을 정확히 식별하는 데 기여하는 셈이다.

따라서 군사전략을 연구하는 것은 단순히 군사적 측면에서 하위전략과 전술적 문제를 다루는 것에 그치지 않고 좀 더 상위 차원에서의 정책과 전략을 대상으로 그 실체를 규명하는 작업이라 할 수 있다. 냉전기 군사전략 연구는 미국과 소련의 군사적 패권경쟁을 중심으로 한 핵전략 분야에 집중되었으며, 따라서 지역국가들의 재래식 군사전략에 대한 연구는 크게 부각될 수 없었다. 그러나 냉전이 종식되고 양극적 국제질서가 해체되면서 상황이 크게 바뀌었다. 지역국가들의 군사전략이 국제질서 및 지역질서의 성격을 결정하는 핵심적 변수로 자리 잡게 되었기 때문이다. 마찬가지로 동북아 지역에서도 미국, 일본, 중국, 러시아의 군사전략이 군비통제, 군사협력, 기술이전, 신뢰구축, 나아가 전략적 경쟁 혹은 협력을 결정하는 주요 인자로 대두되고 있다.

이러한 맥락에서 이 책은 동북아 안정과 한국의 안보에 직접적인 영향을 미치는 주변 4개국의 군사전략을 분석한다. 한국은 경제규모 면에서나 군사비 지출 면에서 이미 세계 10위권의 중견 국가로서의 위상을 확보하고 있음에도 불구하고, 주변국인 미국, 일본, 중국, 러시아와 비교할 때 상대적으로 약한 국가로 분류될 수밖에 없다. 이것이 바로 한반도의 지정학적 운명이며 — 역사적으로 해양과 대륙의 단층지대에 끼어 굴곡의 역사를 살았던 — 예나 지금이나 주변 국가들의 군사전략에 더욱 관심을 기울여야 할 이유이다. 주변 4개 국가들에 대한 군사전략 연구는 그들이 표방하고 있는 상위의 정책과 전략을 좀 더 명확히 이해할 수 있게 할 뿐 아니라 이면에 깔린 숨은 의도와 능력을 파헤쳐 볼 수 있는 기회가 될 것이다.

이 책은 서론을 제외하고 4개의 장으로 구성되어 있으며, 각각 미국, 일본, 중국, 러시아의 군사전략을 다룬다. 각 장에서는 군사에 영향을 미치는 요인, 전략 환경 평가, 안보전략과 국방정책, 군사전략의 내용, 평가와 전망 등의 내용을 포함하고 있다. 물론 국가별 특성에 따라 필자들이 사용하는 용어와 글의 전개 순서가 반드시 일치하는 것은 아님을 밝혀둔다.

제1장에서는 미국의 군사전략을 다룬다. 한용섭 교수는 먼저 미국의 군사

전략에 영향을 미치는 요인들을 분석하고, 미국의 안보전략과 국방전략, 군사전략의 목표를 식별하며, 이러한 목표를 달성하기 위한 군사전략을 분석한다. 특히 탈냉전 이후 미국의 안보, 국방, 군사가 어떻게 변천해오고 있는지를 분석하고 있다. 동시에 미국의 국방자원의 변천과정을 살펴보면서 그 변화의 요인을 분석한다. 또한 21세기 충격과 공포의 대테러전쟁 시대에 전개된 미국의 세계적인 군사태세와 전쟁양식을 살펴보고, 이에 대한 평가와 함께 미국 군사전략의 문제점과 전망을 제시하고 있다. 오바마 행정부 2기에 대테러전쟁을 끝내고, 미국이 중국의 부상에 대처하기 위해 재정립한 아태 지역 재균형전략과 새로운 위협에 대한 정의와 거기에 대응하기 위한 신국방정책, 신핵전략의 변화추이를 살펴보면서, 오바마 행정부와 트럼프 행정부로 이어지는 미국의 안보와 국방에 대한 새로운 도전과 미국의 응전에 대한 정책적 시사점을 도출하고 있다. 이러한 논의를 통해 한 교수는 미국의 군사전략이 미국의 다원적·자유민주적·개인주의적, 그리고 첨단과학기술에 바탕을 둔 삶의 방식을 반영하고 있으므로, 한국을 비롯한 미국의 동맹국들이 자기의 국가안보를 위해 장기적 안목에서 명심해야 할 사항들을 아울러 제시하고 있다.

제2장은 일본의 군사전략을 다룬다. 박영준 교수는 지금까지 일본의 군사전략을 국가전략과 연결시켜 고찰하거나 군사전략과 관련된 일본 정부 문서체계의 전모 또는 군사전략과 밀접히 관련되는 자위대 편제나 무기체계 등을 종합적으로 고찰한 연구가 부족하다는 점을 지적하고, 일본의 국가전략과 군사전략을 집중적으로 조명한다. 여기에서 박 교수는 제2차 세계대전 패전 이후 일본의 안보체제가 재편된 과정과 평화헌법하에서의 비군사화 규범정립과정을 역사적으로 개관하고, 탈냉전기 이후 일본의 국가전략과 군사전략, 그리고 군사력 양상에 나타나고 있는 새로운 변화과정을 살펴본다. 특히 2012년 아베 정부 재출범 이후 진행되고 있는 『국가안보 전략서』 책정 및 방위계획대강 개정, 그리고 그에 따른 방위정책 변화와 육·해·공 자위대 전력 증강 양상 및 미

일동맹 강화과정을 종합적으로 고찰한다.

제3장은 중국의 군사전략을 다룬다. 박창희 교수는 우선 중국의 전략 환경을 중국의 국가이익과 위협 인식, 전쟁양상 변화와 군사변혁, 주변국의 군사동향을 중심으로 분석한다. 그리고 안보 위협과 도전에 대응하기 위한 중국의 국방정책 및 군사전략 방침이 어떻게 발전하고 있는지를 살펴보고, 이를 기초로 중국의 적극방어 군사전략 개념이 해군, 공군, 그리고 제2포병에서 어떻게 수용되고 구체화되고 있는지를 고찰한다. 아울러 중국이 국방 및 군 현대화를 추진하기 위해 국방예산을 어떻게 책정하고 있으며 공식적 국방예산과 실제 국방예산에 얼마만큼의 차이가 있는지를 평가한다. 마지막으로 중국 군사전략의 문제점과 함께 향후 중국의 군사전략을 전망하고, 그것이 동북아 및 한반도에 미치는 영향을 제시한다. 박 교수는 중국의 적극방어 군사전략이 강대국으로 부상하는 중국이 급증하는 국가이익을 수호하기 위해 불가피하게 선택한 것임을 강조하고 있다.

제4장은 러시아의 군사전략을 다룬다. 김영준 교수는 먼저 러시아 군사전략과 국방정책에 영향을 끼친 요인에 대해 살펴본다. 이어서 러시아의 국내외 전략 환경을 분석하고, 최근 재집권에 성공한 푸틴 행정부가 지속 발전시켜오고 앞으로 추구해나갈 군사전략의 특징과 방향을 분석한다. 김 교수는 러시아의 『국가안보 전략서』와 군사독트린, 『외교정책 개념서』에 나타난 러시아의 군사전략의 특징이 어떠한지 분석한 이후 그러한 군사전략이 전략사상 측면에서 어떠한 연속성과 변화의 특징을 갖는지 해석한다. 또한 최근 러시아군이 실시한 주요 군사 훈련 등을 통해 러시아군이 시행하려는 군사전략을 분석한다. 마지막으로 러시아의 군사전략을 구현하려는 러시아의 국방개혁의 특징과 성과를 국방개혁의 배경과 경과, 국방예산의 특징과 전망, 전력 증강 동향의 관점에서 상세하게 살펴본다. 이러한 러시아의 군사전략과 국방정책에 관한 상세한 분석을 통해 김 교수는 푸틴의 러시아가 구현하려는 러시아 강군 건설은

강대국 러시아의 부활이라는 국가목표를 달성하기 위해 지속적으로 강화되고 지속될 것이며, 여러 요인들에 의해 이러한 국정 방향은 러시아 국민들의 높은 지지 속에서 이어질 것으로 전망한다.

이 책은 동북아 4개국의 개별적 군사전략에 대한 이해를 돕고 나아가 동북아 국가들의 군사전략을 견주어보면서 향후 동북아 지역체제가 어떠한 방향으로 나아갈 것인지 가늠해볼 수 있는 시각을 제시할 것이다. 따라서 이 책은 각 국가의 군사 관련 정책을 담당하고 있는 정책결정자 및 실무자들이 업무를 수행하는 데 도움을 줄 수 있을 것이며, 군사 분야를 공부하고 연구하는 모든 분들에게 유용한 자료로 활용될 수 있을 것이다. 나아가 주변 4개국의 군사전략에 대응하기 위한 한국의 군사전략을 입안하고 발전시키는 데 소중한 밑거름이 될 것이다.

제 1 장

미국의 군사전략

한용섭

1. 서론

인류 역사상 미국은 군사에 관한 정책과 전략을 가장 많이 공개하고 있는 국가이다. 아울러 미국은 대통령의 국가안보전략부터 국방부 장관의 국가방위전략을 거쳐 합참의 군사전략에 이르기까지 모든 수준의 전략과 정책을 톱다운(top down)식으로 논리적인 체계를 갖추어 미국 국민과 세계에 설명하고, 각 수준의 전략을 빈틈없이 집행하고자 하는 거의 유일한 국가이다. 여기서 인류 역사상 가장 강하고 거대한 군사력을 지닌 제국으로서의 미국의 면모를 엿볼 수 있다. 또한, 미국은 세계 제국 중에서 처음으로 세계를 6개 지역으로 구분해 각 지역마다 통합군사령부를 유지하면서 그 지역의 군사안보문제를 미국의 국익에 맞게 관리하도록 장치한 유일한 세계적 군사대국이다.

제2차 세계대전 이후 미국은 세계의 패권국으로서 세계안보에 대한 개입과 경찰국가 역할을 수행하면서 소련을 중심으로 공산 세계에 맞서는 방식으로 미국의 안보전략과 군사전략을 유지해왔다. 이러한 국가안보전략과 군사전략의 패러다임이 완전히 바뀐 것은 소련의 위협이 사라진 탈냉전 시기부터다.

1945년부터 45년간 미국은 미국 중심의 제1세계와 소련 중심의 제2세계 간의 양대 진영 간 군사적 대결과 군비 경쟁을 지속해왔다. 시대에 따라 강도에 차이가 있기는 했지만 냉전 시대 45년간 소련에 대한 봉쇄전략을 추진해왔다. 1980년대에 이르러 소련제국은 체제 자체 능력의 급속한 쇠퇴와 미국의 소련 붕괴전략으로 해체되고 말았다.[1] 냉전 시기 미국의 군사전략은 핵 분야에 있어서 대량보복에 기반을 둔 상호확증파괴전략과 억제전략에 근거했다. 재래식 분야에서는 유연반응전략, 지역전쟁의 억제와 저지 후 반격을 거쳐 승리하는 전략을 채택했다.

1990년대 소련의 붕괴 이후 미국의 가장 큰 위협이 사라지면서 미국은 불확실성 속의 안보전략과 양대 지역에서 전쟁승리전략[이른바 윈윈(win-win) 전략]을 구사해왔다. 즉, 동북아 지역에서 북한의 군사 위협, 중동에서 이라크의 군사 위협에 적극 대처하는 전략을 채택하고 대응하는 2개의 전장에서 동시승리전략을 구사한 것이다. 그리고 최대 위협이 사라진 탈냉전 시대의 미국은 불확실성 속에서 그 어떤 도전도 물리칠 수 있는 군사 능력을 갖추어야 한다는 능력 중심의 전략기획으로 전략기획의 방법을 바꾸게 되었다. 20세기 말에 등장한 과학기술의 혁명을 도입해 군사혁신을 이루었으며 21세기에는 군사정보 분야의 혁신을 도입해 네트워크중심전으로 전쟁 패러다임을 바꾸게 되었다.

그러나 21세기의 도래와 더불어 2001년 9월 11일 전대미문의 전쟁급 테러 공격을 당한 미국은 새로운 위협에 대처하고자 새로운 전략 개념을 내놓았다. 미국은 4대 위협을 규정했고, 이 4대 위협에 적절하게 대응할 수 있는 군사전략을 제시했다. 지금까지 금기시해왔던 선제공격의 논리도 등장했다. 2009년 등장한 버락 오바마(Barack Obama) 미국 대통령은 이라크와 아프가니스탄에서 미군을 철수했다. 대테러전쟁에 대한 반성을 토대로 미국의 전략을 재정립하

1 피터 시바이처, 『레이건의 소련붕괴전략』, 한용섭 옮김(서울: 오름, 2006).

고, 그동안 상대적으로 소홀히 했던 중국의 부상과 더불어 전개된 아시아 태평양 지역(이하 아태 지역)에서 세력 균형의 변화에 대응해 미국의 국가이익과 동맹국들의 안보이익을 반영한 아태 재균형전략을 제시했다. 2017년 등장한 도널드 트럼프(Donald Trump) 미국 대통령은 다시 한 번 미국 제일주의를 내세우면서 국방력 강화를 통한 미국 주도의 세계안보 질서를 재정립하고자 시도하고 있다.

따라서 이 연구의 목적은 미국의 군사전략 변천과 그 특징을 알아보는 것이다. 이어서 미래 미국의 군사전략에 대한 전망을 해보고자 한다. 미국의 군사전략은 냉전 시대, 탈냉전 시대, 대테러전 시대, 아태 중심 시대에 따라 확연하게 구분된다. 글의 성격상 냉전 시대에 대한 분석은 간단하게 진행하고, 탈냉전 시대와 대테러전 시대, 아태 중심 시대에 대한 설명을 더 비중 있게 진행할 것이다.

이 연구에서는 미국의 군사에 영향을 미치는 요인들을 먼저 분석하고, 미국의 안보전략과 국방전략, 군사전략의 목표를 알아보며, 이러한 목표를 달성하기 위한 군사전략을 분석해본다. 동시에 미국 국방자원의 변천양상을 살펴보면서 그 변화의 요인을 분석하기로 한다. 21세기 미국의 세계적인 군사태세와 전쟁양식을 살펴보고 이에 대해 평가를 하면서 미국 군사전략의 문제점과 전망을 덧붙이기로 한다.

2. 미국 군사의 영향 요인

한 국가의 군사는 국가와 사회의 일부분이므로 군사에 영향을 미치는 요소를 살펴보는 것은 의미 있는 일이다. 특히 미국은 민주주의 정치제도와 대통령 중심제를 채택하고 있는 국가이므로 미국의 군사문제에는 대통령과 의회의 영향력과 비중이 두드러진다. 대통령이 수장으로 있는 행정부 내에서는 국방장관, 대통령 직속 국가안보위원회와 국가안보 보좌관, 외교안보문제에 큰 영향력을 갖고 있는 국무장관, 그 밖에 군대, 경제력, 언론, 국민들의 군대를 존중하는 문화 등이 미국 군사에 대한 중요한 영향 요인이 되고 있다.

1) 정치제도

미국은 대통령중심제를 채택하고 있는 민주국가다. 헌법상 대통령은 최고 지휘관이며 외교의 수장이다. 미국의 대통령은 전쟁선포권을 갖고 있으며 세계 최강의 군대를 지휘한다. 1776년 건국부터 20세기 중엽 초강대국으로 등장하기 전까지 미국은 대통령이 직접 전쟁에 개입하거나 군사 문제에 관여하는 것을 기피하는 전통을 유지해왔다.[2]

그러다가 미국이 본격적으로 세계적 규모의 전쟁에 대규모로 개입하게 된 것은 제2차 세계대전부터다. 제2차 세계대전 때 미국은 영국·프랑스·소련 등 연합국의 지도국가로 등장했으며, 독일 - 이탈리아 - 일본으로 이어지는 침략국가(추축국)를 패배시키고 그 후 이어지는 세계평화를 확보하는 데 큰 기여를 하게 되었다.

미국의 대통령이 세계지도를 펴놓고 세계를 대상으로 한 안보전략과 군사전략을 짜기 시작한 것은 제2차 세계대전 이후부터다. 이것은 그 시대의 도전과 미국의 응답이라는 형식을 취했다. 냉전 기간 미국 대통령의 국가안보전략은 대개 비밀 형식을 취했다. 미국 대통령의 국가안보전략 문서가 처음 공개적으로 출판된 것은 탈냉전 이후 1991년 미국의 법에 따라서였다.

미국의 안보정책결정과 수행과정은 대통령의 국정 운영 스타일에 많은 영

2 Stephen Graubard, *Command of Office* (New York: Basic Books, 2004), pp.3~32.

향을 받는다. 대통령은 행정부 안에서 국무장관 - 국방장관 - 안보 보좌관으로 이어지는 삼각 보좌체제에 의해 안보정책에 대한 자문을 받으며 안보와 군사 면에서 국정을 리드한다. 미국의 정치는 양당체제이므로 대통령이 공화당 출신이냐 민주당 출신이냐에 따라 미국의 안보정책의 내용과 스타일이 달라진다.

공화당 출신 대통령들은 국가안보정책에서 민주당보다는 보수주의 성향을 보인다. 미국의 국가 이익을 강조하고 미국의 국익이 걸린 지역에 군사적으로 개입할 필요성을 느끼면 단독 혹은 양자 혹은 다국적군 형태로 개입하는 것을 불사한다. 21세기 미국이 테러공격을 받자 신보수주의(네오콘) 세력이 부시 대통령에게 직간접적으로 많은 영향을 미치게 되었는데, 이들은 미국 중심의 세계질서의 영속을 꿈꾸며, 독재국가들의 정권을 전복시키거나 장악해서라도 미국의 주요 가치인 자유와 민주주의를 확산시키려고 노력해왔다. 이들은 미국 중심의 세계평화질서를 강조하고 있다. 제2차 세계대전 이후 공화당 출신 미국 대통령은 드와이트 아이젠하워(Dwight Eisenhower), 리처드 닉슨(Richard Nixon), 제럴드 포드(Gerald Ford), 로널드 레이건(Ronald Reagan), 조지 부시(George Bush), 조지 W. 부시(George W. Bush), 현재의 트럼프 등이다. 특히 아이젠하워 대통령은 제2차 세계대전을 연합군의 승리로 이끈 육군 원수 출신이며, 레이건 대통령은 소련을 붕괴시킨 미국의 비밀안보전략을 입안하고 집행한 것으로 유명하다.

민주당 출신의 대통령들은 대개 자유주의를 표방한다. 이들은 미국은 강하나 지배적인 국가가 아니며 또한 지배를 하려고 해서도 안 된다고 주장한다. 그 대신에 이들은 미국과 국제사회의 협력을 강조한다. 힘에 의한 평화보다는 대화에 의한 평화를 선호한다. 제2차 세계대전 이후 민주당 출신의 미국 대통령은 해리 S. 트루먼(Harry S, Truman), 존 F. 케네디(John F. Kennedy), 앤드루 존슨(Andrew Johnson), 지미 카터(Jimmy Carter), 빌 클린턴(Bill Clinton), 오바마 등이다. 특히 트루먼 대통령은 일본에 원자탄 투하를 명령해 제2차 세계대전을 종결시켰고, 카터 대통령은 주한미군 철수를 선거공약으로 내걸었으나 부분 철수밖에 못 했으며, 클린턴 대통령은 냉전 종식 이후 미국의 경제를 부흥시킨 것과 미국·북한 간 제네바 핵 합의로도 잘 알려져 있다. 오바마 대통령은 미국 역사상 최초의 흑인 출신 대통령이고, 자유민주주의 철학과 원칙을 국제정치무대에서도 실현하려고 한 업적으로서도 유명하다.

결국, 공화당 출신의 대통령들은 큰 군대를 갖고 힘에 의한 평화, 즉 개입에 의한 평화를 추구하는 경향이 있다. 반면 민주당 출신 대통령들은 힘보다는 대화에 의한 평화를 추구하는 경향을 보인다. 따라서 미국의 대통령들은 미국의 안보정책과 군사전략에 가장 큰 영향을 미치는 요소라고 할 수 있다.

2) 의회

미국 의회는 행정부를 견제하는 기능을 하고 있다. 대통령이 전쟁선포권을 갖고 있지만, 의회는 대통령을 견제하기 위해 국방예산 결정과 전쟁에 관한 입법권을 행사한다. 국방예산 심의권을 갖고 대통령과 행정부를 견제하는 것이다. 1980년대에는 증가하는 국방비 때문에 늘어난 재정적자를 축소하기 위해 '재정적자축소법'(1985년)을 제정했으며, 1998년 클린턴 대통령 때 재정적자 제로를 선포한 바 있다.

전쟁선포에 대한 미 의회의 동의와 관련해, 1973년 미 의회는 대통령에게 전쟁선포권을 주었다. 그러나 대통령은 48시간 이내에 의회에 이를 통보해야 하며 의회는 60일 이내에 이에 대한 승인 여부를 결정해야 한다. 미 의회는 1974년에 대외원조법안을 수정해 700만 달러 이상 대외에 무기를 판매할 경우 의회의 심의를 받도록 하고 있다. 이는 미 의회가 행정부의 외교안보정책에 간여하는 방법이 되고 있다. 예를 들면 미국이 중국과 관련해 대만에 무기를 판매할 경우 미 의회의 심의 문제에서 쟁점이 되는 경우가 많다.

1986년에 미국은 미래 전쟁에서 합참의 역할을 강화하기 위해 공화당 상원의원 배리 골드워터(Barry Goldwater)와 민주당 상원의원 윌리엄 니콜스(William Nichols)가 공동으로 발의한 '국방조직개편법'을 통과시켰다. 이를 일명 '골드워터-니콜스법'이라고도 한다. 이 외에 미 의회의 입법 중 안보정책에 결정적인 영향을 미친 법으로는 냉전에서 탈냉전으로 전환하는 시기인 1989년부터 1991년에 걸쳐 제정된 '넌-워너법(Nunn-Warner Act)', 1992년에 제정된 미국과 러시아, 우크라이나, 벨루로시 간의 협력적 핵 위협 감소를 다룬 '넌-루가법(Nunn-Lugar Act)', 2003년에 제정된 '국토안보부설치법', 2004년에 제정된 '세계적 미군태세전환법', 2011년에 제정된 '예산통제법'에 의거 2012년부터 10년간 집행에 들어간 '연방예산자동삭감법' 등이 있다.

미국 의회는 공화당, 민주당의 양당 간 안보전략, 외교, 군사안보정책에 대한 입장 차이에도 불구하고 국가안보문제에 대해서는 의회 내의 토론과정을 거쳐 초당적인 합의를 도출하고, 그 합의에 근거해 여야 의원이 공동으로 법안을 상정해 통과시켜, 행정부가 그런 방향으로 외교안보 군사정책을 실시하도록 조치해오고 있다. 초당적인 합의의 전통은 트루먼 대통령 시절로 거슬러 올라간다. 당시 미국에서는 공산주의의 위협에 대처하기 위해 여야를 초월해 초당적인 합의와 지지를 받아 국가안보정책을 추진함으로써 국가안보목표를 원활하게 달성하려고 했다. 이러한 국가안보에 대한 초당적 합의와 지지의 전통은 시대에 따라 차이는 있었지만 잘 지켜져왔다.

그러나 21세기에 이르러 부시 행정부의 이라크 침공 이후 미국의 국내에서는 자성과 비판이 일어났다. 9·11테러 공격에 대응해서 아프가니스탄에 대한 대테러전쟁 수행은 여야를 초월해 지지를 받았다. 그러나 연이은 이라크 공격에 대해서 전쟁 초기에는 부시 행정부가 제시한 대테러전과 대량살상무기 제거라는 명분에는 의회가 대부분 지지를 보였으나, 후세인 정권 제거 이후 이라크의 대량살상무기 보유 사실이 근거 없는 것으로 드러나면서 부시 대통령은 신뢰를 잃었고 공화당과 민주당 간의 대립은 격화되었다. 이 과정에서 미국이 군사력을 맹목적으로 휘둘러 미국에 대한 세계의 신뢰가 급격히 떨어지고, 미국의 지도력이 훼손되면서, 국제사회로부터 미국에 대한 거센 반발이 일어나기도 했다. 이러한 도전을 어떻게 극복할 것인가에 대해서 미국 내에서 하드파워(hard power) 대 소프트파워(soft power) 논쟁이 일어나기도 했다.[3] 그 결과 미국 의회에서는 안보문제와 관련해서도 여야 간의 대립이 만연하게 되었고, 의회가 대통령의 전쟁선포권을 통제하고 감시해야 한다고 하는 의견이 증가하게 되었다. 그러나 트럼프 대통령의 취임 이후 대통령과 의회 간의 의견 대립과 의회 내 여야 간의 의견대립이 더욱 심각해져서 미국의 대외정책이 컨센서스에 이르는 데에 많은 조정 능력이 요구되고 있는 실정이다.

3) 국가안보회의

미국의 국가안보회의(NSC)는 대통령에 대한 법적인 자문기구로서 국가의 외교와 안보정책, 군사적인 문제에 관한 미국의 대외공약 우선순위를 결정하고, 그에 대한 군사적 지원을 균형적으로 결정하는 문제에 대해 대통령에게 자문하는 회의체다. 외교와 안보에 관련된 각종 정보를 종합한 바탕 위에서 그 정책에 대한 협의와 조정, 기획하는 기구다. 국가안보회의의 의장은 대통령이 되며 부통령과 국무장관, 국방장관이 법적인 상임위원이 된다. 법적인 상임위원은 아니지만 국가안보 보좌관과 재무장관은 위원회 회의에 상시 참가한다. 합참의장, CIA 국장은 자문위원이다. 대통령은 필요에 따라 의제와 관계되는

---

3 Joseph S. Nye, Jr., *The Power to Lead: Soft, Hard, and Smart* (Oxford: Oxford University Press, 2008); Richard L. Armitage and Joseph S. Nye, Jr., *CSIS Commission on Smart Power: A Smarter, More Secure America* (Washington, DC: Center for Strategic and International Studies, 2007).

법무장관, 예산국장, UN 대사, 안보 보좌관, 경제 보좌관 등을 추가로 참가시킬 수 있다.

국가안보회의를 어떻게 사용할 것인가 하는 문제는 전적으로 대통령이 결정한다.[4] 국가안보회의는 트루먼 대통령 시절이었던 1947년 7월 26일 '국가안보법'에 의해 설치되었으며, 아이젠하워 대통령 때부터 국가안보 보좌관을 임명했다. 또한 NSC 산하에 위원회를 설치했다. 케네디 대통령은 NSC의 규모를 축소하고 외교와 국방정책을 통합시키는 것을 원했다. 닉슨 대통령은 키신저를 국가안보 보좌관에 임명해 NSC에 다시 활력을 불어넣었다. NSC를 보좌하는 차관급 위원회, 차관보급 위원회를 만들었다. 카터 대통령 때 다시 축소되었던 NSC는 레이건 대통령 때 강화되었다. 레이건 대통령은 국방, 외교, 정보면에서 각 부 차관보급 위원회를 설치했다. 클린턴 대통령은 NSC를 증원해 100명 이상의 직원을 두었으나, 부시 대통령은 그 규모를 축소했다. 그 이유는 콜린 파월(Colin Powell) 국무장관, 콘돌리자 라이스(Condoleezza Rice) 국무장관이 전직 국가안보 보좌관이었던 것과 유관하다. 또한 2003년 이라크 전쟁 이후 전쟁 이슈가 중요해지면서 체니 부통령과 도널드 럼스펠드(Donald Rumsfeld) 국방장관에게 권한과 책임이 넘어가게 되어 NSC의 역할이 약해졌다.

그러나 미국의 외교·안보와 군사에서 NSC는 중요한 역할을 해왔다. 특히 국가안보문제가 발생할 때 대통령은 국가안보 보좌관에게 귀를 기울인다. NSC는 소련의 붕괴에 결정적 역할을 했고, 독일의 통일에 큰 역할을 했다. 탈냉전 후 걸프전에서의 승리, 아프가니스탄과 이라크에서의 대테러전쟁에서도 큰 역할을 했다고 볼 수 있다. 미국의 NSC 제도는 미국의 동맹국들뿐만 아니라, 탈냉전 이후 동유럽에서 벤치마킹했고, 21세기에 들어와서 러시아, 중국,

---

4 Sam C. Sarkesian, John Allen Williams, and Stephen J. Cimbala, *US National Security: Policymakers, Processes and Politics*, 4th ed(Boulder and London: Lynne Rienner Publishers, 2008), pp.105~112.

일본 등이 도입했을 정도로 유명한 국가안보정책결정기구로서의 역할을 하고 있다.

4) 국방부와 군대

미국의 국방부는 세계 최대의 국방부 본부와 군 조직을 갖고 있다. 미국의 국방부는 세계 최대의 국방조직과 세계 최대의 예산(2015년 현재 5820억 달러)을 자랑한다. 이 거대 규모의 인력과 예산을 합리적으로 관리하기 위해 1961년 PPBS(Planning Programming Budgeting System)제도를 도입했는데, 현재 세계 36개국이 이 제도를 벤치마킹해서 사용하고 있다. 국방부의 모든 의사결정과정은 합리성과 민주성, 경제적 효율성을 중시하고 있다. 국방부는 국민과 군 간, 각 군 간, 그리고 국방조직 내의 민간인과 현역 간의 이해관계를 조정하기 위해 노력하고 있다.

그러나 국방부 조직은 문민주도의 문무 합일의 의사결정체계를 유지하고 있다. 특히 국방장관은 대통령의 각료로서 국방문제를 보좌하며, 군정과 군령을 통할해서 지휘한다. 미국의 국방장관은 제2차 세계대전 후 국방부라는 명칭을 사용한 이후 장군이 보직된 예가 없으며, 군인이라 할지라도 예편한 후 10년이 경과하지 않으면 장관이 될 수 없다. 예편 후 10년이라는 조항은 2017년 트럼프 행정부의 제임스 매티스(James Mattis) 국방장관 임명 때에 의회가 예편 후 3년으로 수정해준 적이 있다.

국방부 본부는 2015년 현재 대략 민간인 80%와 군 20%로 구성되어 문민 우위를 유지하고 있다. 국방에 종사하는 총인력은 군인 62%, 민간 인력 38%로 구성되어 있다. 국방성 직할기관 15개에는 현역 장성 9명, 민간인 6명이 보직하고 있다. 미국의 군대는 육군, 해군/해병, 공군으로 구성되며 그 구체적 전력구조와 편성, 규모는 이 글의 제6절(6. 국방비와 전력구조, 군사력 배치)에서 설명할 것이다.

국방장관은 군정과 군령을 통할해서 지휘한다. 국방장관은 각 군성(육군성, 해군성, 공군성)과 국방부 직할기관을 국방부 내국의 각 차관보를 통해 지휘한다. 차관보가 전문 직능별로 각 군성을 통제하는 것이다. 각 군성의 장관은 국방장관을 경유해서 예산과 무기 장비의 획득을 요구한다. 모든 작전부대에 대해 국방장관은 합참의 보좌를 받아 지휘한다. 각 군성의 장관은 군정과 관련된 군령 사항은 참모총장의 조언을 받는다.

미국의 합참의장은 1986년 '골드워터-니콜스법(Goldwater-Nichols Act)' 통과 이후 대통령에 대한 수석군사자문위원 역할을 하고 있다. 또한 미국의 군사전략기획에 일차적 책임이 있으며, 장관의 허가를 받아 군령권을 행사하고 있다. 야전 지휘관에 배정된 전력에 대한 운영권을 인정받아 합동 훈련, 지원, 행정 권한을 행사한다. 탈냉전 이후, 특히 9·11테러 이후 미국의 합참의장은 합동전과 합동성을 기본으로 하는 조직과 훈련체계를 갖추고 있다.

5) 군사안보정책 결정과정

미국의 군사안보정책이 관료정치과정(bureaucratic politics model)을 거쳐 결정된다는 것은 매우 유명한 이론이다.[5] 미국의 안보정책결정은 실무 레벨에서는 모든 가용한 대안에 대한 합리적 분석과 비교를 통해 최선의 대안을 선정하는 합리적 의사결정 모형에 근거해서 최선의 대안을 고위정책결정자에게 건의하지만, 고위수준에서 최종적인 안보정책결정은 부처의 장들이 설득과 타협의 과정을 거쳐 다수결로 결정되는 관료정치과정을 따른다는 것이다.

5 그래엄 앨리슨·젤리코 필립, 『결정의 엣센스(Essence of Decision)』, 김태현 옮김(서울: 모음북스, 1999).

미국의 군사안보정책에서는 항상 부처 간 정책조정의 문제(interagency coordination)를 중시한다. 그 결과 1949년 국방부를 창설했으며, 합참의장제를 결정했다. 1975년에는 의원입법으로 국무부와 국방부 간의 조정 임무를 의무화했으며, 1986년에는 '골드워터-니콜스법'에 의해 각 군 간의 '합동'을 강조하는 조치를 취했다. 1997년에는 대통령 지침으로 국방조직 내 민과 군 간의 조정을 강조했다. 2001년에는 9·11테러 이후 미국 본토방위의 중요성을 인식해, 국토안보위원회를 설립하고 2003년에 국토안보부를 발족시켰다. 즉, 미국의 본토방위를 위해서 국토안보부를 중심으로 모든 관련 기관의 정책을 조정·통제하고 있다.

미국 정부는 군사안보정책의 결정과 집행에 참여하는 다양한 행위자들(actors), 즉 정치인, 군, 외교관, 민간공무원, 언론, 시민사회의 문화적 특성이 매우 상이함을 인식하고, 평소에 교육을 통해 행위자들 간의 바람직한 소통을 강조하고 있다. 예를 들면 군대는 다른 행위자 집단보다 조직과 기술, 능력과 책임성을 강조한다. 외교관은 모든 현상을 체스게임 혹은 협상으로 간주하고 융통성을 보인다. 정치인은 국민을 항상 강조하며, 조화와 타협, 지역주민의 이해를 우선시한다. 민간공무원은 개인주의적이며 군보다 자유와 창의성을 강조한다.

또한 각 군마다 특유한 문화와 언어가 있다고 설명하면서 정책결정과정에서 이에 대한 상호 고려와 배려를 할 것을 주문한다. 지상군은 다른 군보다 국가에 봉사하며 전투 대 지원문제, 군수문제를 더욱 중시한다. 해군은 다른 군보다 전통을 중시한다. 공군은 기술군을 강조하며, 해병대는 '한 번 해병은 영원한 해병'이라는 표어에서 보듯이 특수한 역할을 강조하고 있다. 국방정책결정과정에서는 이러한 다양한 참여자들의 특유한 조직문화를 이해하는 것이 필수요건이 되고 있다.

6) 경제제도

미국의 국가이익은 정치적인 면에서는 민주주의와 인권의 신장, 경제적인 면에서는 자유시장경제의 확대를 포함한다. 2006년 『국가안보 전략서(National Security Strategy)』에서는 시장개방과 자유무역을 통한 범세계적 경제 활성화를 미국의 안보목표로 삼았다.[6] 시장경제의 확대를 국가이익으로 삼고 있기 때문에 국가안보전략도 자유무역의 발전과 해외 시장에 대한 자유로운 접근을 확보하기 위해 수립된다. 따라서 시장경제를 반대하는 정권이 수립될 경우와 반미정권이 등장할 경우 미국은 세계적인 경제이익을 침해한다고 규정하고 군사개입을 시도할 가능성이 크다. 평시에는 해외 주둔 미군과 해군을 활용해 해외시장에 대한 자유로운 접근을 확보하기 위해 노력한다. 2008년 미국의 금융위기 이후, 미국의 경제가 위태롭게 된 이후 미국은 지역경제협력을 통해서 이를 돌파하려고 시도했던 적이 있고, 2017년부터는 트럼프 행정부가 미국 경제의 재건을 부르짖으며 보호무역주의를 시도하고 있다.

경제적인 측면에서 미국은 제2차 세계대전 이후 지금까지 세계 제일의 경제대국을 유지하고 있다. 정부가 공식적으로 밝힌 바는 없지만, 미국은 세계 1위의 경제대국을 지속시키는 것에 국가적 자존심을 걸고 있으며, 세계 총 GDP의 25% 이상을 유지해야 한다는 암묵적인 합의를 가지고 있다.[7]

1980년대 냉전의 절정기에는 미국이 엄청난 규모의 군비를 지출해 미국의 경제력이 점차 쇠퇴해 일본과 서독에 추월당하지 않을까 하는 우려가 제기되기도 했다. 그러나 실제로 군비 지출은 미국의 경제력 1위 타이틀에 심각한 도

---

6 The United States White House, *The National Security Strategy of the United States* (2006.3).

7 필자가 미국 주요 연구소의 전략가들과 미국의 안보전략에 대한 워크숍(1990.12)을 하는 과정에서 들은 바에 근거했다.

전이 아니었으며, 탈냉전 이후 지속적인 경제성장을 추구한 결과 미국은 경제력 세계 1위 자리를 고수하고 있다. 미국은 군사대국 1위 자리를 유지하기 위해 최첨단과학기술 분야에서 1위를 유지하고 그것을 바탕으로 군사정보과학기술에서도 우위를 놓치지 않으려고 노력 중이다. 21세기에 미국은 최첨단 군사정보과학기술의 우위에 근거한 효과기반 작전과 네트워크 중심전의 전략 및 교리를 발전시키고 있다. 하지만 2008년 말 금융위기 이후 미국의 경제가 휘청했으며, 2010년부터 중국이 일본을 제치고 제2위의 경제대국으로 부상하면서, 미국의 지위를 넘보고 있다. 여기에 대해서 미국은 우려를 표명하면서 미국 주도로 세계경제질서를 운영해나가되 지역 및 국제적 차원의 경제협력도 추구하고 있다.

이러한 미국 주도의 세계경제질서를 지켜나가기 위해서 미국 정부는 경제와 군사가 직접 관련이 있는 분야에 대해 큰 관심이 있는 바, 역시 국방비의 지속적 획득이 가능한가 하는 문제에 주목하고 있다. 탈냉전 이후 감소했던 국방비는 9·11테러 이후 다시 격증하고 있다. 1998년 클린턴 행정부가 재정적자 제로를 선언했으나, 이라크 전비의 부담 증가로 이미 재정적자는 눈덩이처럼 불어나서 다시 미국은 재정적자와 무역적자라는 쌍둥이 적자에 시달리고 있다. 오바마 행정부는 재정적자 해소를 위해 이라크와 아프가니스탄에서 철군하고 동맹국의 방위비 분담 증대 등을 요구하고 있으며, 특히 의회에서는 2011년부터 국방비의 자동삭감 조치인 시퀘스터(sequester)를 실시해 매년 600억 달러씩 10년간 총 6000억 달러를 감축하고 있다.

7) 여론

미국의 군사에서 가장 중요한 특징은 연구기관들과 전문가들의 의견을 중시한다는 것이다. 미국 내 세계적인 연구소들, 특히 랜드(RAND Corporation),

브루킹스(Brookings Institution), 미국기업연구소(American Enterprise Institute), 전략국제연구센터(CSIS), 헤리티지 재단(Heritage Foundation) 등은 미국 역대 정부의 외교·안보 분야에 많은 정부 관리들을 수급해왔으며, 주요 보도 매체들은 전문가들의 견해를 거의 매일 보도하고 있다. 미국의 언론은 미국적인 가치와 신념을 존중하며, 국가안보 사안에 관한 한 극심한 의견 분열을 보이지 않는다. 그것은 국가안보문제에 대해서만큼은 당파의 이익을 초월해 초당적 합의를 중시하는 의회의 전통이 영향을 끼친 바가 크다.

보도 매체에서는 '국민의 알 권리'를 중시한다. 그래서 미국은 주요한 안보 정책과 전략을 가장 많이 공개하는 나라가 되었다. 언론 보도의 영향으로 미국은 지도자들이 전쟁의 명분을 제시해야 하며, 전쟁의 분명한 군사목표를 정하고 희생자를 최대한 줄이면서 단기간 내에 승리하기를 희망한다. 또한 언론기관은 국가기관의 행위를 철저히 검증하고 보도하는 양태를 보이고 있다. 특히 베트남전에서 진실을 숨겼기 때문에 일찍 손을 떼거나 승리할 수 있는 기회를 놓쳤다는 반성이 언론의 보도 자유에 많은 영향을 미쳤다.

8) 미국의 문화

미국의 정치인들과 국민들은 세계 어느 국가에서도 보기 드문 상무(尙武)정신을 갖고 있다. 조국이 부르면 듣고 보지도 못한 땅, 만나본 적이 없는 사람들이 사는 땅에 전투를 하러 간다.[8] 국내에서는 반전 데모가 있을지라도 의회에서 합의를 본 전쟁이라면 누구나 조국의 부름에 순종해 참전한다. 해마다 독립기념일(7월 4일)에는 전쟁영화를 만들어 국민통합과 애국심을 고양하기 위한

8 미국의 수도 워싱턴에 있는 한국전쟁 참전 기념공원비에는 이렇게 적혀 있다. "Our nation honors her sons and daughters who answered the call to defend a country they never knew and a people they never met(1950-Korea-1953)."

국민적 상징물을 만들어낸다. 그리고 전쟁에서 죽은 미국의 아들딸들에 대해서는 반드시 그들의 유해와 유품을 찾아 미국으로 데려가 안장하는 문화를 갖고 있다. 유해와 유품이 희생자의 고향에 안장될 때 그 주의 상원의원, 주지사, 시장, 시의원, 재향군인 등이 꼭 참석해 희생자들의 애국심을 기리는 행사를 한다. 이것은 몽골이 제국이었던 시대에 칭기즈칸이 전장에서 죽은 몽골 군인들의 유해를 운송해 몽골초원에 묻었던 역사적 사례와 유사하다. 이러한 상무정신과 국가를 위한 희생을 최고의 명예로 생각하는 전통은 미국의 군사에 깊이 뿌리박혀 있다.

3. 미국의 국가안보전략과 국방전략

앞에서 설명한 바와 같이 미국은 대통령 수준의 국가안보전략, 국방장관 수준의 국방전략, 합참의장 수준의 군사전략을 톱다운 식으로 논리적이고 체계적으로 제시하는 거의 유일한 국가다. 세계 모든 나라들은 미국의 3대전략을 분석하고 이에 대한 대책을 검토한다. 이 절에서는 미국의 국가군사 전략의 상위 개념인 안보전략과 국방전략을 차례로 검토한다. 냉전기 미국의 전략은 논의 대상에서 제외하기로 한다. 여기서는 탈냉전기와 21세기의 국가안보전략 및 국방전략을 주로 설명해보겠다.

1) 미국의 국가안보전략

미국의 국가안보전략은 일명 대전략이라고도 부른다. 20~30년 앞을 내다보면서 미국이 세계에서 당면할 포괄적(정치, 외교, 경제, 군사, 사회문화, 과학기술 정보 등)인 측면에서 안보 도전과 위기를 식별하고, 그것에 대비하기 위해 앞을

〈표 1-1〉 탈냉전 시대 미국의 대전략 비교

구분	신고립주의	선별적 개입주의	협력안보	미국 우선주의
주요 특징	최소, 방어적 현실주의	전통적 세력 균형 현실주의	자유주의	극도의 현실주의, 일방주의
국제정치의 핵심 문제	국제문제 연루 회피	강대국들 간의 평화	평화의 불가분성	동급 경쟁상대 등장 저지
선호하는 세계질서 형태	세력 균형	세력 균형	독립	패권
국가이익 개념	편협적	제한적	초국가적	광범위함
군사력 사용	자위에 국한	선별적	빈번	수시로
군사 태세	최소한의 자위력	2개의 주요 지역 전쟁(two-MRC) 대비	다수 목표를 대상으로 한 정찰-타격 복합체	미국 다음의 두 강대국 군사력을 합친 것보다 우위 유지(two-power standard)

자료: Barry R. Posen and Andrew L. Ross, "Competing Visions for U.S. Grand Strategy," *International Security*, Vol.21, No.3(Winter, 1996/1997)를 요약함.

내다보는 전략기획을 하기 때문에 대전략이라고 부르며, 또한 안보전략이라고도 한다. 즉, 한 국가가 지역 또는 세계를 대상으로 장기적인 전략을 수립하면 그것을 국가안보전략이나 대전략이라고 부를 수 있는 것이다.

미국의 국가안보전략은 크게 네 가지 전략 비전을 갖고 변천해왔다. 이 글에서는 탈냉전 시기와 21세기의 미국의 군사전략에 초점을 맞추기 때문에 〈표 1-1〉에서 보듯 고립주의라든지 신고립주의(Neo-isolationism)에 대해서는 설명을 생략했다. 탈냉전 후 미국은 유일 초강대국으로서의 지위가 지속되고 있느냐 아니면 유일 초강대국은 한 순간(unipolar moment)[9]으로 지나갔느냐에 대한 논쟁은 있지만 세계 유일의 경제 및 군사 초강대국 지위는 지속되고 있기 때문

9 Charles Krauthammer, "The Unipolar Moment," *Foreign Affairs*, Vol.70, No.1(Winter 1990).

에 고립주의와 신고립주의는 설명할 필요를 느끼지 않기 때문이다.

앞에서 설명한 바와 같이 9·11테러 이후 미국은 부시 행정부가 현재 추진해온 미국 우선주의(Primacy)에 입각한 적극적 개입주의를 지속할 것인가, 아니면 그 이전의 클린턴 행정부가 취했듯 협력안보(Cooperative Security)에 따라 국제적 협력을 통한 소극적 개입주의로 돌아갈 것인가에 대한 논쟁을 벌여왔다.[10] 존 아트(John Art)는 그의 저서 『미국의 대전략(A Grand Strategy for America)』에서 미국의 대전략을 여덟 가지 유형으로 나누었다. 미국의 세계지배(dominion), 지역적 집단안보체제, 지역안보체제, 협력안보, 봉쇄, 고립주의, 국외 세력 균형정책 등 기존에 나왔던 대전략을 비교평가하면서 미국이 앞으로 지향해야 할 방향으로 선별적 개입주의(Selective Engagement)를 대안으로 제시하고 있다.[11] 아트에 따르면 이것은 제8의 대전략이다. 로버트 메리(Robert W. Merry)는 『모래의 제국(Sands of Empire)』[12]에서 현재 미국의 대전략을 무차별 개입주의로 지적하면서 세계 곳곳에서 실수를 초래하고 있다고 비판했다.

실제로 미국의 부시 행정부는 적극적 개입전략, 즉 미국 중심의 패권지배전략을 채택해 실행에 옮겨왔다. 2002년과 2006년에 각각 출간된 「국가안보 전략서」는 배리 포젠(Barry Posen)과 앤드루 L. 로스(Andrew L. Ross)가 제시한 대전략 모형 중 네 번째 모형인 미국 우선주의, 아트가 말한 세계지배를 지향한

10 Michele A. Flournoy and Shawn Brimley(eds.), *Finding Our Way: Debating American Grand Strategy*(Center for a New American Security, 2008). http://www.cnas.org/attachment.

11 같은 책, pp.25~41.

12 이 책에서는 미국의 외교정책을 네 가지로 구분하는데, 자유주의적 혹은 인도주의적 개입주의, 보수적 고립주의, 자유주의적 고립주의, 보수적 개입주의다. 메리는 부시 행정부가 자유주의적 개입주의라는 기치 아래 무차별 개입을 시도하는 십자군 국가가 되어버렸다고 비판하고 있다. 로버트 메리, 『모래의 제국(*Sands of Empire*)』, 최원기 옮김(서울: 김영사, 2005).

다고 말할 수 있다.

미국은 이라크 전쟁에서 본격적인 군사전쟁에서는 신속한 승리를 거두었으나, 그 후 전개된 안정화 작전에서는 수많은 희생을 치른 바 있다. 이에 미국의 국가안보전략에 대한 비판이 미국 내에서 혹은 세계 곳곳에서 일어났다. 2008년 11월 미국의 대통령선거는 미국 우위의 패권주의 혹은 적극적 개입주의 전략에 대한 심판적 성격이었다. 그 결과 등장한 오바마 행정부는 이라크와 아프가니스탄으로부터 미군을 철수시키고, 국제협력을 바탕으로 평화롭고 안정적인 세계질서 구축을 희망했다. 그러나 세계 곳곳에서 새로운 정치, 경제, 군사 파워센터의 등장으로 미국 독주의 국제체제가 재조정되는 시기를 맞이했다. 대표적인 예로는 중국의 부상, 러시아의 재건, 유럽연합의 재편, 일본의 보통국가화 등을 들 수 있다.

그러나 미국은 군사 면에서 세계 1위의 자리를 유지할 것으로 예상되므로 세계질서의 안정자 내지 수호자로서 미국의 역할은 지속될 것으로 봐도 무방하다.

백악관이 펴낸 『국가안보 전략서』에 근거해 클린턴 행정부와 부시 행정부 1, 2기, 오바마 행정부 1, 2기의 국가안보전략의 특징을 비교해보면 〈표 1-2〉와 같다. 클린턴 행정부는 1990년대에 미국의 국가이익을 안보증진, 경제번영, 민주주의의 확산으로 정의했다. 반면 부시 1기 행정부에서는 미국의 국가이익은 세계를 평화, 번영, 자유로 인도하고, 테러리즘을 패퇴시키기 위해 동맹을 강화하며, 자유시장과 자유무역을 통해 세계의 경제성장을 촉진하는 것이라고 보았다. 또한 지역분쟁의 해소를 위해 국제협력을 도모하며, 대량살상무기(WMD: Weapons of Mass Destruction) 확산 방지와 미국의 안보기관을 변혁시키는 것이라고 정의한 바 있다. 부시 2기 행정부에서는 미국의 국가이익을 폭정 종식을 위한 민주주의 확산, 사회개방과 민주주의 인프라 구축을 통한 개발 권역의 확대, 테러리즘을 패퇴시키기 위한 동맹 강화, 자유시장과 자유무역을 통

〈표 1-2〉 1993-2016년 미국의 국가안보전략 비교

구분	클린턴 행정부 (1993~2000)	부시1기 행정부 (2001~2004)	부시2기 행정부 (2005~2008)	오바마 행정부 (2009~2016)
국가 이익	• 미국과 해외에서 안보증진 • 미국의 경제번영을 추구 • 해외에 민주주의의 확산	• 세계의 평화와 번영 • 테러리즘 패퇴시키기 위한 동맹 결성 • 자유시장과 자유무역을 통한 경제성장 촉진 • 지역분쟁해소를 위한 국제협력 • WMD방지와 안보기관 변혁	• 폭정종식을 위한 민주주의의 확산 • 테러리즘을 패퇴시키기 위한 동맹강화 • 자유시장과 자유무역을 통한 경제성장 촉진 • 세계화의 기회 활용 • 미국안보를 위해 안보기관 변혁	• 미국과 동맹국의 안전보장 • 개방적인 국제경제체제 속에서 미국 경제의 성장과 번영 • 보편적인 가치의 존중 • 미국의 리더십하에 법치적 국제질서 보호
대외 관계	• 국제기구와 협정의 역할에 상당한 비중 • 동맹국과의 협조를 강조	• 미국의 국익추구를 위한 일방주의 강조 • 미국의 자위권행사를 위한 선제 행동 명시 • 핵비확산체제의 문제점을 지적, 능동적 포괄적 대확산 정책 추구	• 폭정종식을 위한 범세계적 협력과 단결 도모, 민주화 촉진 • 자위권행사 차원에서 선제행동 필요 • 세계의 여타 지역과 협력으로 경쟁국가의 출현방지	• 대테러전쟁을 종식하고, 미국의 도덕적 세계적 리더십 회복 • 동맹국들과의 관계 강화 • 세계의 다른 영향권들과 협력 구축 • 국제기구 및 지역 협력 강화 • 글로벌 문제해결을 위한 글로벌 협력 유지 • 아태 지역 불안정 증가에 대비, 아태 재균형전략의 추진

한 세계의 경제성장 촉진, 세계화의 기회 활용과 도전에 잘 대처하고 미국의 안보를 위해 안보기관을 변혁시키는 것이라 규정했다.

부시 2기 행정부에서는 세계 곳곳에서 민주주의를 확산시키는 것을 국가안보목표로 삼았다. 독재정권을 전복하기 위해 군사적 개입도 불사하겠다는 것이다. 부시 행정부는 폭정 종식을 포함한 다양한 국가안보목표를 달성하기 위해 2002년 처음으로 '선제행동'이라는 용어를 명시적으로 사용하기 시작했으며, 동맹국과 협조하는 것보다는 미국의 절대적 우위의 군사력에 의존하는 일방주의적 노선을 강조하는 방향으로 움직였다. "미국은 국제사회의 지지를 유

도하기 위해 지속적으로 노력하겠지만, 필요한 경우 자위권 행사를 위해 일방적으로 행동하는 것을 주저하지 말아야 한다"라고 강조하기도 했다. 부시 대통령은 대테러전쟁에 참가하는 국가들은 미국의 동맹이요, 중립적 태도를 취하거나 반대하는 국가들은 적으로 간주한다고 하면서 의지의 동맹(coalition of the willing)을 강조했다. 테러지원국이나 도피처 제공국에 대해서는 "국가로서의 의무를 받아들이도록 설득하거나 강제할 것임"을 강력하게 시사했다. 전통적인 동맹국이라고 할지라도 대테러전에 같이하지 않으면 동맹으로 볼 수 없다는 것이었다.

2006년의 『국가안보 전략서』에서는 자위권 행사 차원에서 선제행동이 필요하다고 재강조하고 있다. 그러나 그동안의 국제적인 비난과 국내의 여론 동향을 감안해 모든 경우에 선제행동을 위해 무력을 사용하는 것은 아니고, 외교를 통해 해결하려는 노력을 보이겠다고 발표했다. 하지만 선제공격에 대한 조건을 세련화했다. 즉, 자위권 차원에서 피침 직전에 무력을 사용할 가능성은 배제하기 어려우며, 중대한 위험이 현실화되기 전에 선제의 원칙과 논리를 견지하겠다고 밝혀 미국의 일방주의적 행동을 자제하면서도 선제행동의 필요성은 여전히 강조하고 있다.

2010년의 『국가안보 전략서』에는 대테러리즘의 색채를 옅게 하고 국가이익의 개념을 전통적으로 복귀시키는 작업을 진행했는데, "미국의 국가이익은 미국과 동맹국의 안전보장, 개방적인 국제경제체제 속에서 미국의 경제성장과 번영, 보편적인 가치의 존중, 미국의 리더십하에 법치적인 국제질서의 보호" 등이라고 내세우고 있다.[13] 이를 위한 안보전략으로서 전통적인 동맹국들과는 동맹관계를 현대화하고 더욱더 강화하며, 국제기구와 국제사회와의 협력을 통

13 The White House of the United States, *National Security Strategy of the United States* (2010.2).

해 미국이 원하는 법치질서에 근거한 국제질서를 강화해나가겠다는 것이다. 또한 세계 곳곳에서 새롭게 나타나는 여러 파워센터들과의 협력을 통해 이들이 국제사회의 책임 있는 강국으로서 미국과 협조적인 자세를 취하도록 유도하며, 특히 세계의 전략적 중심이 아태 지역으로 이동하고 중국이 지역 강국으로 부상함에 따라 미국이 안보전략의 중점을 아태 지역으로 이동시키겠다는 아태 재균형전략을 발표하고, 이를 추진하기 시작했다는 것이다.

아태 재균형전략은 힐러리 클린턴(Hillary Clinton) 국무장관이 처음으로 제시했다. "미국은 아태 지역에서 직면하고 있는 도전들이 있다. 중국은 국력의 부상에 힘입어 남중국해에서 영유권을 주장하면서 지역에 대한 공세적인 군사적 영향력을 발휘하고 있는데, 이는 미국을 비롯한 동맹국들의 항행 자유를 제한하는 것이다. 미국은 항행의 자유를 확보함으로써 이 지역의 국가들이 균형과 참여가 보장되는 경제성장을 장려하고자 한다."[14] 오바마 대통령은 같은 달에 아시아를 방문하면서 미국의 아태 지역으로의 전환을 언급했다. "미국은 이라크와 아프가니스탄에서의 테러전쟁과 미국과 유럽에서의 경제위기로 인해 보류되었던 '아시아로의 전환(pivot to Asia)'을 이행하려고 한다". 이어서 호주를 방문하면서 "다가오는 10년을 생각하면서 미국 국방의 우선순위와 지출을 인도해 줄 수 있는 검토에 착수했다. 미국은 군사력을 투사하고 이 지역에서의 평화에 위협을 억제할 수 있도록 강력한 군사력 보유를 유지하는 데 필요한 자원을 할당할 것이다."[15] 처음에는 아시아로의 전환(pivot)이란 용어가 사용되었으나, 2012년 1월 미국 국방부는 아태 지역으로의 재균형전략(rebalancing to the Asia-Pacific region)이라고 바꾸었으며, 아태 재균형전략은 21세기 정치·경제·군사의 전략적 중심이 미국과 유럽이 중심인 대서양에서 미국과 아태 지역

---

14 Hillary Clinton, "America's Pacific Century," *Foreign Policy* (2011.11.11).

15 David Jackson, "Obama: Defense Cuts Won't Affect Asia-Pacific Region," *USA Today* (2011.11.17).

으로 전이되는 안보환경의 급속한 변화를 반영한 것이다. 1960년대부터 1980년대 말 냉전 종식까지의 기간에 미국은 유럽을 미국의 국가이익의 최우선순위에 두고 북대서양조약기구(이하 NATO)와의 협력을 추진해왔으며, 베트남전쟁 직후 닉슨 대통령이 '아시아의 안보는 아시아인의 손으로'라는 괌 독트린을 발표하고 한국에서 미군의 철수를 추진하던 때와 비교해보면, 아태 지역 중시 및 아태 지역의 한국, 일본, 호주, 태국, 필리핀 등과의 동맹관계를 더욱 강화하겠다는 미국의 전략 변화는 너무나 좋은 대조를 이루고 있다.[16] 중국의 공세적인 군사력 행사와 북한의 핵미사일 개발 위협을 억제하고 승리하기 위해 미국이 해·공군력의 60%를 아태 지역에 배치하겠다는 것은 미국의 국가안보전략을 군사력으로 뒷받침하기 위한 조치로 간주되고 있다.

오바마 행정부가 2010년에 규정한 미국의 국가이익은 2015년 『국가안보 전략서』에도 계승되고 있다. 2016년 애쉬 카터(Ashton Carter) 국방장관은 한 걸음 더 나아가 국가안보전략을 더 구체화시킨다.[17] 첫째, 테러 세력과 폭력적 극단주의자들에게 단호하게 대처한다는 것이다. 이 내용은 이라크와 시리아로부터 ISIL(Islam State in Iraq and Levant)의 잔재를 완전히 제거하고 아프가니스탄에서 장기적 안정성을 달성하겠다고 선언하며 본격화되었다. 둘째, 러시아를 억제하기 위해 강력하고 균형적인 전략적 접근을 선택할 것이라고 언급했다. 셋째, 아태 지역에서 재균형전략을 구체화할 것이라고 했다. 이 전략은 2010년대에 동중국해와 남중국해에서 영유권을 주장하며 군사기지를 만들 뿐만 아니라 지역국가들에게 위협적이고 공세적인 중국의 군사전략에 대해 적극적으로 대응하겠다는 내용을 반영하고 있다. 넷째, 북한의 위협을 억제할 것이

16 김영호, 「미국의 재균형전략과 한반도 평화」, 『21세기 미중 패권경쟁과 한반도 평화』(서울: 성신여자대학교출판부, 2015). pp.55~85.

17 The United States Secretary of Defense Ash Carter, *2017 Defense Posture Statement: Taking the Long View, Investing for the Future* (2016.2).

라고 공약했다. 다섯째, 중동 지역에서 이란의 악영향을 견제하고 지역적 차원에서 우방국과 동맹국을 강화할 것이라고 약속했다. 여섯째, 사이버·우주·전자전 분야에서 미국과 동맹국에 대한 위협에 확고하게 대처할 것을 약속하고 있다. 이렇듯 탈냉전 후 미국이 국가안보전략 차원에서 개별 국가들을 구체적으로 예를 들면서 미국의 국가이익에 대한 도전 요소로 간주하는 것은 매우 드문 일이다.

2) 미국의 국방전략

미국의 국방전략은 대통령이 제시한 국가안보전략과 국가안보목표를 국방 차원에서 어떻게 달성할 것인가 하는 방법을 제시해준다. 국방전략이란 국가안보목표를 달성하기 위해 국방목표를 정립하고 국방목표를 성취하기 위해 국방자원을 어떻게 효과적으로 사용할 것인가, 즉 국방목표와 국방자원을 어떻게 연결할 것인가에 관한 것이다. 국방전략은 4년마다 국방부에서 출간하는 국방검토 보고서(QDR)에서 제시되고 있다.

탈냉전 직후 클린턴 행정부에서는 국방목표를 다섯 가지로 구분했다.[18] 첫째, 주권, 영토, 미국 국민의 보호와 미국 본토에 대한 화생방 공격 및 테러리즘을 포함한 위협을 방지하고, 둘째, 적대적인 지역연합이나 패권의 출현을 방지하며, 셋째, 해상교통로, 항공로, 우주의 안전과 자유로운 항공과 항해를 보장하고, 넷째, 주요 지역이나 시장, 그리고 에너지공급원에 대한 미국의 접근을 보장하며, 다섯째, 미국의 동맹 및 우방국을 위한 억제 및 억제 실패 시 격퇴를 실시하는 것이 그것이다. 여기서 가장 눈에 띄는 대목은 미국 본토에 대

---

18 The United Sates Department of Defense, *Bottom-Up Review* (1993); *Quadrennial Defense Review Report* (1997).

한 화생방 공격이나 테러리즘 위협의 방지와 억제다. 이는 클린턴 대통령 집권 시기에도 각종 테러의 공격 위협이 있었으며 점점 커지고 있음을 의미한다.

1990년대 8년간 집권했던 클린턴 행정부에서는 국가안보목표와 국방목표를 달성하기 위한 국방전략을 세 가지로 규정한 바 있다. 즉, 탈냉전 이후 변화하는 세계안보질서의 불확실성에 대비해 미래의 사태전개와 발전을 기다리기보다는 미국이 적극적으로 나서 미국의 국익에 유리한 안보환경을 조성한다는 조성전략(Shaping Strategy)을 내세웠다. 또한 종래의 지역분쟁 재발이나 모든 종류의 위기에 즉각 대처(responding)한다는 전략을 수립했다. 끝으로 불확실한 미래에 대비(preparing)하는 전략을 제시했다.

국방기획의 방법으로는 구체적 위협과 추세에 기초한 국방기획을 답습했다. 뒤에서 상술하겠지만, 이라크나 북한 같은 주요 지역 분쟁에 억제력과 격퇴력을 갖추는 것은 불확실한 미래에 대비하는 적절한 방법이 아니었다. 그것은 1995년 오클라호마 테러 사건이나 9·11테러 사건을 보면 미국이 불확실한 미래에 대해 대비가 얼마나 소홀했던 것인가를 알게 된다.

9·11테러 직후에 나타난 2001년 부시 행정부의 국방목표는 네 가지를 기본 요소로 했다. 동맹 및 우방국에 대한 안보 확신(assure), 미래의 군사경쟁국이 포기하도록 설득(dissuade), 미국 이익에 대한 위협의 억제(deter)와 강압(coerce), 억제 실패 시 적대 세력을 결정적으로 격퇴(defeat)하는 것을 포함했다. 여기서 네 번째 국방목표는 9·11테러 같은 상황을 반영한 것으로서 9·11테러 이전의 억제전략에서 한 단계 더 나아가 적대체제를 변화시키거나 점령하겠다는 의지를 시사해 대테러전의 목표를 분명히 하는 효과를 가져왔다.[19]

---

19 The United States Department of Defense, *Quadrennial Defense Review Report* (2001.9.30). 이 보고서가 출간되자마자 필자는 9·11테러 이전과 이후의 미국의 국방전략에서 가장 큰 차이가 미국이 적대 세력의 체제를 전복시키거나 점령하는 것이라고 결론을 짓고, 아프가니스탄에 대한 응징공격을 어느 누구보다 먼저 예상한 바 있다.

부시 1기 행정부에서는 국방목표를 달성하기 위한 국방전략의 네 가지 요소로서 동맹 및 우방관계의 강화, 주요 지역의 군사력 균형에서 우세 유지, 광범위한 군사 능력의 포트폴리오 개발 보유, 미국군과 국방부 조직의 광범위한 국방개혁을 들고 있다. 여기서 나타난 특징은 목표와 전략 간의 부조화다. 9·11테러를 예상하지 못했던 미국이 9·11테러 직전에 발표하려 했던 부시 행정부의 4년 주기 국방검토 보고서를 9·11테러 직후 일주일 후에 발표한 것이다. 여기서 관찰할 수 있는 것은 국방목표가 먼저 설정되고 국방전략이 몇 년의 시차를 두고 따라오는 경향이 있다는 것이다.

국방목표에는 9·11테러 주도 세력이란 말은 쓰지 않았지만 그러한 적대 세력을 결정적으로 격퇴한다고 하면서 아주 작은 글씨로 전복이나 점령을 하겠다고 공언했다. 그러나 국방전략에는 이 목표를 달성하려는 방법이 제시되지 않았다. 따라서 아프가니스탄에 대한 보복공격, 이라크에 대한 침공이 결행되었지만 국방전략 면에서 얼마나 뒷받침되었는지는 분명하지 않다.

부시 2기 행정부에서는 국방 목표를 테러 네트워크의 격퇴, 미 본토 방어의 심화, 적대국가와 테러 네트워크의 대량살상무기의 획득 및 사용 방지, 전략적 기로에 있는 국가들의 올바른 선택을 유도하는 것으로 정의한다. 이 목표를 달성하기 위한 국방전략으로는 대테러전에서 미국과 동맹국들, 주요 파트너들 간의 협력을 촉진해 대테러전과 비대칭 위협전쟁에 적극 참여하고, 주요 부상 국가들의 적대적인 노선 선택 가능성에 대비하며, 미국군과 국방부 조직의 지속적인 변혁을 계획하고 있다.

오바마 행정부 1기의 국방목표는 첫째, 당시 아프가니스탄에서 진행 중이었던 이라크와의 테러전쟁에서 승리, 둘째 분쟁을 예방하고 억제, 셋째 적의 도전을 격퇴할 수 있도록 준비, 넷째 미국 군사력의 유지 및 강화 등이다. 이러한 국방목표를 달성하기 위해 대테러전쟁은 안정화 작전으로 전환하고, 아프가니스탄에 대해서는 미국과 NATO 동맹국들과 협력해 국제안보지원군을 창설함으로써 아프가니스탄 정부와 국가보안군을 자립하도록 만들어 치안과 질서유지를 확실히 한 뒤에 미군이 2011년에 철수할 것이고, 이라크에서는 이라크 정부와 보안군을 만들어서 치안과 질서유지의 책임을 지운 뒤에 2014년에 미군을 철수할 계획을 만든다. 분쟁의 예방과 억제를 위해서는 동맹국과 우방국의 안보역량 강화를 지원하고, 잠재적 위협을 식별하며, 적국의 능력과 가치·의도를 감안해 동맹국과 우방국의 실정에 맞는 맞춤형 억제전략을 추구한다는 것이다. 적의 도전을 격퇴시키기 위한 준비로서는 알카에다와 그 연대 세력을 패배시키는 것은 물론, 반접근/지역거부 전략을 구사하는 적들과 핵무기로 무장한 국가들의 공격을 격퇴하기 위해 다양한 작전을 구사할 수 있는 준비를 한다는 것이다. 이라크와 아프가니스탄 전쟁에서의 전쟁비용 과부담으로 발생한 미국의 국내재정 악화 문제를 처리하기 위해 미국 국방부는 국방예산의 감축 상황 아래 군 재조정을 위한 신국방전략 지침이 담긴 2012년 1월 출간했다.[20] 이 신국방전략 지침이 과거 2개의 지역에서의 전쟁, 즉 중동과 한반도에서의 동시 전쟁에서 승리하는 전략에서 중동의 대테러전쟁 수행 이후에 한반도와 동북아를 중점 지역으로 간주하고 그 외의 지역은 부차적으로 다룰 것인가 혹은 여전히 중동 지역을 중점 지역으로 간주하면서 한반도는 독자적인 전쟁 수행 지역이 아닌 부차적인 지역으로 다룰 것인가에 대한 논란이 미국 국내와 국제사회에서 일어났다. 미국 정부는 '원 플러스(One plus, 중요한 특정 지역 이외의 지역이라는 뜻으로, 해당 지역을 부차적으로 간주하는 의미를 내포한다)'라고 표시한 것은 한반도를 부차 지역으로 간주한 것이 아니며, 오히려 미국의 개입 지역을 특정함으로써 제외된 지역이 피해를 입을까봐 불확실하게 남겨둔 것이며, 한반도와 동북아의 중요성이 거기에 내재되어 있다고 설명하기도 했다.

---

20 The United States Department of Defense, *Sustaining U.S. Global Leadership: Priorities for 21st Century Defense* (2012.1).

오바마 행정부 2기의 국방목표와 국방전략은 2014년 3월에 발간된 4개년 국방검토 보고서에 잘 나타나 있다.[21] 보고서의 골자는 첫째, 미국 본토의 방위가 최우선 목표가 되었다는 것, 둘째, 지역적 안정을 보장하고 적대 세력을 억제하고 격퇴하며, 동맹국과 우방국의 군사 능력을 지원하기 위해 전 지구적인 군사태세를 건설한다는 것이다. 특히 2010년 이후 세계의 전략적 중심축이 아태 지역으로 이동함에 따라 중국의 군사력 증강이 아태 지역의 불안정 요소로 등장하게 되었고, 북한의 증가하는 핵미사일 위협이 한반도뿐만 아니라 동북아 지역의 불안정을 가속시킨다고 지적하면서 전 지구적인 안보태세를 강력하게 구축하겠다고 표명했다. 셋째, 대테러전쟁이나 재난구호 및 인도적 지원 문제에서 미국의 세력 투사 능력을 유지함으로써 결정적 승리를 목표로 설정했다. 넷째, 미군의 작전 및 지원 능력의 재균형을 달성하는 것을 목표로 했다. 이러한 국방목표를 달성하기 위해 미국의 군대는 모든 정부기관과의 협조를 바탕으로 본토를 수호하기 위한 전략을 구상하고 실행하며, 대테러 작전을 성공적으로 수행하기 위한 전략을 수립하고 집행하며, 침략을 억제하고 억제실패 시 격퇴하며, 미군의 전진배치와 개입을 통해서 다수의 지역에서 동맹국들의 방위를 확실하게 보장하기 위한 국방전략을 구사한다고 공약하고 있다.

미국의 이러한 대외 방위공약과 대테러전쟁에 대한 지속적인 개입 공약은 2017년 트럼프 행정부의 등장과 함께 변화를 겪을 전망이다. 미국은 동맹국의 방위에 대한 공약은 확실하나 비용은 동맹국들이 부담해야 한다고 공언했기 때문이다.

---

21 The United States Department of Defense, *Quadrennenial Defense Review 2014* (2014.3).

22 세력 투사 능력(power projection capability)은 다른 지역에서 목표지역으로 군사력을 개입시키는 능력이다.

〈표 1-3〉 미국의 국방검토 보고서(QDR) 비교

구분	국방목표	국방전략
1997 QDR	• 주권, 영토, 미 국민의 보호와 미국 본토에 대한 화생방 공격 및 테러리즘을 포함한 위협의 방지 및 억제 • 적대적인 지역연합이나 패권 출현 방지 • 해상교통로, 항공로, 우주의 안전과 자유로운 항공·항해 보장 • 주요 지역·시장·에너지 공급원에 대한 미국의 접근 보장 • 미국의 동맹 및 우방국에 대한 억제 및 피침 시 격퇴	• 미국의 국익에 유리한 안보환경 조성(shaping) • 모든 종류의 위기에 대처(responding) • 불확실한 미래에 대비(preparing) ※ 구체적 위협과 추세에 기초한 국방기획
2001 QDR	• 동맹 및 우방국 보호 • 미래의 군사경쟁국 포기 설득 • 미국 이익에 대한 위협의 억제와 강압 구사 • 억제 실패 시 적대 세력의 결정적 격퇴(적대국가의 전복, 점령도 포함)	• 동맹 및 우방관계 강화 • 주요 지역의 군사력 균형에서 우세 유지 • 광범위한 군사 능력의 포트폴리오 개발 보유 • 미국군과 국방부 조직의 광범위한 국방개혁
2006 QDR	• 테러 네트워크의 격퇴 • 미 본토 방어의 심화 • 적대국가와 테러 네트워크, 대량살상무기의 획득 및 사용 방지 • 전략적 기로에 있는 국가들의 올바른 선택을 유도	• 미국과 동맹국들, 주요 파트너들 간 협력 촉진, 대테러전, 비대칭 위협전에 적극 참여 • 주요 부상국가들의 적대적인 노선 선택 가능성에 대비 • 미국군과 국방부 조직의 지속적인 국방변혁
2010 QDR	• 이라크와 아프가니스탄에서 테러전쟁의 승리 • 분쟁의 예방과 억제 • 적의 도전을 격퇴할 수 있도록 준비 • 미국 군사력의 유지	• 미국 방어 및 정부기관 보호 • 하이브리드 전쟁(대분란전, 안정화, 대테러작전) 승리 • 우방국의 안보 능력 증진 • 반접근 환경에서 침략억제 및 격퇴 • 확산방지 및 대량파괴 무기 대응 • 글로벌코먼스/우주·사이버 공간에서 자유 보장
2014 QDR	• 미국 본토의 방위 • 지역적 안정 보장과 적대 세력을 격퇴할 수 있게 하기 위한 동맹국과 우방국의 군사 능력을 지원함으로써 전 지구적 군사태세 건설 • 대테러전쟁이나 재난구호 및 인도적 지원을 위한 미국의 세력투사 • 미군의 작전 및 지원 능력 재균형 달성	• 본토 방어 전략 • 전 지구적 안보태세 구축-광범위한 스펙트럼 대비 • 세력 투사 능력[22] 유지, 결정적 승리 - 대테러전 - 재난구호, 인도적 지원 • 재균형전략 - 작전과 지원 재균형 - 아태 지역 재균형

자료: The United States Department of Defense, *Quadrennial Defense Review Report* (1997; 2001.9.30; 2006.2.6; 2010.2.1; 2014.3.4).

4. 미국의 군사전략

미국의 군사전략은 국가안보전략과 국방전략에서 도출된 국가안보목표와 국방목표를 달성하기 위해 군사력을 어떻게 사용할 것인가에 대한 방법론을 제시한다. 미국의 국가군사 전략서(NMS: The National Military Strategy)는 『국가안보 전략서』와 4년 주기 국방검토 보고서가 출간되고 난 후 미국의 합참에 의해 발간되는 문서다. 국가군사 전략의 중요한 부분은 비밀문서로 되어 있으나, 개괄적인 전략은 공개적인 문서로 발간된다. 미국의 군사전략은 미래의 위협, 전쟁의 개념, 전략의 내용, 미래 전쟁 수행의 개념 등을 담고 있다. 이 절에서는 미국의 위협인식, 군사전략, 전쟁 수행 개념의 변천 등에 대해서 설명한다.

1) 미국의 위협인식

〈그림 1-1〉의 왼쪽 그림에서 보는 바와 같이, 미국은 9·11테러 이후 미국의 군사 위협을 네 가지로 구분했다. 이 내용은 2006년 미국의 국방부가 편찬한 4년 주기 국방검토 보고서[23]와 2006년 미국의 『국가안보 전략서』[24]에 더욱 분명하게 규정되어 있다.

미국은 냉전 시기부터 지금까지 계속된 북한과 이라크 같은 지역에서의 위협을 전통적 위협으로 불렀다. 클린턴 행정부 시절 중동과 한반도 지역에서 동시에 전쟁이 발생할 경우 두 전장에서 동시에 승리하겠다는 윈-윈 전략을 발표한 바 있는데, 이 전략은 2010년까지 지속되었다. 이러한 전통적 위협에는 재래식 억제와 피침 시 격퇴전략을 유지하고 있다.

---

23 The United States Department of Defense, *Quadrennial Defense Review Report* (2006.2.6).

24 The United States White House, *The National Security Strategy of the United States* (2006.3).

〈그림 1-1〉 미국이 당면한 안보 위협 형태

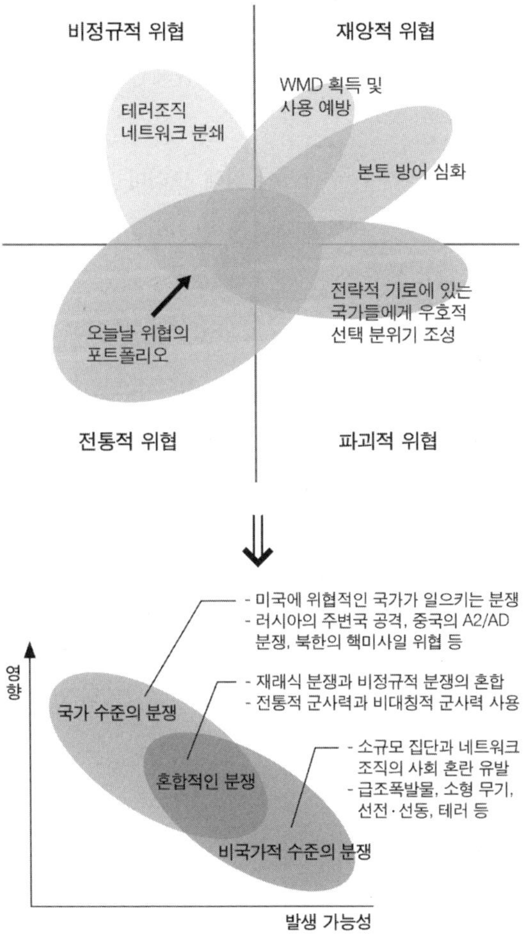

자료: The United States White House, *The National Security Strategy of the United States* (2006.3); The United States Joint Chiefs of Staff, *The National Military Strategy of the United States of America 2015* (2015.6).

9·11테러 이전 미국의 전략은 유라시아 대륙에서 안보 및 군사 위협이 발생할 시 유라시아 대륙의 해안 국가들에게 전진배치한 미군 및 미국의 동맹국들과 연합군이나 다국적군을 구성해 침략을 억제하고, 피침 시 반격해 승리를 거

둔다는 전진억제전략 및 방위전략이었다. 그러나 9·11테러 이후에 미국은 군사변환을 통해 유라시아 지역의 구소련을 둘러싸고 전진배치되어 있었던 붙박이 군대를 규모의 감소와 함께 전출입을 자유롭게 만드는 유동군 형태로 전환했다.

아울러 테러조직과 테러 네트워크에 의해 드러나는 위협을 비정규적 위협이라고 정의하고, 비정규적 위협에 대응하기 위한 전쟁을 대테러전이라고 지칭했다. 또한 비정규적 위협은 이라크에서 미국이 재래식 전쟁으로 승리를 거두었으나, 이라크 내에서 정정(政情)이 불안해지고 폭탄테러가 빈번하게 발생하자 이를 안정화해야 할 필요성을 충분히 인식하게 되었는데, 이를 통틀어 비정규적 위협이라고 부르게 되었다. 이라크와 아프가니스탄에서의 대테러전쟁이 장기전 양상으로 전환되어감에 따라 2010년에는 대테러 작전, 대분란전, 안정화 작전을 통합해 혼합 전쟁(하이브리드 전쟁)으로 명명하면서 이를 가장 큰 위협으로 간주했다.

또한 미국은 알카에다 세력으로부터 핵무기 개발 시도에 대한 정보를 입수해 테러 세력과 대량살상무기가 결합할 경우 미국 본토뿐만 아니라 온 인류에게 재앙적인 위협(catastrophic threat)이 생길 수 있다고 보았다. 부시 대통령은 2002년 6월 1일 미국 육군사관학교에서 이 재앙적인 위협에 대해 연설한 바 있다. "자유에 대한 가장 큰 위험은 급진주의 세력과 기술이 결합하는 곳에 도사리고 있다. 탄도탄 기술과 연계된 생화학무기와 핵무기가 확산되는 경우, 심지어 약소국가라고 할지라도 강대국을 타격할 수 있는 재앙적인 능력을 갖게 된다. 우리의 적들은 이러한 의도를 공언하고 있고 또 실제로 이러한 가공할 무기를 획득하려는 것이 포착되었다. 이들은 우리를 위협하거나 우리와 우방을 해롭게 할 수 있는 능력을 가지기를 원하므로 우리는 모든 힘을 다해서 막지 않으면 안 된다"[25]라고 강조했다.

파괴적 위협은 미래에 미국 중심의 세계질서를 교란할 가능성이 있는 국가와 지역 강국에서 연유될 만한 위협을 가리킨다. 예를 들면 중국의 국력이 급속도로 신장하면서 중국이 미래의 세계안보질서를 교란시킬 정책과 전략을 선택하지 못하도록 막기 위해 미국과 우호적인 행동을 선택하도록 유도할 필요성이 있다는 것이다. 따라서 파괴적 위협은 중국의 부상, 러시아의 재등장 등을 경계할 목적으로 만들어진 위협 개념이다.

그런데 위에서 설명한 21세기 첫 10년간 미국이 규정해온 4대 군사 위협은 오바마 행정부가 이라크와 아프가니스탄에서 어느 정도 테러전쟁을 완수하고 2011년 5월 알카에다 테러 세력의 수장인 오사마 빈 라덴(Osama bin Laden)을 사살한 이후 미국 군대를 철수시키면서 변화하게 된다.

사실 미국군은 아프가니스탄과 이라크 전쟁에서 수많은 희생자가 발생하게 되었다. 아프가니스탄에서 발생한 미국군의 사망자 수는 1349명, 부상자 수는 7726명이다(2001년 11월~2010년 10월 말). 이라크에서 발생한 미군의 사망자 수는 4426명, 부상자 수는 3만 1902명이다. 두 전쟁에서 희생당한 민간인 숫자를 다 포함하면 4만 명을 넘는다. 장기적인 테러전쟁으로 인해 인명피해는 물론 전쟁비용도 천문학적이다.

따라서 미국은 이라크와 아프가니스탄을 어느 정도 안정화시킨 후 철수를 단행하지 않을 수 없었다. 미군 대부분이 철수한 이후, 중동에서는 이라크와 아프가니스탄의 내정 불안을 틈타서 ISIS(Islamic State of Iraq and Syria) 테러 세력이 확산되게 되었다. ISIS는 뒤에 IS(Islamic State, 이슬람국가)로 불리기도 하고, ISIL(Islamic State of Iraq and Levant)이라고 불리기도 한다. 이들은 미국과 NATO국가들의 중동에 대한 영향력을 차단하기 위해 이라크와 북아프리카에서 비정규적인 전쟁을 수행하는 한편 유럽과 미국, 아태 지역에 걸쳐서 반서방

25 The United States President George W. Bush, Speech at Westpoint(2002.6.1), http://www.whitehouse.gov/news/releases/2002/06/print/200206013.html

주의 기치를 내걸고 무차별 테러행위를 자행하게 된다. IS 문제는 한 국가가 다룰 수 있는 문제가 아니므로 미국을 비롯한 NATO 동맹 국가들, 나아가 러시아와 중국까지도 참여해 해결해야 할 전 지구적 문제로 부상하게 된다. 따라서 오바마 행정부는 2010년 이후 군사 위협을 새로이 정의하게 된다. 이 군사 위협이 공식적인 책자로 출간된 것은 2015년 미국의 『국가군사 전략서』이다.[26]

2015년 NMS에 의하면 〈그림 1-1〉의 오른편 그림과 같이, 첫째 국가 수준의 분쟁(state conflict), 둘째 혼합적 분쟁(hybrid conflict), 셋째 비국가 수준의 분쟁(non-state conflict) 등이다.

- 국가 수준의 분쟁: 발생 가능성은 낮지만 발생 시 큰 영향을 미치는 것으로 미국에 위협이 되는 국가들이 분쟁을 일으킬 가능성이다. 그 예로는 러시아의 주변 국가에 대한 공격, 중국의 미국에 대한 반접근/지역거부 분쟁, 북한의 핵미사일 위협의 증가 등이 있다. 여기서 중국과 북한의 위협은 미국의 아태 재균형전략의 대상이 되는 것이라고 할 수 있다.
- 혼합적인 분쟁: 재래식 분쟁과 비정규적 분쟁의 혼합형태로서 국가 수준과 비국가 수준의 분쟁이 혼합되어 발생할 가능성이다. 전통적 군사력과 비대칭 군사력을 사용하게 된다.
- 비국가적 수준의 분쟁: 소규모 집단과 네트워크 조직이 정부와 사회를 혼란하기 위해 급조폭발물, 소형무기, 선전·선동, 테러 등 공격을 일으킬 가능성이 있다.

26 The United States Joint Chiefs of Staff, *The National Military Strategy of the United States of America 2015* (2015.6).

2) 미국의 6대 군사전략

2001년 9·11테러 이후 미국은 위에서 설명한 4대 위협에 부응한 각각의 군사전략을 마련했다. 본토 방어에 최우선순위를 두고, 대테러전, 테러 네트워크와 비대칭 위협 세력의 대량살상무기 확산 노력 방지, 파괴적 위협 대두의 방지, 핵억제전략의 현대화, 아태 재균형전략 등이 그것이다.

(1) 본토 방어 최우선전략

미국은 9·11 테러 이후 현재까지 미국 본토 방어전략을 최우선시하고 있다. 미국은 본토에 대한 외부의 위협을 발견하고 억제하며, 필요할 경우 이를 물리치겠다고 하고 있다. 또한 미국의 동반자 국가들이 미국의 국가안보에 기여하도록 만들겠다고 공언한다. 본토의 성공적인 방어를 위해 국토안보부를 설립했고 국토안보부의 주관하에 국내의 관련 연방정부기관, 주정부, 지방정부들과 협조해 본토 방어 훈련과 연습을 실시하고 있다. 아울러 전략적 억지를 시행하고 미국 해양경비대와 상시적 해양작전을 시행하며, 북미 방공사령부의 지휘하에 공중방위를 확보하고, 결과 관리를 위해 민간 당국에 필요한 지원을 제공하도록 하고 있다.

만약의 사태가 발생할 경우 대량살상무기 공격에 대해서는 결과 관리와 국가적 차원의 대응을 하며, 허리케인 카타리나와 같은 재난이 발생했을 경우에도 같은 조치를 취한다. 국가 차원의 지시를 받을 경우 지상, 공중, 해상, 우주, 사이버 공간 등에서 방위태세 수준을 제고하는 조치를 취한다.

(2) 대테러전·비정규전 승리전략

미국은 대테러전과 비정규전에서 승리하기 위한 전략을 채택한다. 9·11테러 이후 아프가니스탄과 이라크에서 대테러전쟁을 개시한 것이 그 예다. 2002

년 『국가안보 전략서』에서는 테러리즘을 분쇄하기 위해 억지나 방어적 수단에 의존할 수 없으며, 단기적이기보다는 장기적인 군사전략이 필요하다고 역설했다. 2006년 4월 발간된 『국가안보 전략서』에서는 아프가니스탄과 이라크에서의 대테러전을 평가하면서 향후 전략의 방향에 대해 언급하고 있다.

미국은 아프가니스탄에서 알카에다의 안전지대를 제거했고, 이라크에서 대테러전쟁을 성공시키기 위해 다자간 동맹을 결성했다고 자평하고 있다. 2011년 5월 오사마 빈 라덴의 사살 이후, 알카에다 네트워크는 현저히 감소되었고, 무고한 시민에 대한 살해는 어떤 이유로도 정당화될 수 없다는 국제적인 공감대가 형성되는 데 성공했다고 평가한다. 미국 주도의 노력의 결과, 많은 국가가 외교 및 군사 지원 등으로 테러와의 전쟁에 동참했으며, 9·11 이전에 문젯거리였던 국가들이 그 이후에는 오히려 테러와의 전쟁에 참여하고, 미국 내에서는 테러와의 전쟁을 위해 애국법이 제정되는 등 의회와 긴밀한 협조를 할 수 있었음을 실적으로 들고 있다.

그러나 대테러전의 장기적인 성공을 위협하는 도전요소들도 있다. 테러 네트워크가 분쇄되었다고 소개되었지만 아직도 소규모의 셀 형태로 존재하며, 테러 세력들이 아프가니스탄, 이집트, 인도네시아, 이라크, 이스라엘, 요르단, 모로코, 파키스탄, 러시아, 사우디아라비아, 스페인, 영국, 프랑스, 벨기에 등지에서 테러를 자행했거나 자행하고 있으며, 테러 세력들은 대량살상무기를 확보하려고 계속 노력하고 있다. 이라크에서는 테러분자들의 선동선전으로 이라크의 전후 질서 구축에 차질을 빚고 있으며, 시리아와 이란은 테러분자들의 기지 역할과 해외에서의 테러 지원을 계속하고 있다는 것이다.

미국은 2007년에 테러리즘의 근원을 없애는 방안으로 민주주의의 확산을 들고 나왔다. 민주주의가 소외계층의 참여를 유도해 자신의 미래를 설계할 기회를 제공하고 불만층에게는 법의 지배, 분규의 평화적 해결, 협상 관행을 제공한다는 것이다. 민주주의는 언론과 결사의 자유를 보장하며, 살상을 정당화하는 그룹들에게는 민주주의가 인간의 존엄성을 존중하도록 만든다고 설명을 덧붙인다. 한편으로는 진정한 이슬람과 과격 이슬람을 분리하기 위해 노력하고 있다. 진정한 이슬람 국가들은 종교를 신성시 여기고 테러를 배격하며, 많은 이슬람 국가들이 테러와의 전쟁에 참여하고 있는 데 반해 초국가적 테러분자들은 덜 민주화된 국가를 테러기지로 만들기 위해 노력하고 있음을 강조해 테러 세력과 이슬람을 분리하려고 노력하고 있다. 폭정의 종식을 위해 민주주의를 중동에 확산한다는 전략은 중동과 북아프리카에 재스민 혁명을 불러일으킴으로써 어느 정도 성과가 있는 듯 보이기도 했다. 하지만 외래적인 민주주의 이식은 단기간에 달성되기 힘들다는 것이 드러났다.

그래서 미국은 최초에는 테러와의 단기전을 위한 네 가지 단계를 상정하고 대테러전을 기획했다. 첫째, 테러 발생 이전에 테러 공격을 예방한다는 것이다. 둘째, 불량국가와 테러 동맹에게 WMD가 이전되는 것을 거부하겠다는 것이다. 셋째, 불량국가들이 테러집단을 지원하거나 도피처를 제공하는 것을 거부하겠다는 것이다. 넷째, 테러분자들이 특정 국가를 테러기지화하거나 거점화하는 것을 거부하겠다는 것이다.

이라크 전쟁을 대테러전으로 간주한 미국은 세 가지 차원에서 이라크를 지원하고자 계획했다. 첫째, 정치적인 측면에서 이라크 국민과 함께 민주 정부를 건설한다. 이 과정에서 평화로운 정치과정의 수용을 거부하는 강경파 적들을 고립시키고, 폭력으로부터 전향한 이들을 정치과정에 참여시키며, 안정되고 다자적이며 효과적인 국가제도를 건설하고자 시도했다. 둘째, 안보적인 측면에서 이라크 내의 국제보안군(ISF)과 함께 안정화 노력을 계속한다는 것이다. 테러분자들이 점유하고 있던 지역을 평정하고, 평정 지역은 이라크 보안군이 점유하도록 하며, 이라크 보안군과 지방정부의 능력을 건설하겠다는 것이다. 셋째, 경제적인 측면에서 미국은 이라크 정부와 함께 경제재건을 위해 노력한다는 것이다. 이라크의 기반시설을 재건하고 시장경제원칙에 입각해 이라크

경제를 개혁하며, 이라크 스스로가 경제운영을 할 수 있는 능력을 건설한다는 것이다.

그러나 현실은 여의치 않았다. 이라크 내 안정화 작전에 대한 평가를 담은 책이 2008년 6월에 출간되었다.[27] 당시 이라크에 주둔하고 있는 미군은 19만 6000여 명(육군 13만 2400명, 해군 1만 4500명, 해병 2만 5900명, 공군 1만 9800명)이다. 이것은 2007년 부시 행정부가 미군을 증파한 결과이다. 이러한 미군의 증파로 미국 정부는 이라크에서 안보와 안정이 확보되고 있다고 보고 있으며, 증파 이전과 비교해볼 때 증파 이후에는 이라크 내의 폭력사태가 40% 내지 80% 정도 감소했다고 보고 있다. 또 이라크 내부에서는 시아파와 수니파 간의 다소 깨어지기 쉬운 연합이 작동하고 있으며, 가장 극단적인 집단인 쿠르드도 다소 통제된 상태에 있다. 이라크 정부도 통일되고 장기적인 정부를 유지하는 데 필요한 정치적 타협을 달성하고 있다고 보았다.

하지만 이라크의 이런 상황은 이라크 보안군에 의해 유지되는 것이 아니라 미국의 중부사령부 때문에 유지되어왔다는 점에 유의할 필요가 있다. 이라크 내의 알카에다 세력은 분쇄되었지만, 파키스탄, 소말리아, 알제리 같은 곳에서 알카에다는 여전히 활동하고 있다는 것이 문제다. 오바마 행정부의 등장 이후 이라크에서 미군이 철수했다. 세계의 지도자들은 이에 대한 경고를 보낸 바 있다. 싱가포르의 리콴유(李光耀)나 리셴룽(李顯龍) 같은 지도자들은 만약 미국이 이라크에서 급속히 철군한다면, 베트남의 공산화보다 더 심각한 중동사태에 직면할 것이라고 경고한 바 있다.[28]

미국이 이라크 전쟁 이후 장기적인 후유증을 겪으면서 미국의 군사전략에는 비정규전의 중요성이 부각되고 있다. 비정규전은 '국가와 비국가행위자 사

27 "Report to Congress in Accordance with the Department of Defense Appropriations Act 2008(Section 9010, Public Law 109~289)", *Measuring Stability and Security in Iraq* (2008.6).

28 IISS, The Shangri-La Dialogue. http://www.iiss.org

이에 벌이는 폭력적 투쟁'으로 정의되며,[29] 사회에 대한 합법성과 영향력을 얻기 위해 정부와 경쟁하는 것을 말한다. 비정규전은 상대방의 힘과 영향력, 의지를 서서히 약화시키기 위해 군사수단과 기타 능력들을 다양하게 운용하면서도 간접적이고 비대칭적인 방법을 선호한다. 미국은 이라크와 아프가니스탄에서 벌인 비정규전의 결과 앞으로 미국의 적은 뚜렷한 국적이나 계보가 없는 다수의 느슨한 네트워크 성격을 가진 비국가적 행위자가 될 것이라고 보고 있다. 이들 간에 상호 연결된 정치, 군사, 경제, 정보 및 기반체계에는 미국이 이용할 수 없는 중요한 취약점이 내포되어 있다고 보고, 이러한 비정규전적인 위협을 상대로 전투를 해야 할 책임을 강조하며, 미국의 합참이 이를 주도적으로 해야 할 것을 강조하는 것이다.

특히 2011년 5월에 미국의 오바마 대통령은 알카에다 세력의 수장, 오사마 빈 라덴을 사살했다고 발표함으로써 알카에다 세력에게 회복할 수 없는 피해를 입혔고, 그 이후 테러는 규모가 확실하게 감소되었다. 그러나 서방세계 전체에 대한 소규모 폭탄테러, 자살테러가 빈번하게 발생하고 있어 테러는 계속 해결과제로 남아 있다. 미국은 테러전은 분란전, 테러전, 안정화 작전 등이 혼합된 혼합 전쟁으로 규정하고, 미국의 합동전 능력뿐만 아니라 동맹국 및 우방국의 대테러 능력을 제고시킴으로써 연합군을 만들어 테러에 대처하자고 리더십을 발휘하고 있다.

(3) 대량살상무기 확산 대응전략

미국은 대량살상무기의 확산에 대응하기 위한 군사전략을 가지고 있다. 2006년 미국 정부가 규정한 4대 위협 중에서 가장 위협의 강도가 높은 재앙적

---

29 미국 합동참모본부, 『미국 군사기본교리(*Doctrine for the Armed Forces of the United States*)』, 한국 합동참모대학 옮김(2007.5.14).

위협에 대비하기 위해 미국의 합참은 특별하게 대량살상무기에 대응하기 위한 국가군사 전략서를 발간했다.[30] 이 전략의 목표는 2006년 『국가안보 전략서』와 2006년 4년 주기 국방검토 보고서에서 나타난 국가목표를 달성하기 위해 미국이나 미국의 동맹국·동반자들의 이익이 WMD를 사용한 강압과 공격을 받지 않도록 하는 데 있다.

이를 위한 군사전략목표는 적의 WMD 사용을 억제하며, WMD를 사용하려고 위협하거나 사용하려는 세력들을 격퇴하기 위한 준비를 한다는 것이다. 현존하고 있는 WMD가 안전하도록 조치하며 그 WMD를 안전하게 확보하며 감축시키고 제거하도록 노력한다는 것이다. 나아가 현재 또는 잠재적인 적들이 WMD를 생산하거나 획득하지 못하도록 예방하고 설득하며 거부하는 것을 포함한다. 만약 WMD와 관련 물질이 미국 또는 미국의 이익에 반해서 사용된다면 미국군은 WMD 환경하에서 작전을 계속하기 위해 그 효과를 최소화하며, 미국의 시민과 동맹국·동반자들을 보호하기 위해 조력을 제공한다. 미군은 WMD 공격의 진원지를 찾고 결정적으로 대응하며 미래의 공격을 억제하는 역할을 할 것이다. 또한 미국 시민과 동맹국·동반자들이 WMD에 대응하는 데 협조하도록 만들 것이다.

군사적인 측면에서 미 합참은 WMD에 대응하기 위한 세 가지 임무(비확산, 대확산, 결과 관리)를 직접 지원하고 있다. 이들은 여덟 가지의 군사 임무를 도출했는데, 공세적인 작전, 제거, 차단, 적극적 방어, 소극적 방어, WMD 결과 관리, 안보협력과 동반자 활동, 위기감소 협력 등이다. 미국의 국방부는 전략사령부(U.S. Strategic Command)의 사령관에게 WMD에 대응하려는 국방부의 노력을 통합하고 일치시키는 데 중심역할을 하도록 조치했다.

30 The United States Chairman of the Joint Chiefs of Staff, *National Military Strategy to Combat Weapons of Mass Destruction* (2006.2.13).

(4) 전통적 위협 대응전략

미국은 전통적 위협에 대해서는 전진배치를 통해 강압을 방지하거나 전진 억제 개념을 적용할 것이다. 재래식 전쟁 수행 전략은 미군이 해외에 일상적으로 주둔하는 것뿐만 아니라 군과 군 간의 상호 교류, 연합 훈련, 안보 협력 활동, 잠재적인 적대 세력의 군사 활동에 대한 대비태세의 강화 등을 포함한다. 우발사태 발생 시에 미군의 소요가 증가할 경우 미군은 거의 동시에 발생할 가능성이 있는 2개의 전쟁에 대비할 능력을 갖추도록 한다는 것이다.

여기서 특히 지역적 억제 개념을 대두시켰는데, 북한이나 이란 같은 나라가 있는 지역에서는 대량살상무기의 확산이 우려되므로 이들 소규모 국가들의 핵 확산을 막기 위한 억제 개념을 사용한 것이다. 2개의 전역 중 하나에서는 적대 체제를 제거하고 그 군사력을 파괴하며 시민사회로의 전환에 필요한 조건을

〈그림 1-2〉 미국의 군사전략 개념

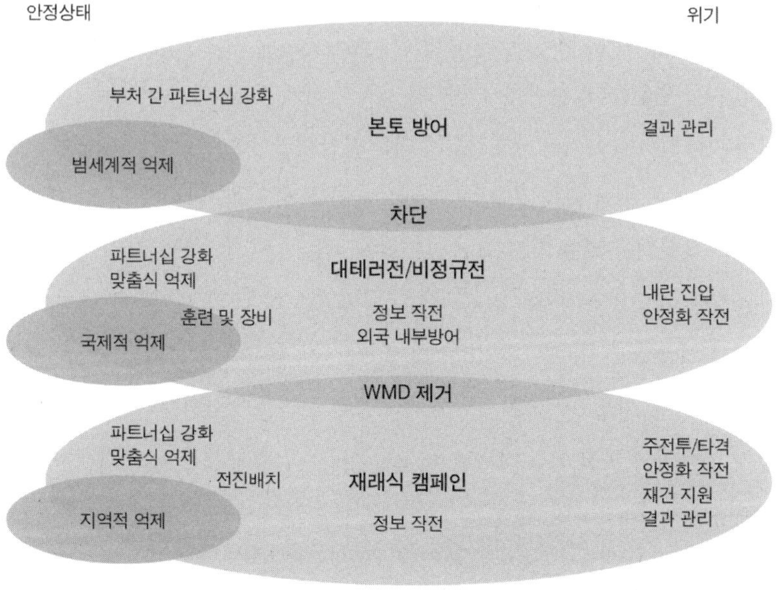

자료: The United States White House, *The National Security Strategy of the United States* (2006.3).

만들어낼 수 있도록 준비 능력을 갖추는 것을 포함한다. 여기서 미국은 재래식 전쟁에 대한 대비 측면에서도 9·11 이전의 재래식 전쟁과는 다른 개념을 등장시킨 것을 알 수 있다. 그것은 군사적인 승리만을 언급한 것이 아니라 독재정권을 제거하고 그 정권을 안정된 시민사회로 전환하기 위해 노력하는 것을 포함하고 있다.

(5) 핵억제전략의 최신화

미국은 탈냉전기의 지역적 차원에서 핵확산 국가의 등장을 억제하기 위해 기존의 핵억제전략을 변경했다. 2002년 1월, 부시 행정부가 냉전기에 갖고 있었던 3각 체제(triad)에 근거한 핵억제전략을 변경한 것이 그 내용이다. 신핵태세 보고서라고 불리는 이 보고서에서 과거의 3각체제를 변경시킨 신3각체제를 제시했다.[31] 이란, 이라크, 북한을 악의 축이라고 규정짓는 동시에 이에 대한 대응을 중심으로 한 새로운 핵 태세 보고서를 발표한 것이다. 보고서는 '불량국가'를 규정하고 있는데, 이는 미국이 보유한 기존의 핵무기로 억제하기 힘든 국가를 일컫는다. 불량국가들이 핵 보유를 하게 되면, 실제 전쟁에서 위협과 사용 가능성이 높아져서 세계질서는 더욱 불안해질 것으로 보았기 때문이다.

신3각체제는 세 가지 중요한 특징을 보인다.[32] 첫째, 미국은 핵 및 비핵을 사용한 핵공격 능력을 강화한다는 것이다. 기존에 배치된 핵전력 중 전략핵탄두를 2/3 이상 감축시키는 한편 불량국가를 포함한 테러 세력들에 대한 소형 핵무기 개발을 추진하고, 벙커버스터 및 장거리 정밀폭격미사일, 토마호크 등 순항미사일을 개발·배치하는 등 재래식 공격 능력을 첨단화한다는 것이다. 아울러 1991년 걸프전 이후 대두된 이라크, 이란, 리비아, 북한 등의 화생무기 공

31 The United States White House, *Nuclear Posture Review* (2002.1).

32 David S. McDonough, *Nuclear Superiority: The New Triad and the Evolution of Nuclear Strategy*, Adelphi Paper 383(London, UK: IISS and Routledge, 2006), pp.43~61.

격 가능성에 대해서 억제와 보복수단으로서 핵무기 사용 옵션을 보유하겠다고 천명했다. 둘째, 미국은 불량국가들과 테러 세력에 대한 적극적 방어(active defense) 능력을 강화하겠다고 했다. 소위 불량국가들과 테러 세력들의 핵무기 사용 가능성을 억제하기 어려워지면서 미사일방어체제의 개발을 정당화했다. 셋째, 대량살상무기 사용 가능성에 대한 대응구조를 강화한다는 방침을 발표했다. 핵무기 이외에 미사일 방어시스템(MD: Missile Defense), 비핵공격 능력, C4ISR(Command, Control, Communications, Computers, Intelligence, Surveillance and Reconnaissance) 및 대응 군사인프라 구축을 통합함으로써 억제전략을 구사하는 수단을 강화한다는 것이다. 아울러 미국 방공사령부가 미사일방어체제 및 세계적 공격 능력에 대한 지휘통제를 하고, 우주무기를 지속적으로 개발해나간다는 것이다.

실제로 미국의 국방부는 2006년의 4년 주기 국방검토 보고서에서 테러 세력을 비롯한 북한, 이란, 이라크 등 소위 '악의 축' 국가들에 대해 맞춤형 억제전략(tailored deterrence strategy) 개념을 제시했다.[33] 이 맞춤형 억제 개념은 과거 소련의 핵 위협에 대해 억제전략 한 가지를 가지고 억제하던 것에서 억제의 대상을 세 가지로 분류하고, 각각 그 대상에 맞춘 세부적인 억제전략 개념을 제시한 것이다.

그 대상은 첫째, 러시아나 중국 같은 선진화된 군사적 경쟁국들, 둘째, 북한, 이라크, 이란 같은 지역 차원의 대량살상무기 확산 국가들, 셋째, 테러리스트 네트워크 등으로 분류된다. 더불어, 맞춤형 억제가 성공하기 위한 3대 조건으로, 우선 군사 능력을 맞춤식으로 개발해야 하고, 보복의지를 명확하게 전달해야 하며, 잠재적 침략자들이 미국의 대량보복에 관한 메시지를 신뢰성 있게 받

33 The United States Department of Defense, *Quadrennial Defense Review* (2006.2.6), pp. 49~61.

아들여야 한다는 생각을 밝혔다.

특히 2001년 9·11테러 이후 미국은 테러 세력이 핵무기를 손에 넣고 핵무기를 사용할 경우 억제가 불가능하기 때문에 세계는 대재앙을 겪게 될지도 모른다고 예상했다.[34] 테러 세력의 핵무기 사용은 불량국가들의 핵무기 사용보다 더 억제하기 힘들다고 보는 것이다. 왜냐하면 첫째, 미국이 보복공격을 행할 대상이 누군지, 대상이 어디에 있는지 표적 식별이 곤란하다. 둘째, 핵공격을 감행한 테러 세력이 어디에 있는지 식별하는 데 장시간이 소요되어 실제로 반격 결정을 했을 때 국제여론 등이 달라져서 핵으로 보복하기 어렵다. 셋째, 테러 세력과 주권국가를 동일시하기 힘들기 때문에 어떤 국가에 대해 보복하기 곤란하다. 넷째, 민간인들에 대한 피해가 극심해서 선뜻 보복결정을 하지 못한다. 다섯째, 테러 세력들은 보복국가가 핵보복공격 위협을 하면 그들의 행동을 억제하기보다 오히려 핵전쟁으로의 확전을 더 바랄지 모른다는 것이다. 이것은 전통적인 억제논리가 전혀 작동하지 않는다는 것을 보여주기 때문에 대처하기가 더 힘들다. 따라서 미국은 테러 세력의 핵공격을 기다리기보다는 징후가 농후할 때 예방공격 혹은 선제공격을 감행하는 것이 낫다는 논리를 내세우고 있다.

2010년 4월 오바마 행정부는 부시 행정부의 핵태세 보고서를 수정해 새로운 핵태세 보고서를 출간했다.[35] 그 내용은 첫째, "핵무기 없는 세계"를 지향하면서 미국과 러시아 양국 간에 핵군축을 지속해나가며, 비축핵무기관리 프로그램을 통해 핵무기 수명을 연장시키겠으나, 새로운 핵무기 개발이나 실험을 하지 않겠다고 선언한 것이고, 둘째, 핵무기와 테러 세력 간의 연계로 인한 핵재앙의 발생, 즉 핵테러리즘을 예방하고 차단하기 위해서 핵물질의 안전한 관

---

34 같은 글. 미국은 이를 재앙적 위협(catastrophic threat)이라고 불렀다.

35 The United States Department of Defense, *Nuclear Posture Review Report* (2010.4).

리를 위한 글로벌 핵안보체제를 만든다는 것이다. 오바마 대통령의 주도로 미국이 제1차 핵안보정상회의를 2010년 4월에 워싱턴에서 개최한 이후 2012년 3월 서울, 2014년 3월 헤이그, 2016년 4월 워싱턴에서 모두 네 차례의 핵안보정상회의가 개최되었고, 세계의 핵안보전문가들이 참석한 핵안보지식정상회의, 세계의 원자력산업 CEO와 핵과학자들이 참석한 핵산업정상회의가 동시에 개최되었다. 이들 회의에서 핵안보레짐이 구축되었으며, 2016년부터 국제원자력기구가 이 과업을 인계받아서 각국의 외교장관과 핵전문가들이 참석하는 회의를 개최하고 있다. 셋째, 부시 행정부가 규정한 핵의 신3각체제를 더 세련되게 만들어서 미국은 핵과 대량파괴무기의 위협에 대해 핵무기를 사용한 억제, 첨단 재래식 무기를 사용한 억제, MD체제를 통한 핵억제를 달성하겠다고 발표했다. 오바마 대통령이 추구한 "핵무기 없는 세계"와 핵무기를 사용한 억제 간에는 상호 모순점이 발견된다. 즉, 핵무기의 역할을 감소시키겠다는 공약을 관철시키게 되면 미국이 핵무기를 사용한 억제보다는 첨단 재래식 무기를 사용한 억제와 MD를 사용한 억제에 더 중점이 옮겨 가게 될 가능성이 큰 것이다. 그렇게 되면 북한의 핵미사일 위협이 날로 가중되고 있는 상황에서 한반도에 미국의 맞춤형 억제전략과 확장억제력 제공 약속에 대한 신뢰성에 의문이 갈 수 있다. 이를 방지하기 위해 미국과 동맹국들 간에 많은 논란이 있어왔다.

(6) 아태 재균형전략

아태 재균형전략이 안보전략인가 혹은 군사전략인가에 대해서 논란이 있을 수 있다. 위에서 미국의 국가안보전략 차원에서 아태 재균형전략을 설명했으므로 여기에서는 군사전략적 시각에서 설명하기로 한다.

부상하는 중국이 패권국인 미국에게 가하는 도전을 억제하고 발생가능한 분쟁에 효과적으로 대처하기 위해 미국은 공해전투(Air-Sea Battle) 개념을 도입했다. 아태 지역에 미국 공군과 해군력의 60%를 증강배치하고, 미국의 동맹국들과의 연대 강화를 통해서 중국의 위협을 억제하고 또한 유사시에 대비하고자 하는 것이다. 중국을 포함해 아태 지역에서 미국을 상대로 반접근/지역거부(Anti-Access and Area Denial)전략을 구사하는 도전 세력에 대해서 미군은 기존의 동맹체제까지 아울러 협력체계를 구축하는 한편, 미국 자체적으로 해군/공군 간 통합 교리 개발 및 훈련을 시행하고 지상군(육군 및 해병대)과의 통합운용 개념을 발전시켜 새로운 합동작전 개념 및 훈련 체계를 발전시킨다는 것이다. 또한 사이버전력, 미사일 방어 등 국가의 모든 요소를 통합 운용한다는 것이다. 아울러 수중작전 능력을 유지하고, 신형 스텔스 폭격기 개발, 미사일 방어망을 개선시키며, 핵심 우주기반전력을 강화함으로써 미국의 우위를 유지하겠다고 분명하게 밝히고 있다.

3) 미국의 전쟁 개념의 변천

미국이 구상한 전쟁 개념은 10년을 주기로 변해왔다. 1950년대에는 대량보복전쟁, 1960년대에는 2와 1/2전쟁, 1970년대에는 1과 1/2전쟁, 1980년대에는 소련과의 다면전쟁, 1990년대에는 2개 전쟁에 대비했으며, 2000년대에 이르러 새로운 위협에 대비한 세 가지 전쟁 개념을 기획했다고 볼 수 있다.

1950년대의 대량보복전쟁 개념은 아이젠하워 행정부가 1954년 NSC-162/2에 근거해, 소련을 위시한 바르샤바조약기구 군대가 재래식 무기의 우세를 토대로 서유럽을 공격해올 경우 미국은 핵무기의 절대 우세에 근거해 핵무기를 대량으로 사용해 대량보복을 가한다는 것이다. 이는 소련이 유럽 지역에서 NATO 대비 우세한 재래식 군사력을 보유하고 핵무기를 개발하더라도, 미국은 소련보다 우세한 핵전력을 사용해 대량보복 위협을 가함으로써 전쟁을 억제할 수 있을 것이라는 전략적 우월감에 근거한 것이다.[36] 이것은 당시 유럽의 전쟁이 핵전쟁이 될 것이라는 단순한 가정에 근거해서 전략이 수립된 것을 말해준다. 핵우선정책에 따른 재래식 전력의 감축은 한국전쟁과 같이 예측하지 못했던 재래식 우발분쟁에 대한 적응력을 상실한 것으로서 1960년대 케네디 행정부의 유연반응전략을 낳게 하는 단초를 제공했다.

1960년대의 2와 1/2전쟁 개념은 세계 도처에서 재래식 전쟁이 일어날 가능성에 대비한다는 차원에서 비롯되었다. 원래 세계의 16개 지역에서 분쟁이 발생할 가능성이 있다고 보았으나, 미국이 대응해야 하는 분쟁은 11개로 축소하고, 그중에서 서유럽, 한반도, 쿠바 등의 분쟁에 우선적으로 대응한다는 개념을 세웠다. NATO에 대한 바르샤바조약기구 군대의 공격, 중국의 지원을 받은 북한의 남한에 대한 공격과 북베트남과 아시아에서의 분쟁, 쿠바 등 3개 지역의 우발분쟁을 동시적으로 고려한다는 것이었다. 따라서 NATO 지역과 아시아 지역에서 동시에 발생할 가능성이 있는 분쟁에 대처한다는 점에서 2개의 전쟁, 쿠바 등지에서 발생할 가능성이 있는 분쟁을 1/2 개념으로 해서 도합 2와 1/2전쟁에 대비한다는 것이었다.

이에 대비한 전략 개념으로는 유럽에서 미군 5개 사단을 배치해 동맹국의 전력과 함께 3개월 동안 재래식 전쟁을 수행하며 전역의 상황에 따라 3~6개월 동안 방어전력을 배치하고, 예비군의 동원을 요구한다는 것이었다.[37] 한국과 베트남에서 동시 공격을 허용하지 않으며, 증원군이 동원될 때까지 전선을 저지한다는 전략을 세웠다. 쿠바를 비롯한 제3세계에서 소규모 전쟁이 발생할 경우, 3과 1/3개의 전략예비사단으로부터 전력을 신속배치한다는 개념을 갖고 있었다.

1970년대의 1과 1/2전쟁 개념은 닉슨 행정부의 위협 인식에 변화가 일어난

36 이상현, 「1945년 이후 미국의 세계 군사전략과 주한미군 정책의 변화」, 『자주냐 동맹이냐』(서울: 오름, 2004), 166쪽.

37 Robert P. Haffa, Jr. *The Half War 1960-1983* (Boulder and London: Westview Press, 1984), p.34.

것이 반영되었다. 1969년의 중소 국경분쟁 이후 미국은 소련과 중국 간의 불화로 유럽과 아시아 지역에서 동시에 전쟁이 발생할 가능성을 낮게 평가했다. 따라서 닉슨 행정부는 미국이 대비해야 할 전쟁을 유럽 혹은 아시아에서 1개, 중동에서 발생할 수 있는 상대적으로 규모가 작은 전쟁을 1/2로 생각했다. 키신저 안보 보좌관은 1969년 1월 NSSM(National Security Study Memorandum)-3을 통해 1960년대의 2와 1/2전쟁 개념이 불필요하다고 재평가하고 결국 1과 1/2전쟁 개념을 선택했다. 그러나 카터 행정부는 대통령 선거기간 또는 취임 직후 한국에서 분쟁이 발생할 경우, 유럽에서와 같은 규모의 미군의 지상전력이 필요하지 않을 것이라고 인식하고 미군의 철수를 시도했다. 하지만 미 의회에서 한반도에서의 군사력 균형을 재평가할 필요성을 요구했고, 1979년 소련의 아프가니스탄 침공을 목도하면서 닉슨 행정부의 1과 1/2전쟁 개념을 고수하기로 했다.

1980년대 미국은 다정면 세계전쟁(Multi-Front Global War)을 생각했다. 소련이 유럽과 서남아, 극동 지역에 군사력을 증강시키고 있고 미국은 서남아와 서유럽에서 동시 전쟁의 가능성을 고려해야 한다고 인식했다.[38] 만약 소련이 어느 지역에서 전쟁을 개시한다면 미국은 소련의 취약 지역에서 반격을 함으로써 전쟁을 확대할 것이라고 보았는데, 이것이 소련과의 다정면 세계전쟁이라는 개념이었다. 레이건 행정부는 전임 정부에서 물려받은 1과 1/2전쟁 개념에다가 세계 여러 지역에서 발생 가능한 분쟁에 대비하기 위해 신속배치군 개념을 발전시켰다. 한편 소련과의 핵전쟁과 핵군비경쟁에 대비하기 위해 전략방위구상(Strategic Defense Initiative)을 발전시켰다.

이상과 같이 미국은 냉전 시기에 미국이 대비해야 할 분쟁 지역과 전쟁의

---

38 Paul K. Davis and Lou Finch, *Defense Planning for the Post-Cold War Era* (Santa Monica, CA: RAND, 1995), pp.15~16.

수와 형태에 따라 전쟁 개념을 발전시켰음을 알 수 있다. 1960년대의 케네디 행정부와 존슨 행정부는 유럽과 아시아의 두 지역에서 동시에 발생할 가능성이 있는 2개의 전쟁과 1개의 작은 규모의 분쟁을 고려해 2와 1/2전쟁 개념을 개발했다. 1970년대 닉슨, 포드, 카터 행정부는 유럽에서의 1개 주요 분쟁과 기타 지역에서 발생할 가능성이 있는 소규모 분쟁인 1/2전쟁을 고려해 1과 1/2전쟁 개념을 개발했다. 그리고 1980년대 레이건 행정부는 전임 행정부의 1과 1/2 전쟁 개념에다가 신속배치군, 핵전쟁에 대비한 전략방위구상을 발전시켰다.

그러나 탈냉전시대에 와서는 냉전시대의 미국의 전쟁 개념이 큰 변화를 겪게 된다. 왜냐하면 소련제국이 해체되었고 소련의 재래식 우위에 근거한 유럽 전구에서의 분쟁가능성이 사라졌기 때문이었다. 또한 소련과 중국의 지원하에 북한이 남한을 침공할 가능성도 감소되었다. 그래서 미국은 이라크를 중심으로 한 중동 지역과 북한 단독의 남침가능성에 무게를 두게 되었다. 즉, 중동과 한반도 지역에서 동시에 분쟁이 발생할 가능성을 높게 보고, 2개의 전장에서 동시에 승리할 수 있는 2 MRC(Major Regional Conflicts) 전쟁을 구상하게 되었다.

21세기에 이르러 미국은 2001년 9월 11일 전대미문의 전쟁 규모의 테러공격을 받게 되었다. 미국에 대한 공격은 제2차 세계대전 발발 시 진주만에 대한 일본의 기습공격이 유일한 예였다. 미국은 본토 공격에 경악과 충격을 금치 못했다. 불침범 대륙으로 불리던 미국 대륙, 그중에서도 미국의 전략적 심장부인 펜타곤과 뉴욕이 공격을 받았다.

미국은 바로 미국이 대비해야 할 전쟁을 1-4-2-1 개념으로 바꾸었다. 1은 미국의 본토를 방어한다는 것이다. 냉전시대 혹은 1990년대까지 미국은 미국의 본토를 한 개의 주요한 전장으로 간주한 적은 없었다. 이것은 9·11의 충격을 반영해 결정한 것이다. 4는 4개의 지역에서 미국이 전진억제전략을 구사한다는 것이다. 4개의 지역은 서남아(즉, 중동), 동북아, 동아시아의 해안 지역, 유럽이다. 그리고 2는 2개의 지역에서 거의 동시에 발생할 가능성이 있는 분쟁에서 미국이 신속하고도 결정적으로 적을 패퇴시키는 것을 의미한다. 마지막 1은 앞의 2개 지역 중 한 곳에서 결정적으로 승리를 달성한다는 것을 의미하고 있다. 또한 미국은 위에서 설명한 바와 같이, 9·11테러 이후 나타난 위협의 성격을 네 가지로 구분하고 이에 대한 각각의 대처방안을 군사전략으로 제시했던 것이다.

2010년 오바마 행정부가 이라크와 아프가니스탄으로부터 미군 철수를 결정한 이후, 미국의 전쟁 수행 개념은 1+(원 플러스) 개념으로 바뀌었다.[39] 오바마 행정부의 아태 재균형전략 발표 이후 이 원 플러스 개념이 한반도를 위주로 아태 지역의 중요성을 반영한 것이라는 해석이 주도적이었다. 2014년과 2015년에는 국제질서의 안정을 위협하는 수정주의 국가들(중국, 러시아 등)을 억제, 거부, 패퇴시키기 위해서 동맹국 및 우방국과 협력한다고 밝히고 있다.

2017년 등장한 트럼프 공화당 행정부는 미국 제일주의를 부르짖으면서 국방력의 대폭 증강을 통해 미국의 국익을 우선해 추구할 것을 천명하고 아태 지역의 중요성을 강조하는 가운데, 북한의 핵미사일 위협 억제와 비핵화를 위해 최대 압박과 개입전략을 제시하면서 미국 주도의 해결책을 모색하고 있다.

5. 미국의 전쟁 수행 개념, GPR, 전쟁 방식의 특징과 평가

앞에서 설명한 바와 같이 미국은 9·11테러 이후 위협관이 바뀌었으며, 이에 대응한 군사전략과 전쟁 수행 방식도 많이 변했다. 9·11테러 이후 특히 많이 변한 것은 그동안 기획상에 존재해왔던 합동전의 개념이 현실로 나타났으며,

---

39 The United States Department of Defense, *Sustaining U.S. Global Leadership: Priorities for 21st Century Defense* (2012.1).

군 구조와 군 교리도 합동전 중심으로 바뀌었다는 것이다. 전쟁 수행 개념도 미국의 정보우위와 원거리 정밀폭격 능력의 우위에 입각한 네트워크중심전으로 바뀌었다. 이에 따라 범세계적으로 배치되어 있던 미군의 운용 개념도 바뀌었으며, 이러한 변화를 총체적으로 집대성하면 향후 미국의 전쟁 수행 개념이 더욱 빠르게 변할 것으로 예측해볼 수 있다. 이 절에서는 합동전, 네트워크중심전, GPR로 인한 미군의 태세변화 등을 살펴보기로 한다.

1) 합동전

2001년 부시 행정부가 출범했을 때 미국 국방부는 종래의 위협 중심의 기획에서 능력 중심의 기획으로 전환했다. 2002년 럼스펠드 국방장관은 합참에 이러한 기획체계를 개발할 것을 지시했다. 그 결과 합동능력통합개발체계(JCIDS: Joint Capabilities Integration Development System)를 개발하도록 조치했고, 2003년 각 군에 제도화되었다.

미국이 보는 '합동(jointness)'은 "2개 군 이상이 참여하는 활동, 작전 및 조직"을 의미한다.[40] 합동업무에 관계되는 것은 국가군사 전략의 설정, 전략기획 및 우발계획, 합동작전의 지휘통제, 국내 및 외국 정부기관·비정부기구·다국적군 및 다국적 조직과의 협조로 이루어지는 활동 등이다.

미국의 국방부는 2003년 3월 대이라크 전쟁을 겪으면서 합동전 교리를 한층 더 강화했다. 현대전은 지상군, 해군, 공군, 해병대가 각각 시차를 두고 전쟁을 하는 것이 아니고 4개의 군이 공유하는 정보로 연결되어 합동으로 전쟁을 수행함으로써, 즉 4개 군이 팀으로 전쟁을 수행함으로써 전투력을 극대화하는 것으로 보고 있다. 앤서니 코즈먼(Anthony Cordesman)은 이라크 전쟁에서 나타난 미

40 미국 합동참모본부, 『미국 군사기본교리』, 한국 합동참모대학 옮김(2007). 3~7쪽.

국의 군사전략 개념은 합동작전 운용 개념이었다고 지적하면서 "합동작전 운영 개념은 각 군 간의 긴밀한 협조하에 첨단무기체계를 이용한 효과 중심의 작전을 바탕으로 통합전투력을 극대화시킨 것"[41]으로 보았다. 미국의 합참의장은 합동군을 운용하면서 시너지효과를 항상 생각하며 통합 활동 능력을 극대화시킨다는 목적을 유념한다. 합동작전은 그 부대들이 단순히 가용하다는 이유만으로 모든 부대를 투입하도록 요구하지는 않고, 주어진 임무를 위해 가장 효과적이고 효율적으로 성공을 보장할 수 있는 부대들을 선택해 편성한다.

미국 합참은 2005년 5월 합참의장의 지침에 근거해 JCIDS를 더욱 향상시켰다.[42] 그 내용은 합동 차원의 교리, 조직, 훈련, 물자, 간부개발, 인력, 시설 및 정책의 변화를 통해 새로운 능력의 개발을 지도할 수 있도록 하는 통합되고 협동적인 과정이다.

JCIDS가 원하는 군사 능력은 작전 개념에서 도출된다. 여기서 작전은 단기적인 작전과 장기적인 작전으로 구분된다. 단기적인 작전은 현재부터 7년 동안의 분쟁에 적용되는 것이며, 장기적인 작전은 향후 8~20년에 걸쳐 미래전에 적용되는 것이다. 단기적인 작전 개념은 여러 개의 작전을 동시적이거나 연속적으로 수행할 때 적용된다. 전투사령관은 그들의 작전 개념을 구체화하면서 단기적인 능력 소요에 대한 기초를 설정하게 된다. 장기적인 작전 개념은 미래의 합동군이 모든 형태의 군사작전에서 작전활동을 수행할 것으로 기대되는 내용에 대한 것이다. 전 세계적인 범위에서 다수의 군사 차원의 연합군, 기타 정부 및 비정부기관과의 협조 또는 단독으로 수행되는 작전에 적용된다.

미국 합참은 합동 기본 개념을 만들어냈는데, 합동 기본 개념은 국가의 기

41 Anthony H. Cordesman, "Understanding the New "Effects-based" Air War in Iraq"(2003.3.15). http://www.csis.org 참조.

42 CJCSI, "Joint Capabilities Integration and Development System," 3170.01E(2005.5.11). http://www.dtic.mil/cjcs_directives/cdata/unlimit/3170_01.pdf 참조.

타 수단과 다국적 군사력에 의해 지원받는 합동군은 적의 계획과 배치의 일관성을 파괴하기 위해 다양한 영역에서 상승적인 높은 템포의 행동을 수행하고 미국의 전략적 목표 달성 노력을 적군이 군사적으로 대항하지 못하도록 만드는 데 그 목적이 있다고 했다.

그런데 이라크 전쟁 수행 이후 안정화 작전에서 큰 문제를 발견한 미국의 합참은 단기적인 전투작전에서의 승리에만 신경을 쓸 것이 아니라 연이어 발생할 군사임무인 안정화, 경계, 과도기 및 재건작전(SSTRO: stability, security, transition, and reconstruction operation)에도 동일한 비중을 둘 것을 강조하고 있다. 즉, 초기 전투작전과 SSTRO를 전역목표 차원에서 복잡하게 연결되고 동시에 계획하고 집행해야 하는 것으로 보고 있는 것이다. 이것은 분명 이라크 전쟁 수행 결과를 평가한 후 나오게 된 합동전 교리의 수정판인 것이다.

2) 네트워크중심전과 효과중심 작전

21세기에 이르러 미국은 모든 차원에서 정보작전의 중요성을 강조하고 있다. 이것은 2003년 3월 대이라크 전쟁 이후 효과기반 작전에 근거한 네트워크중심전쟁으로 승화되었다. 네트워크중심전(NCW: Network Centric Warfare)은 전차, 항공기, 함정 등 개별적인 무기체계의 플랫폼에 근거한 전쟁에서 좀 더 발전된 전쟁 개념으로서 각각의 플랫폼들을 정보 네트워크로 연결시켜 전투력의 시너지효과를 달성하자는 개념이다. 네트워크중심전은 정보화시대의 네트워크 중심적 사고방식을 합동전 및 전투 수행 방식에 적용해 전쟁 수행의 효율성을 극대화시키는 것을 말한다.

네트워크중심전의 개념은 1998년 당시 미국의 해군제독이었던 아서 세브로스키(Arthur K. Cebrowski)와 존 가르스트카(John Garstka)가 해군의 특성상 넓은 해상에 흩어져 있는 여러 해군함정들이 어떻게 하면 좀 더 신속하고 효율적으로 전쟁을 수행할 수 있을까에 대해 연구한 결과 나오게 되었다.[43] 즉, 분산된 함정들 간에 신속하게 정보를 교환함으로써 협조된 작전을 수행하기 위해 나온 것이다. 그 해답으로 네트워크중심전이란 개념을 소개하게 되었는데, 2001년 럼스펠드 국방장관이 세브로스키 제독을 군사변혁실장에 임명하고, 네트워크중심전을 국방변환의 중심과제로 추진함과 동시에 미국의 주요 전쟁수행 개념이 되도록 조치했다.

미국의 합동전 수행전략은 이 네트워크중심전을 위주로 한다. 과거 산업화시대의 전쟁은 숫자와 화력에 중점을 두는 전쟁 수행 개념이었으나, 정보화시대 전장에서의 힘은 정보와 접근성, 속도에서 나온다고 보고 모든 부대와 개인을 수직적·수평적으로 컴퓨터로 연결해 정보의 우위에 근거해 상황 인식을 공유하고, 전력을 통합적으로 활용해 관측 - 판단 - 결심 - 행동에서 상대방보다 먼저 작전을 수행해 전쟁에 승리한다는 것이다.

네트워크중심전은 자기동기화(self-synchronization)로 작전의 속도와 반응성이 증가하고, 전투공간을 먼저 인지하고 정보교류가 가능해 관측 - 판단 - 결심 - 행동 모든 면에서 지휘 속도가 신속해지고 작전의 범위도 확대시킬 수 있으며 효과의 집중이 가능해진다. 상대방보다 정보의 우위에 서게 되면 모든 부대의 지휘관과 참모, 실무자들이 전장상황 정보를 동시에 빠르게 공유할 수 있고, 이를 기초로 전장에서의 불확실성을 감소시킬 수 있으며, 전장상황에 대한 정확한 이해와 인식의 공유가 가능하게 된다. 이런 정보우위에 서서 모든 부대는 결심(계획 - 지시 - 확인 - 평가)에서 우위를 유지할 수 있게 된다. 그 결과 항상 상대방보다 유리한 여건에서 작전을 수행할 수 있고, 각종 가용한 무기체계를 효과적으로 선택·집중할 수 있게 되어 통합전투력을 발휘하게 되고 군수지원

---

43 Arthur K. Cebrowski and John H. Garstka, "Network-Centric Warfare: It's Origin and Future," *Proceedings*, Vol.124(Annapolis, MD: U.S. Naval Institute, 1988).

소요가 단축되어 비용도 감소시킬 수 있다. 일단 표적이 발견되면 상대방이 모르는 중에 즉시 타격이 가능하므로 치명성을 증가시켜 전투에서 승리할 수 있게 된다.

각종 전투실험의 결과 적은 수의 네트워크에 연결된 부대는 많은 수의 플랫폼을 가지고 있으나 네트워크로 연결되지 못한 부대를 격퇴할 수 있다는 사실이 입증되었다. 또 전장에서 우군을 식별하고 추적할 수 있는 장치를 이용해 피아구분을 확실하게 할 수 있으므로 우군에 의한 피해도 감소시킬 수 있다.

그러나 네트워크중심전에도 약점은 있다. 자동으로 연결된 네트워크가 상대방의 사이버 공격과 테러에 취약하다는 점이다. 만약 상대방이 정보 네트워크에 침투한다면 정보의 마비가 일어날 수 있다. 이럴 경우 정보우위를 달성할 수 없게 되고 결심의 우위 또한 누릴 수 없게 된다. 정보의 홍수로 인해 핵심 정보를 놓칠 우려도 있다. 연합군이나 다국적군이 참가하는 전쟁에서는 네트워크의 상호 운용성이 문제될 수 있다.

네트워크중심전을 뒷받침하는 작전 개념은 효과기반 작전이다. 일부에서는 효과중심 작전으로 번역하기도 한다. 미국 합동전력사령부는 "효과기반 작전은 정책목표를 달성하기 위해 작전환경에 대한 전반적 이해를 바탕으로 국력의 여러 요소인 외교, 정보, 군사, 경제(DIME: Diplomatic, Information, Military, Economic)를 통합 사용해 적의 행동이나 능력에 영향을 미치거나 적을 변화시키는 데 중점을 두고 계획 - 수행 - 평가 - 조정하는 작전"[44]으로 정의한다. 여기서 효과란 기존의 작전 개념처럼 물리적 수단으로 적을 파괴하거나 격멸하는 것이 아니라 아군이 바라는 방향으로 적을 변화시킬 수 있는 효과를 정의한 후, 그 효과를 달성함으로써 목표를 성취하는 것을 말한다. 계획수립단계에서는 적

---

44 미국 합동전력사령부, Operational Implications of Effect-Based Operations(미국 합동전력사령부 팸플릿), No.7(2004.11.17).

의 군사 분야만 분석하는 것이 아니라 적의 정치, 군사, 경제, 사회, 정보, 기반시설체계(PMESII: Political, Military, Economic, Social, Informational, Infrastructure)를 정밀 분석해 적을 충분히 이해한 바탕 위에서 적의 어느 부분을 어떻게 해야 효과달성과 관련된 체계를 변화시킬 수 있는지 검토해 결정한다는 것이다. 투입수단 면에서 기존 작전은 주로 군사력을 투입해 작전을 수행하지만, 효과중심 작전에서는 군사적인 수단 이외에 외교, 정보, 경제 등의 모든 국력수단을 통합해 적용한다. 다시 말해서 효과는 적의 PMESI 체계에 아국의 DIME 요소를 적용해 적의 PMESII 체계상에 나타난 물리적·행동적 변화를 지칭한다.

효과중심 작전이 가능하게 된 것은 첨단군사과학기술의 발달, C4ISR과 정보, 감시·정찰체계의 발전, 정밀유도무기 및 스텔스 기술의 발전 때문이다. 실시간으로 적군과 아군의 강점과 약점을 파악해 적의 정보를 모든 연관된 직책의 사람들이 공유하고 적시적인 상황판단을 할 수 있기 때문에 시간과 공간을 초월해 원거리에서 지휘통제를 할 수 있어 작전의 효율성을 극대화하는 방향으로 작전을 수행하게 되었다. 9·11테러 이후 비전통적 초국가적인 위협이 증대되고 테러 세력들도 인터넷과 네트워크가 가능해 적은 규모로 공격할 수 있게 되면서 기존의 물량 위주의 공격으로는 테러 세력을 제거할 수 없게 된 전장상황의 변화가 큰 몫을 했다. 21세기에 이르러 공격으로 인한 인명과 재산피해, 즉 부수적 효과를 최소화해야 한다는 인권 중심, 인간안보적 시각이 군에 도입되어 결국 효과중심 작전을 고려할 수밖에 없는 상황이다.

그러나 효과중심 작전의 문제점도 많다. 효과중심 작전은 파괴와 피해를 최소화하면서 효과를 달성하는 것이기 때문에 궁극적으로 전쟁에서 승리하지 못하거나 전후 안정화 작전에 차질을 빚을 수 있다. 일정시간이 경과된 후에 적이 여유를 찾아 저항하기 시작하면 안정화단계에서 아군의 피해가 극심해지며 전쟁의 결과도 불확실해질 수 있다. 정밀 타격 능력에만 의존하다 보면 전쟁의 최종 승패를 좌우할 아군의 지상군의 최종 점령도 어렵게 될 수 있다. 효과중심 작전을 수행하기 위해서는 사전에 복잡한 계획과 조정이 요구되기 때문에 충분한 결심시간이 확보되지 못할 경우 실제로는 적용이 어려울 수 있다는 문제점이 있다.

3) GPR과 군사변혁

미국은 21세기에 나타난 새로운 위협(테러, WMD 확산, 불량국가 등)은 새로운 대응을 필요로 한다고 간주했다. 그리고 제2차 세계대전 이후 60년 동안 해외기지에 고정적으로 주둔해 동맹을 방어하던 인계철선(tripwire), 고정방어의 역할로는 이러한 신종 위협에 대응할 수 없다는 것을 깨달았다. 해외 주둔 미군을 훈련시키고 장비를 구비하며, 전시작전 및 안정화 작전 또는 기타 목적에 적시에 사용하기 위해서는 무분별하게 흩어진 기지들을 통폐합 정리하고, 몇 개의 전략적 허브에 집중배치하며, 신속한 군수와 조달로 이들의 방위요구에 신축성 있게 대응할 필요를 느꼈다.

여기서 나온 개념이 해외 주둔 미군의 전략적 유연성을 제고하고, 해외 주둔 미군을 신속기동군화한다는 것이다. 지금까지 한반도와 이라크 2개의 지역에서 동시에 전쟁이 발발할 경우 2개의 지역에 동시에 공격한다는 전략에서 벗어나, 이제 GPR(Global Posture Review)은 세계를 전체로 생각하며 어느 한 국가 또는 지역을 따로 떼어서 생각하지 않게 되었다. 세계에서 미국 군사력의 흐름(전개 또는 이동)을 유연하고 신속하게 만들기 위한 것이 목적이므로 고정군 대신 유동군으로 지칭하는 것이 더 적당하다. 이제 인계철선은 적정한 규모의 병력과 기지를 전방에 고정적으로 위치시킴으로써 달성하는 것이 아니라 동맹조약과 미국과 동맹국들 간의 신뢰, 미국군의 능력과 신속기동에 바탕을 두는 방향으로 변화하고 있는 것이다.

GPR을 적용하기 위해 미국은 종래의 동맹을 변화시켰다. 미국은 2003년 6

월에 버지니아주의 노퍽(Norfolk)에 NATO의 변혁사령부를 설치했다. 이를 통해 군사변혁을 유럽의 동맹국들에게 전파시켜왔다. NATO에서는 신속대응군을 창설했으며, NATO 국가들은 아프가니스탄 등지에 국제안보지원군(ISAF: International Security Assistance Forces) 능력을 증가시키고 있고, NATO 이외의 지역에 대한 개입을 적극 지원하고 있다. 걸프 및 중앙아시아에서는 테러범의 은둔 지역 등 불안정 지역에 대한 접근을 확보할 수 있는 협조를 얻어낸 바 있다. 중남미에서는 테러와의 전쟁 수행 및 마약소탕작전을 위한 지역적 접근성을 강화하고 있다. 동남아시아에서는 미국의 국익에 대한 잠재적 위협 세력이 될 수 있는 불안정 요소에 대한 접근을 용이하게 만들며, 발리, 태국에서 테러가 발생한 이후 미국은 동남아와 대테러 협조체제를 구축하고 있다. 말레카해협 등에서 테러방지를 위해 미 해군 순환을 증가시키며, 싱가포르, 태국과 연합 훈련 및 정기적인 교대주둔을 가능케 하는 안보협력을 강화하고 있다. 동북아시아에서는 주둔군의 배치상태를 조정해 북한의 침략을 억지할 수 있는 능력을 강화하고 있다.

럼스펠드 미국 국방장관은 2004년 6월 5일, 싱가포르에서 개최된 아태 지역 안보회의에서 미국은 제2차 세계대전 후 60년간 지속된 전방 고정 배치, 인계철선 등의 개념을 바꾸었으며, 병력의 수보다는 능력과 신속 기동력에 바탕을 둔 군사전략을 추진하고 있음을 강조했다.[45] 미국은 이라크 전쟁에서 신속결전, 네트워크 및 효과 중심의 전쟁 개념을 채택하면서 거리, 부대 위치는 중요하지 않으며, 속도와 기동이 중요하다는 현실적 판단을 하게 되었다. 따라서 전 세계의 미군기지와 능력을 신속결전, 네트워크중심작전, 효과 중심의 전쟁을 수행할 수 있는 체제로 바꾸어나간다는 것이다.

이러한 전략상의 변화는 종래의 미군기지의 개념과 종류를 바꿀 것을 요구

45 필자와 럼스펠드 장관과의 질의응답(2004.6.5, 싱가포르).

한다. 종래에는 전방 주요 주둔기지의 개념이었던 것에서 벗어나 여러 가지 개념의 주둔기지로 변화시키고 있는 것이다. 새로운 기지의 개념은 네 가지로 분류된다. 전력 투사 중추 기지, 주요 작전 기지, 전진 작전 거점, 안보 협력 대상 지역이 그것이다. 이에 따라 하와이와 괌은 전력 투사 중추 기지(Power Projection Hub)로 바꾸었고, 한국, 일본, 독일 등에 주요 작전 기지(Main Operating Bases)를 설치했다. 전진 작전 거점(FOS: Forward Operating Sites)은 동구에 설치되었으며, 안보 협력 대상 지역(CSL: Cooperative Security Locations)은 호주, 동남아 국가들이 해당된다.

그런데 이러한 미군기지의 네 가지 분류는 2010년부터 바뀌기 시작한다. 위협을 세 가지 종류로 구분하면서 국가 수준의 분쟁의 한 가지 예로서 아태 재균형전략이 나왔고, 이를 군사력과 합동전략으로 뒷받침하기 위해 아태 지역의 동맹국에 대한 해외 주둔과 미국의 지역사령부 간의 합동·연합 능력을 강화시키는 것으로 바뀌었다. 비국가수준의 테러에 대해서는 미국의 동맹국과 우방국 간의 글로벌 네트워크를 구성함으로써 이들을 파괴, 저하, 패퇴시키겠다고 하고 있다. 즉 국내적 능력은 합동하고 국제적 능력은 통합하기 위해서 모든 해외 전진기지와 모든 자원을 통합해 운영하는 것을 강조함으로써 미군의 해외 주둔기지를 재강조한다는 의미가 있는 것이다.

4) 미국적 전쟁 수행 방식의 특징과 평가

이라크 전쟁 수행 이후 미국은 세계 각국과 미국 국내로부터 전쟁 수행 방식에 대한 많은 비판을 받아왔다. 물론 세계 여러 나라들과 다른 미국의 특유한 전쟁방식이 있는가에 대한 논란은 여전히 존재한다. 하지만 9·11테러 이후 미국의 아프가니스탄에 대한 대테러전쟁, 이라크에 대한 선제공격 등에서 나타난 바와 같이 미국은 전대미문의 첨단과학기술과 정보에 근거해 신속한 효과중심 작전과 네트워크중심전을 선보인 바 있는데, 군사전문가들은 이 양대 전쟁을 미국의 특유한 전쟁방식으로 보았다. 아울러 미국의 신속한 전쟁승리 선언에도 불구하고 지금까지 수년 동안 전쟁이 계속되는 문제점을 노정해, 미국의 특유한 전쟁방식은 그 공과를 둘러싸고 많은 논쟁을 유발하게 되었다.

새뮤얼 헌팅턴(Samuel Huntington)은 미국의 전략과 전쟁양식에 대해 다음과 같이 말했다.[46]

> 미국의 전략은 정치와 군사 모두에서 미국의 역사와 제도에 적합한 형태여야 한다. 이는 국가의 필요성에 반응하는 형태일 뿐 아니라 미국의 강점과 약점을 반영하는 형태여야 한다. 미국은 거대하고 방대하며 다원론적이고 풍요로우며 자유롭고 민주적이며 개인주의적이고 물질주의적이며 과학기술 측면에서 최첨단의 사회이다. 미국의 군사전략은 이러한 사실들에 근거해야 한다. 미국의 전투수행 방식은 미국의 삶의 방식을 반영할 것이다.

9·11테러 이후 나타난 미국의 전쟁방식의 장점은 다음과 같다.

첫째, 미국은 첨단과학기술과 정보에 근거한 전쟁을 수행하므로 정규전에서 적은 희생으로 신속한 승리를 거둘 수 있다는 자신감과 능력을 갖고 있다. 이것은 앞에서 언급한 바와 같이 조지 W. 부시 대통령의 개인 생각일 뿐만 아니라, 이러한 점은 미국의 『국가안보 전략서』, 4년 주기 국방검토 보고서, 군사전략서에도 잘 나타나고 있다.

둘째, 미국의 베트남전 경험이나 이라크 전쟁에서 공통으로 나타난 것처럼 미국은 놀라울 정도로 정규전 중심의 생각을 갖고 있다. 즉, 정규전에서는 대

46 Samuel P. Huntington, *American Military History*, Policy Paper 28(Berkeley, CA: Institute of International Studies, University of California, Berkeley, 1986), p.13.

규모 공격과 장거리 고도정밀폭격으로 상대국의 전략적 종심과 지휘부를 순식간에 타격해 승리를 거둘 수 있다. 이것은 미국적 전쟁방식의 장점이기도 하지만 단점으로 작용할 수도 있다.

셋째, 미국은 전쟁에서 엄청난 규모의 자원을 활용하고 과학기술을 최대한 이용하며, 탁월한 병참과 화력 중심의 작전을 수행한다. 즉, 거대한 국가에 적합한 거대방식으로 전쟁을 수행한다는 점이다. 역사상 어느 제국도 미국과 같은 규모의 방식으로 전쟁을 수행한 제국은 없다. 미국이 보유한 엄청난 국부를 활용해 대규모의 전력을 동원하는 부유한 사람의 전쟁(rich person's war)을 수행하는 것이다.

넷째, 미국은 전쟁 수행과 전쟁 결과를 CNN을 비롯한 방송 언론 브리핑을 통해 거의 실시간으로 전 세계에 중계해 미국의 국력과 전력을 과감하게 공개하는 특성을 보인다. 상대방에 대한 정보와 대응도 적절하게 공개해 실시간에 미국 국민뿐만 아니라 세계인들이 반응을 보이게 만든다. 이런 대국민, 대세계 홍보가 미국에게 유리하게 작용하기도 하지만, 불리하게 작용하기도 한다.

미국적 전쟁방식을 제한하는 요소이자 단점으로는 다음과 같은 것이 있다.

첫째, 미국은 주로 북미주 밖에서 전쟁을 수행하다 보니 전쟁과 정치와의 관계, 전후 평화유지의 필요성 등을 고려하지 못하고 단지 전쟁을 무조건 단시간 내에 승리해야 하는 군사작전으로 간주하는 경향이 크다. 전통적으로 미국은 전투에서 승리하면 정치적 승리는 자연히 얻어진다고 가정하는 경향이 컸다.[47] 따라서 미국은 전쟁은 정치의 연장이라는 카를 폰 클라우제비츠(Carl von Clausewitz)의 금언을 유념하기보다는 전쟁을 군사적인 면에 국한시키는 경향이 강하므로 전쟁의 정치외교적 측면에 대해서는 상대적으로 무관심하다는 단

47 Anthony McIvor(ed.), *Rethinking the Principles of War* (Annapolis, MD: Naval Institute, 2005), p.34.

점을 드러내고 있다. 탈냉전 이후 처음 벌어진 걸프전의 경우 조지 부시 미국 대통령은 사우디를 비롯한 아랍세계의 지지를 확보하기 위해 외교적 노력을 다 쏟은 뒤에 걸프전을 시작했으나, 9·11테러 이후 조지 W. 부시 미국 대통령은 이라크를 공격할 때 아버지 부시 대통령이 기울인 외교적 노력을 감안하지 않은 채 대이라크 전쟁을 시작했기 때문에 그 후 신속한 군사적 승리에도 불구하고 정치외교적으로 엄청난 후유증을 낳았으며, 장기전으로 전환되어가는 것을 막지 못했다.

둘째, 세계 최첨단의 군사과학기술과 정보를 이용하므로 전쟁을 신속하게 승리로 이끌 수 있다는 과도한 낙관주의가 있으며, 민주주의 제도에 기초한 유일 초강대국으로서의 자부심 때문에 미국의 군사개입은 항상 정당하다는 신념에 근거한 자만심을 갖고 있다. 이것은 때로는 미국적 전쟁 수행 방식의 장점으로 작용하기도 하지만, 상대국가의 정치와 역사, 문화와 저력을 무시하게 될 경우 미국이 개입한 전쟁이 장기전과 비정규전으로 이어지면 베트남전쟁에서처럼 패배로 결말날 수도 있어 치명적인 약점이 되고 있다.

셋째, 미국인의 전쟁관에서 특징적으로 드러나는 것은 전쟁을 역사적인 과정으로 파악하지 않는 경향이다. 이라크의 독재정권 종식을 고려할 때 후세인과 그 추종 세력만 제거하면 이라크 국민들이 미국을 지지할 것이고 이라크는 민주주의적인 정치체제로 변모될 것이라고 보는 단순한 전쟁관이 문제가 된 것이다.

넷째, 이라크전이 장기화되면서 미국은 현재의 문제에 집착한 나머지 모든 형태의 전쟁 중에서 비정규전을 가장 중요한 것으로 보는 판단의 오류에 빠질 가능성이 있다. 이것은 2007년의 합동 기본 교리에서도 그 편린이 보이는데, 비정규전에 대응할 수 있는 군 구조, 교육 훈련, 전력 등을 너무 강조하고 있다. 이럴 경우 미국의 전통적인 위협인 북한, 이란 등에 대해 전략적 실수를 할 가능성도 배제할 수 없다.

6. 국방비와 전력구조, 군사력 배치

이 절에서는 미국의 국가안보전략, 국방전략과 군사전략을 반영한 국방비의 변화양상, 통합군사령부의 구조, 세계적인 군사력 배치현황에 대한 특징을 설명하기로 한다.

1) 국방예산의 구조

미국의 국가안보전략, 국방전략, 군사전략을 뒷받침하는 군사능력 구비에 사용되는 국방예산은 2003년부터 대테러전 수행 이후 전쟁비용 부담 때문에 줄곧 증가되어오다가, 2010년 대테러전 종결 선언과 더불어 해마다 감소하고 있다. 〈표 1-4〉를 살펴보면 매년 감소추세를 보이고 있다. 특히 2011년 정부예산 자동감소법(시퀘스터) 이후 미국의 국방비는 매년 감소하고 있다.[48]

미국의 국방예산은 전 세계 군사비 총계의 약 45%를 차지하고 있으며, 세계 군사비 2위 국가부터 10위 국가의 군사비를 합계한 액수보다 그 규모가 큰 것으로 알려져 있다.

국방예산을 각 군별로 분석해보면 〈표 1-4〉와 같다. 2015년도 미국의 군별 국방예산은 3군이 대체로 비슷한 양상을 보이고 있으나, 중동에서의 대테러전쟁 수행 기간 중에는 육군의 예산이 상대적으로 많았던 것을 알 수 있다. 2011년 아프가니스탄으로부터 철수 이후에 육군예산이 급속하게 감소하고 있고, 2014년 이라크로부터 지상군이 철수한 이후에는 육군예산은 더 감소하고 있다. 상대적으로 해군/해병예산과 공군예산은 육군예산에 비해 안정세와 증가

48 The United States Department of Defense, *National Defense Budget Estimates for FY 2017*.

〈표 1-4〉 미국의 국방예산 (단위: 10억 달러)

구분	FY10	FY11	FY12	FY13	FY14	FY15	FY16	FY17
육군	269.6	260.0	221.2	186.1	168.9	155.3	149.9	122.9
해군/해병	195.9	191.6	186.2	171.6	170.9	164.8	171.9	155.4
공군	183.3	181.1	175.1	152.5	157.3	157.6	165.6	151.1
각군 공통	119.2	117.6	116.1	106.6	108.0	104.5	107.1	95.2
계	768.1	750.5	698.8	617.0	605.3	582.2	594.5	524.6

세를 보이기도 한다. 각 군 공통과 국방부 내부예산은 미국 국방예산의 감축과 인력 감축 정책에 따라 감소세를 보이고 있다.

미국의 국방부는 2016년도 국방예산을 의회에 제출하면서 예산편성의 목표를 다음과 같이 설명하고 있다. ① 대테러전에 경도되었던 미군을 급속하게 변화하는 안보환경에 맞게 모든 미국의 국익을 보호할 수 있도록 작고 신속하며 유연하고 균형된 합동군의 건설, ② 미군의 준비태세에 대한 도전을 잘 관리, ③ 국방 관련 제도의 지속적인 개혁, ④ 군사력 증강에 대한 투자, ⑤ 군대의 질 향상과 복지 증진, ⑥ 해외 분쟁에 대한 작전 지원 능력 제공 등이다.[49]

이것은 앞에서 설명한 미국의 안보전략, 국방전략과 군사전략의 목표와 거의 일치한다. 미국의 전략목표가 장기전인 대테러전에서의 승리, 본토방위의 강화, 재앙적 위협에 대처하는 것이며, 재래식 전쟁은 그 우선순위가 낮으므로 목표의 우선순위도 낮아진 것으로 평가된다.

국방예산상 중점을 두는 분야로는 합동지상전력, 특수작전군, 합동항공력, 합동해양력, 미사일 등 새로운 핵전력, 억제, 21세기 총합군 발전 등이다. 합동지상전력의 발전을 위해 육군 3대 구성체인 현역, 국경수비대, 예비군을 재편

49 The Office of the Under Secretary of Defense (Comptroller) Chief Financial Officer of the US Department of Defense, *Overview of Fiscal Year 2016 Budget Request* (2015.2).

한다는 것이다. 즉, 현역 117개 여단, 국경수비대 106개 여단, 예비군 58개 지원여단을 모듈화하겠다는 것이다.

특수작전군의 발전을 위해 특수작전대대를 2015년 대비 1/3 증설하고, 민사심리작전부대를 35% 증원하며, 해병특작사령부를 창설하고, 해군특수부대를 증가시키며, 무인항공기 대대를 창설한다는 것이다. 합동항공력은 2025년까지 원거리 타격 능력을 50% 향상시킨다. 합동해양력은 독립타격전단을 증가시키며, 함대운용계획에 따른 고도의 대기태세를 유지하고 특수작전군의 침투 능력을 향상시킨다. 미사일 및 새로운 억제 핵전력을 위해서 장거리 잠수함발사탄도미사일용 탄두를 개발하고 국방부 정보망 정보 보호 능력을 향상시키고 있다. 결론적으로 21세기형 총합군을 발전시키는 차원에서 국방 인적 자원을 정예화하고 예비군의 투사 능력을 증대시키고 있다.

2) 통합군사령부와 기능사령부의 구조와 임무

미국은 합동전을 수행하기 위해 〈그림 1-3〉에 나타난 바와 같이, 세계를 6개 지역으로 나누어 지역통합군사령부를 두고 있다. 즉, 세계지도에 나타낸 5개 지역사령부는 유럽사령부(USEUCOM: United States European Command), 태평양사령부(USPACOM: United States Pacific Command), 중동사령부(USCENTCOM: United States Central Command), 북미사령부(USNORTHCOM: United States Northern Command), 남미사령부(USSOUTHCOM: United States Southern Command) 등이 있고, 2008년 1월에 부시 대통령의 지시로 유럽사령부에서 분리·독립된 아프리카사령부(USAFRICOM: United States Africa Command)가 출범했다.

아울러 21세기 첫 10년 동안 미군은 4개의 기능사령부를 운영해오다가 2011년부터는 3개의 기능사령부를 운영하고 있다. 4개의 기능사령부는 특수전사령부, 전략사령부, 수송사령부, 합동전력사령부를 말한다. 그중에서 합동

〈그림 1-3〉 미국의 지역통합군사령부

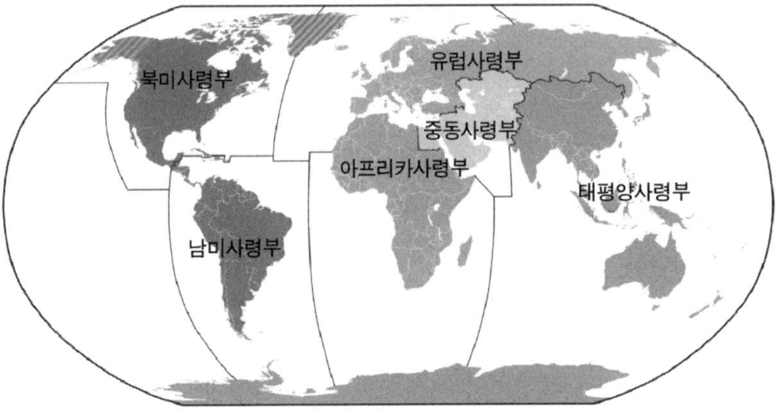

자료: www.wikimediaorg/wikipedia/commons/8/85/USAFRICOM_United_States_Africa_Command_Map_Draft.jpg.

전력사령부는 탈냉전 이후 미국이 대서양사령부를 폐지하는 대신 1999년에 합동전력사령부를 설립함으로써 미국과 NATO 동맹국 간의 합동 작전 능력을 최대한 발휘하고, 동맹국 간에 상호운용성을 증가시키며, 군사변혁에 부응해 연합변혁사령부의 기능도 병행하게 했다. 2011년 4월 미국이 대테러전쟁을 완료하면서 국방예산 절감의 차원에서 합동전력사령부를 폐지하게 된다. 따라서 2017년 현재 미국은 특수전 사령부, 전략사령부, 수송사령부 등 3개의 기능 사령부를 유지하고 있다.

미국 특수전사령부(USSOCOM)의 기본임무는 대통령의 국군통수, 지역사령관, 정부기관을 지원해 전술적·전략적인 작전 실시를 통한 범세계적 특수작전을 성공적으로 행하는 준비와 능력을 갖춘 특수작전부대를 제공하는 데 있다. 특수전사령부는 플로리다주 맥딜 공군기지에 있으며, 국가군사 전략을 지원해 테러와의 전쟁, 외국의 국내방위 참가, 특수 수색, 직접 행동, 심리작전, 민사업무, 정보작전, 비전통적인 전쟁 등 아홉 가지 주요 임무를 담당한다. 군 구성 단위부대들은 보통 지역특수작전사령부를 통해 지역의 사령관에 의해 합동군의 일부로 활용하고 있다. 사령관은 육·해·공군 특수전사령부, 합동작전사령부를 지휘한다. 예하부대의 공식 명칭은 다음과 같다.

Army Special Operations Command(USASOC)

Naval Special Warfare Command(NSWC)

Air Force Special Operations Command(AFSOC)

Joint Special Operations Command(JSOC)

Joint Special Operations University(JSOU).

미 전략사령부(USSTRATCOM)는 네브래스카주 오풋 공군기지에 위치하고 있다. 전략사령부의 임무는 미국의 핵무기 전략적 억제정책을 지원해 전략 핵태세를 감시하고, 핵무기의 전략적 억제정책이 실패했을 경우 핵무장 부대를 전개하는 일이다. 그 임무를 달성하는 수단에는 대륙간탄도미사일(ICBM), 잠수함발사미사일(SLBMs), 장거리 폭격기(B-2s, B-52s) 등이 있다.

미 수송사령부(USTRANCOM)는 일리노이주의 스콧 공군기지에 있다. 그 임무는 미국의 세계적인 방위수송체계의 유일한 매니저 역할이다. 언제 어디서나 필요하면 언제까지라도 미군을 투입하고 유지하기 위해 필요한 요원과 수송자산을 조정하는 책임을 지고 있다. 수송사령부는 공중수송, 해상수송, 육상수송 등을 제공함으로써 미군의 범세계적인 임무를 조성하고 대응하는 데 중요한 위협, 훈련, 평화개입활동에 통합군을 배치하기 위해 지원하고 있다.

3) 군사력 배치현황

미국은 〈표 1-5〉에서 보는 바와 같이, 2017년 6월 말 현재 총병력 128만 6828명을 유지하고 있다. 그중 육군은 46만 3958명, 해군은 31만 9451명, 공

〈표 1-5〉 미군의 세계 주요 국가 배치현황 (단위: 명)

구분		계	육군	해군	해병대	공군
총병력		1,286,228	463,958	319,451	184,530	318,289
해외 주둔군 (주요국)	독일	34,390	20,371	897	1,141	11,981
	한국	23,296	15,119	226	145	7,736
	일본	39,607	2,608	11,613	13,568	11,818
	쿠웨이트	7,097	4,864	68	2,102	63
	아프가니스탄	10,104	6,786	232	1,153	1,933
	이라크	6,137	3,820	329	1,210	778
	이탈리아	11,804	4,314	3,513	184	3,793
	영국	8,287	191	206	6	7,687

자료: The United States Department of Defense, *Personnel and Workforce Reports*. www.dmdc.osd.mil/appj/dwp/dwp_reports.jsp(검색일: 2017.8.28)

군은 31만 8289명이다. 해병대는 18만 4530명이다.

미국은 미국 본토에 108만 8271명, 해외에 19만 7957명을 배치하고 있다. 해외배치 미군 중 유럽에 9만 7289명, 동북아 및 동남아시아 지역에 6만 3616명, 태평양(하와이와 괌, 호주)에 9만 3681명, 중동과 북아프리카 및 남아시아에 3만 6771명, 사하라 이남 아프리카와 인도양에 2918명, 서반구에 2743명을 배치하고 있다. 이것은 미국이 아태 지역으로 전략의 중점을 옮겨왔지만, 여전히 유럽도 중시하고 있음을 말해준다.

미국은 2011년까지 이라크에 19만 6600명, 아프가니스탄에 2만 5700명을 주둔시킴으로써 이라크와 아프가니스탄에서의 안정화 작전에서 승리를 거두어야겠다는 국가전략적 의지를 관철했다. 2017년 현재 미국은 이라크에서는 6137명, 아프가니스탄에서는 1만 107명을 주둔시킴으로써 이라크와 아프가니스탄의 정부와 국가보안군의 자문역할과 질서유지를 지원하고 있다.

4) 전력구조

〈표 1-6〉에서 보는 바와 같이 미국의 전력구조는 탈냉전 이후 급속하게 변했다. 육군은 급속히 감축되었다. 해군의 함정도 급속하게 감축되었다. 하지만 9·11테러 이후 지상군의 필요성이 증가해 사단의 수는 그대로 유지한 채 병력을 대폭 증가시켰다. 공군은 아프가니스탄 전쟁과 이라크 전쟁에서 첨단 전력의 증강 필요성을 느껴 계속 증가시켜왔다. 이는 특히 이라크 전쟁에서 합동전과 장거리 정밀 폭격 능력, 전장인식과 감시체계의 발달 때문에 공군에 대한 수요가 증가한 것을 반영한다.

1980년대 600개의 함정으로 구성된 해군이라는 슬로건은 탈냉전과 함께 사라졌다. 함정의 숫자는 거의 1/4로 축소되었다. 하지만 미국의 해양투사력은 더욱 증가했다. 2006년 이후 미국은 다양한 상황에 맞춘 맞춤식 합동전력을 증강시키고 있다. 미국군의 전력은 신속기동정밀성과 치명성을 제고한 21세기형 총력군으로 탈바꿈하고 있다.

이러한 전력구조는 아프가니스탄(2011년)과 이라크(2014년)에서 철수한 이후 완전히 바뀌었다. 육군은 기갑여단, 스트라이커여단, 보병여단, 항공여단 등 여단급 부대로 바꿨다. 아울러 패트리엇(Patriot)과 사드(THAAD) 등 부대를 증강시켜서 적의 미사일 공격을 방어할 수 있도록 했다. 해군은 항공모함전단을 보유하면서 해군의 전력구조를 함정의 임무와 기능별로 전단을 바꾸고, 공격용 잠수함을 대폭 증가시켰다. 해병대는 신속배치군을 포함한 대대(battalian)규모의 전투팀으로 바꾸었다. 공군은 임무와 기능별로 전단을 재편성하고, 2014년에는 대폭 증강시켰으며 2012년부터 현실화된 아태 재균형전략의 실행 이후에 아태 지역에 미 해군과 공군력의 60%를 배치함으로써 해공군의 전력은 증가추세에 있다. 그 외에 반접근/지역거부에 대처하기 위한 공해 전투 능력의 증강, 핵 억제력의 현대화, 사이버전·우주전·미사일 방어 능력

<표 1-6> 미군의 전력구조

구분		1990	1995	BUR	2003	2006	2010	2014
지상군	육군현역사단	18	12	10	10	10	여단45	여단45
	육군예비사단	10	8	5+	8	8	예비28	-
	해병대 (MEF/MEB)	4	4	4	3	3/2	해병 3 MEF/ 4(사단)	해병 3MEF/ 23(대대)
해군	잠수함	-	-	-	-	72	57~59	55
	함정	546	373	346	216	129	127~147	168
	항모	-	-	-	-	12	10~11	11
	현역	15	11	11	11	12	-	-
	예비	1	1	1	1	-	-	-
	항공단	-	-	-	-	11	-	10
	현역	13	10	10	10	10	10	-
	예비	2	1	1	1	1	1	-
공군	현역비행단	24	13	13	13	23	23	40
	예비비행단	12	7.5	7	7	-	-	3

자료: The United Sates Department of Defense, *Bottom-Up Review*(1993); *Quadrennial Defense Review Report*(1997; 2001.9.30; 2006.2.6; 2010.2.1; 2014.3.4).

의 강화, 정밀폭격 능력의 증강, 정보·감시·정찰 능력 첨단화, 대테러와 특수작전 능력 증강 등을 위해 국방비 증가를 다시 시도하고 있다.

7. 결론: 미국 군사전략의 평가와 전망

첫째, 미국의 군사전략의 가장 큰 문제는 미국의 범세계적인 군사공약과 미국이 제공할 수 있는 군사 능력 사이의 격차가 증가하고 있다는 것이다. 미국의 군사전략 변화에서 보듯이 9·11테러 이후 세계 도처에서 미국의 군사개입을 약속하는 군사공약이 증가했다.

네 가지 위협에 대한 국가안보전략과 군사전략은 미 본토의 방위에 가장 큰 우선순위를 두고, 다음으로 범세계적인 대테러전쟁을 수행해왔다. 그러나 이라크에서 대테러전쟁을 폭정종식과 민주주의의 확산으로 규정하고 안정화 작전의 성공을 위해 노력했지만, 이라크 전쟁이 비정규전의 양상으로 바뀌고 전쟁이 장기화되면서 미국의 군사력을 추가적으로 증가배치할 수밖에 없었다. 2010년 이후 아프가니스탄에 대한 미국의 역할은 NATO를 중심으로 한 국제 보안군에게 맡기고, 미국은 대량살상무기의 확산으로 초래될 재앙적 위협을 막기 위해 미국의 핵 억제력을 강화하는 한편 외교적 교섭을 활성화할 수밖에 없었다. 따라서 아태 지역에서 억제와 개입을 계속할 수 있는 군사역량에 문제가 생기기 시작했다. 그 때문에 부시 행정부는 처음에는 북한 핵 문제에 대해 강경한 입장을 견지했으나 후반기에 미북 간 양자회담을 재개하고 북한의 비핵화를 위해 외교적으로 전념했던 것이다.

미국은 미국의 세계적 군사공약과 제공할 수 있는 군사 능력 사이의 격차를 메우기 위해 아태 지역과 유럽 지역에서 동맹을 강화함으로써 동맹국들의 임무와 역할을 증가시킬 수밖에 없는 실정이다. 미국의 군사공약과 군사 능력 간의 부조화로 인한 이러한 현상은 앞으로 5년간 계속될 전망이다. 미국의 대테러전쟁 수행 비용 증가는 미국의 재정적자를 급속도로 증가시켰다. 이는 기존의 동맹국들에게 방위비 분담을 증가시키고 군사력 기여를 지속적으로 촉구하는 요인이 되고 있다.

둘째, 미국은 민주적 가치를 지닌 유일한 군사 초강대국으로서 독재자와 테러 세력을 응징하는 사명을 가지고 있다고 인식하고 세계 도처에서 적극적인 군사개입을 시도함에 따라 미국의 군사력 사용의 정당성에 대한 국내적 비판과 세계적 반대 여론에 직면한 바 있다. 이것은 미국의 안보외교정책에 대한 제약이자, 미군 자체의 자부심을 약화시키는 요인으로 작용했다. 이라크 전쟁 이후 독일과 프랑스를 비롯한 세계 도처에서 미국에 대한 반감을 부추기는 요인이 되었다. 일부에서는 미국이 군산복합체의 이익을 반영해 첨단무기를 판매하기 위해 전쟁을 일으키고 있다는 비판을 하기도 했다.

세계의 리더로서의 미국의 지위가 위협을 받게 되자 미국의 국내에서는 자성의 소리가 높아졌으며, 그 결과 미국의 대외정책을 수정하려는 움직임이 일어나게 되었다. 그 움직임의 중심에 조지프 나이(Joseph Nye)가 있었다. 나이 교수는 소프트 파워 및 스마트 파워 논쟁을 이끌었다. 그에 의하면 미국이 아무런 제지도 받지 않고 군사력을 휘두르는 것은 하드 파워를 무분별하게 사용하는 것이다. 국제사회에서 민주적 가치와 시장경제와 문화 파워로 존경을 받아왔던 미국은 이런 무분별한 하드 파워의 사용으로 국제사회의 신뢰와 존경을 잃게 되었다. 미국이 국제사회의 존경과 매력, 리더십을 회복하기 위해서는 민주적 가치와 제도를 고양시키고, 존경받는 외교와 안보정책을 추진하며, 문화적 매력을 다시 발휘해야 한다는 것이다. 소프트 파워냐 하드 파워냐의 논쟁을 거쳐 이제는 정반합으로서의 스마트 파워를 주창하고 있다.[50] 즉, 미국은 국제사회에서 세계 모든 나라와 국민이 공동으로 사용할 수 있는 바람직한 공공재를 많이 생산해 공급하는 리더 국가가 되어야 한다는 것이다. 군사력을 사용할 때에도 개입대상이 되는 국가의 역사와 문화를 이해하고 존중하면서 그 국가의 국민들의 마음을 얻을 수 있는 장기적인 정책을 구사해야 한다는 것이다.

럼스펠드 국방장관 때에는 군사적 개입을 무차별적으로 실시했으나, 게이츠 국방장관 때에는 개입대상이 되는 국가의 역사와 문화를 먼저 인지하고 대상국가 국민의 마음을 얻는 군사안보정책을 추진할 것을 요구한 바 있다. 게이츠 장관은 무력사용을 전제로 하는 국방부보다는 대화채널을 활용해 대상국과 국민들의 협의와 동의를 구하는 국무부의 예산이 너무 적다고 하면서 외교정

50 Richard L. Armitage and Joseph S. Nye, Jr, *CSIS Commission on Smart Power: A Smarter, More Secure America* (Washington, D.C.: CSIS, 2007.11).

책에 더 많은 정부예산이 주어져야 한다고 주장했다.

미국이 불량국가들의 대량살상무기와 미사일 확산에 대비해 미사일방어체제를 강조하고 실제로 폴란드와 체코공화국에 미사일방어체제를 배치하려고 시도하면서 미국과 러시아의 관계는 매우 긴장되고 있다. 동북아에서 미국과 일본이 MD체제를 공동으로 연구개발하고 배치할 뿐 아니라 한국에 MD체제를 배치하자 중국의 MD에 대한 반발이 커졌다. 이에 대해 중국과 러시아, 중앙아시아 4개국은 상하이 협력기구를 강화해 이들 간에 안보협력을 증대시키면서 미국의 팽창에 대응해오고 있으며, 중국은 세계 제2위의 경제대국에 걸맞은 지역군사강국으로서의 지위와 국익을 확보하기 위해 동중국해와 남중국해에서 해양강국을 시도하고 있다.

따라서 미국은 지금까지의 적극적 개입주의와 하드 파워 중심의 대테러전쟁에 대한 냉혹한 평가와 반성을 거친 결과, 아태 지역에서 재균형전략을 추구하면서 동맹국과 우방국 간의 협력을 강화함으로써 스마트파워를 구사하고 있다. 이는 오바마 행정부에서 국가안보전략으로 나타났으나, 트럼프 행정부에서는 힘을 통한 평화라는 원칙을 앞세우고 미국 중심주의에 입각해 미국의 국익을 우선 추구함에 따라 다시 국제사회의 도전에 직면할 것으로 보인다.

셋째, 부시 행정부 8년 동안 미국은 군사변혁의 일환으로 세계 31개국과 맺은 동맹을 변환시켰으며, 전 세계에 배치되어 있는 미군의 태세 조정을 거의 마쳤다. 하지만 이 과정에서 31개 동맹국과 동맹변환을 하면서 미국 주도의 일방주의적 태도 때문에 미국과 동맹국 사이에 존재해왔던 신뢰에 적지 않은 손상을 가져왔다. 과도한 군사외교 임무를 매끄럽게 소화해내지 못한 결과다. 또한 전 세계에 전진배치되어 있는 미군들을 네트워크중심전이라는 개념틀을 가지고 연동해 한 지역에서 전쟁이 발생하면 다른 지역에 있는 미군들을 출동시켜 결정적으로 승리하고, 전쟁이 끝난 뒤 다시 그 지역으로 돌아가는 유입(flow-in)과 출동(flow-out)을 마음대로 할 수 있는 전략적 유연성 개념을 채택하게 되었다. 이것에 대한 동맹국들의 사전 협의와 동의 여부를 둘러싸고 미국과 동맹국들 사이에 마찰이 생기기도 했다.

동맹변환의 제도화는 앞으로도 계속될 것이기 때문에 여전히 미국과 동맹국들 간의 가장 큰 쟁점으로 남을 가능성이 크다. 그러나 러시아와 북한 같은 전통적 위협의 증가와 중국의 부상에 따른 세계안보질서상의 도전에 직면해 오바마 2기 행정부와 트럼프 행정부는 미국과 동맹국들 간의 신뢰를 회복하고, 동맹을 한층 강화하려는 노력을 지속하고 있다. 그렇지만 미국이 동맹국에게 비용분담을 상향시켜줄 것을 요구하는 한편, 미국이 동맹국과 전략적 소통 없는 일방적인 동맹 방향 제시로 초래되는 미국과 동맹국 간의 갈등을 어떻게 해소할지에 대해 더욱 열심을 기울여야 할 것이다.

넷째, 미국적 전쟁방식의 장단점에 대한 앞의 설명에서 보았듯이 미국은 거대국가의 거대전쟁방식을 가지고 정규전 중심으로 전쟁을 계획하고 수행하기 때문에 비정규전에 매우 취약하다는 문제점을 보인다. 특히 대테러전쟁을 주도한 이후 정규전에서는 신속하게 승리했으나 군사작전 이후의 안정화 작전, 평화유지, 재건 등에 취약성을 보이고 있다. 이제는 비정규전의 중요성에 대해 인지하고 이에 대한 대비책과 군사 훈련, 배치, 임무수행 등을 하고 있으나, 너무 비정규전 중심으로 군 구조와 훈련을 시행하고 있는 데 문제가 있다. 한쪽으로 너무 치우치고 있는 것이다. 미래에는 미국의 군사전략은 정규전과 비정규전을 균형 있게 대비하는 데 중점을 두게 될 것이다.

다섯째, 미국은 미래 10~20년을 내다보는 장기 군사전략 수립에서 많은 문제점을 드러냈다. 클린턴 행정부 시절 국방목표가 테러를 포함한 위협의 방지와 억제였음에도, 국방전략과 군사전략은 이를 뒷받침하지 못했다. 그 결과 미국은 아무런 대책 없이 9·11테러를 당할 수밖에 없었다. 9·11테러 이후 부시 행정부는 적대국가의 전복과 점령을 포함한 적대 세력의 결정적 격퇴를 국방목표로 설정했으나, 아프가니스탄과 이라크에 대한 공격 이후 정규전에 이어 발생할 비정규전에 대해 아무런 예상과 대비도 하지 못했다. 장기전에 대비한 군사전략을 수립하지 못했던 것이다. 2006년에는 적대국가와 테러 네트워크, 대량살상무기의 획득과 사용 방지를 국방목표로 내세웠으나, 아직도 비확산과 대확산전략은 전략구상 이외에 미래를 내다보는 전략적 대비를 제대로 하지 못하고 있는 실정이다. 북한과의 협상이 실패하고 북한의 핵미사일 능력은 미국 본토를 위협할 만큼 증대되었고, 이란과의 핵 협상은 어느 정도 성공했으나 이란의 중동에 대한 부정적인 영향력을 감소시키는 데에는 실패하고 있다.

위에서 보는 바와 같이 미국의 군사전략은 현실에 나타난 문제를 뒤쫓는 실정이다. 2001년 3월 미국의 국가안보위원회가 발간한 『국가안보의 로드맵: 변화를 위한 명령(Roadmap for National Security: Imperative for Change)』에서 지적한 바와 같이 "미국의 정부 내에는 전략적 사고와 전략기획이 없다. 미국의 안보정책이나 자원의 배정을 지도할 전반적인 전략틀을 찾을 수가 없다".[51]

미국 내에서는 21세기를 위협이 사라진 불확실성의 시대라고 말한다. 어떤 형태의 위협이 나타난다 하더라도 대응할 수 있는 능력을 갖추어야 한다면서 능력에 근거한 기획의 필요성을 강조하고 있다. 9·11테러 이후 미국은 4대 위협, 즉 재래식 위협, 비정규적 위협, 재앙적 위협, 파괴적 위협을 설정하고, 이 위협에 대응할 수 있는 군사전략과 전력을 갖추고 우선 대테러전을 승리로 이끌기 위해 노력했다. 그러나 10년간의 테러와의 전쟁이 상당한 문제점을 초래했다고 지적받고 있다. 따라서 미국은 2010년대부터 위협을 새롭게 정의하고 군사전략과 국방태세를 전환하고 있다. 하지만 위협이 전략을 앞서나가는 딜레마를 극복하기 위한 새로운 전략구상이 필요하다고 하겠다.

여섯째, 미국은 합동전과 네트워크중심전 등의 미국의 정보 우위에 근거한

51 The United States National Security Commission/21st Century, *Roadmap for National Security: Imperative for Change* (Washington, D.C., 2001.3.15).

군사전략과 전쟁 수행 방식을 지속할 것이다. 미국 군사의 강점은 정보 우위, 장거리 정밀 폭격 능력 우위, DIME 우위 등이다. 그러나 이런 강점을 가지고 적대 세력의 변화를 목표로 한다면 단기적인 전쟁과 적은 희생으로 신속한 승리만 도모해서는 안 된다. 힘이 약한 국가는 미국과의 비대칭전쟁이나 지구전을 선택할 것이다. 미국의 군사가 끈기와 인내심, 장기적인 전략적 관점을 갖지 못한다면 미국의 군사는 취약성을 드러낼 수밖에 없을 것이다. 따라서 미국은 향후 5년간 합동전과 네트워크중심전을 배합하고 정규전과 비정규전을 동시에 고려한 전략을 펼쳐나가되, 해당 지역의 정부, 전문가, 국민여론을 잘 살펴가면서 동맹국, 우방국과 함께 전략적 소통을 활성화시킴으로써 미국이 당면할 위협에 대해 협치(governance)의 방법으로 대응해나가는 것이 최선이라는 것을 알아야 할 것이다.

참고문헌

김영호. 2015.「미국의 재균형전략과 한반도 평화」. 김영호 엮음.『21세기 미중 패권경쟁과 한반도 평화』. 서울: 성신여자대학교 출판부.

메리, 로버트(Robert W. Merry). 2005.『모래의 제국(*Sands of Empire*)』. 최원기 옮김. 서울: 김영사.

미국 합동전력사령부. 2004. Operational Implications of Effect-Based Operations(미국 합동전력사령부 팸플릿). No.7.

미국 합동참모본부. 2007.5.14.『미국 군사기본교리(*Doctrine for the Armed Forces of the United States*)』. 한국 합동참모대학 옮김.

시바이처, 피터(Peter Schweizer). 2006.『레이건의 소련붕괴전략(*Victory: The Reagan Administration's secret strategy that hastened the collapse of the Soviet Union*)』. 한용섭 옮김. 서울: 오름.

앨리슨(Graham Allison)·젤리코(Philip Zelikow). 1999.『결정의 엣센스(*Essence of Decision: Explaining the Cuban Missile Crisis*)』. 김태현 옮김. 서울: 모음북스.

이상현. 2004.「1945년 이후 미국의 세계 군사전략과 주한미군 정책의 변화」. 한용섭.『자주냐 동맹이냐』. 서울: 오름.

Armitage, Richard L. and Joseph S. Nye, Jr. 2007.11. *CSIS Commission on Smart Power: A smarter, more secure America*. Washington, D.C.: CSIS.

Cebrowski, Arthur K. and John H. Garstka. 1998. "Network-Centric Warfare: It's Origin and Future." *Proceedings*, Vol.124. Annapolis, MD: U.S. Naval Institute.

CJCSI. 2005.5.11. "Joint Capabilities Integration and Development System." 3170. 01E. http://www.dtic.mil/cjcs_directives/cdata/unlimit/3170_01.pdf.

Clinton, Hillary. 2011.11.11. "America's Pacific Century." *Foreign Policy*.

Cordesman, Anthony H. 2003.3.15. "Understanding the New "Effects-based" Air War in Iraq." http://www.csis.org.

Davis, Paul K. and Lou Finch. 1995. *Defense Planning for the Post-Cold War Era*. Santa Monica, CA: RAND.

Flournoy, Michele A. and Shawn Brimley(eds.). 2008.6. *Finding Our Way: Debating American Grand Strategy*. Center for a New American Security.

Graubard, Stephen. 2004. *Command of Office*. New York: Basic Books.

Haffa, Robert P. Jr. 1984. *The Half War 1960-1983.* Boulder and London: Westview Press.

Huntington, Samuel P. 1986. *American Military History.* Policy Paper 28. Berkeley, CA: Institute of International Studies, University of California, Berkeley.

IISS. The Shangri-La Dialogue. http://www.iiss.org.

Jackson, David . 2011.11.17. "Obama: Defense Cuts Won't Affect Asia-Pacific Region," *USA Today.*

Krauthammer, Charles. 1990. "The unipolar moment." *Foreign Affairs,* Vol.70, No.1.

McDonough, David S. 2006. *Nuclear Superiority: The New Triad and the Evolution of Nuclear Strategy.* Adelphi Paper 383. London, UK: IISS and Routledge.

McIvor, Anthony(ed.). 2005. *Rethinking the Principles of War.* Annapolis, MD: Naval Institute.

Nye, Jr. and Joseph S. 2008. *The Power to Lead: Soft, Hard, and Smart.* Oxford: Oxford Univ. Pr.

Posen, Barry R. and Andrew L. Ross. 1996/1997. "Competing Visions for U.S. Grand Strategy." *International Security,* Vol.21, No.3(Winter).

"Report to Congress in Accordance with the Department of Defense Appropriations Act 2008(Section 9010, Public Law 109~289)." 2008.6. *Measuring Stability and Security in Iraq.*

Sarkesian, Sam C., John Allen Williams and Stephen J. Cimbala. 2008. *US National Security: Policymakers, Processes and Politics.* 4th ed. Boulder and London: Lynne Rienner Publishers.

SIPRI. 2007. *SIPRI Yearbook.*

The Chairman of the Joint Chiefs of Staff. 2006.2.13. *National Military Strategy to Combat Weapons of Mass Destruction.*

The Chairman of the Joint Chiefs of Staff. 2015.6. *The National Military Strategy of the United States of America 2015.*

The Office of the Under Secretary of Defense (Comptroller) Chief Financial Officer of the US Department of Defense. 2015.2. *Overview of Fiscal Year 2016 Budget Request.*

The United Sates Department of Defense. 1993. *Bottom-Up Review.*

______. 1997. *Quadrennial Defense Review Report.*

______. 2001.9.30. *Quadrennial Defense Review Report.*

______. 2006.2.6. *Quadrennial Defense Review Report.*

______. 2010.2.1. *Quadrennial Defense Review Report.*

______. 2010.4. *Nuclear Posture Review Report*

______. 2012.1. *Sustaining U.S. Global Leadership: Priorities for 21st Century Defense.*

______. 2014.3.4. *Quadrennial Defense Review Report.*

______. 2017. *National Defense Budget Estimates for FY 2017.*

The United States Department of Defense Personnel, Workforce Reports and Publications. www.dmdc.osd.mil/appj/dwp/dwp_reports.jsp(검색일: 2017.8.28).

The United States National Security Commission/21st Century. 2001.3.15. *Roadmap for National Security: Imperative for Change.* Washington, D.C.

The United States President George W. Bush. 2002.6.1. Speech at Westpoint. http://www.whitehouse.gov/news/releases/2002/06/print/20020601-3.html

The United States Secretary of Defense Ash Carter. 2016.2. *2017 Defense Posture Statement: Taking the Long View, Investing for the Future.*

The United States White House. 1993. *The National Security Strategy of the United States.*

______. 2002. *The National Security Strategy of the United States.*

______. 2002.1. *Nuclear Posture Review.*

______. 2006.3. *The National Security Strategy of the United States.*

______. 2010.2. *The National Security Strategy of the United States.*

______. 2010.4. *Nuclear Posture Review Report.*

______. 2015. *The National Security Strategy of the United States.*

______. 2006.3. *The National Security Strategy of the United States.*

http://www.defenselink.mil/execsec/adr2004/pdf_f.Leo/0009_appendex.pdf

http://www.wikimediaorg/wikipedia/commons/8/85/USAFRICOM_United_States_Africa_Command_Map_Draft.jpg

www.wikimediaorg/wikipedia/commons/8/85/USAFRICOM_United_States_Africa_Command_Map_Draft.jpg

제**2**장

일본의 군사전략

박영준

1. 서론

국가는 성취해야 할 국가목표를 갖는다. 국가목표를 달성하기 위해 개별 국가는 경제력과 군사력, 외교력 등 국력을 증강하고, 이러한 국력 자원을 활용해 국가목표를 달성하려 한다. 경제력을 증대해 국가번영과 국민생활 향상이라는 중요한 목표를 달성하려 하는 것이 경제전략이라면, 양호한 외교관계 및 대외환경을 조성해 국가의 안정과 평화라는 국가목표를 달성하는 것이 외교전략이다. 이에 비해 군사력 증강이나 군사제도 정비라는 수단을 바탕으로 국가의 안보와 국민생활의 안전에 기여하려 하는 것이 군사전략이다. 그런 점에서 군사전략은 여타 경제 및 외교전략과 마찬가지로 국가전략의 중요한 구성부분이 된다.

제2차 세계대전 이전의 기간, 일본은 잘못된 국가전략과 군사전략을 책정해, 국가 전체를 패망으로 이끈 바 있다. 그러한 역사에 대한 반성을 바탕으로 전후 일본은 육·해·공 군대 보유를 금지한 헌법을 제정하고, 여러 비군사화 규범을 책정하는 국가전략을 추진해왔다. 그럼에도 한국 등 주변국에서는 일본의 안보정책이나 군사전략에 대한 불신감이 높다. 혹자는 일본의 군사력이 크게 증강되면서 일본이 군사대국화의 행보를 보이고 있고 결국에는 군국주의가 부활될 것이라는 시선을 보낸다.[1] 다른 한편 일본의 군사력은 미일동맹하에서 결국 북한의 군사적 위협에 대한 억제력으로 작용할 것으로 전망하며, 한일 간 군사 및 안보협력의 필요성을 역설하는 견해도 있다.[2]

이와 같이 일본의 안보체제에 대한 상이한 평가가 존재하는 것은 우리 사회가 일본의 군사전략 및 국가전략 그 자체에 대해 충분한 이해가 형성되고 있지 않기 때문이다. 한편에는 일본에 대해 식민지 시대 이래 민족감정을 바탕으로 형성된 불신과 대립감정이 가시질 않고 있다. 다른 한편에는 평화헌법 아래 현

---

1 중국 언론도 아베 정부가 추진하는 국가안보회의 설치 구상, '비밀정보보호법' 등이 1930년대 일본 군국주의 시대의 동향과 유사한 경향을 보이고 있다고 지적한다. Yongsheng Zhou(周永生), "Attempt by Japan to return to militarist past face tough new geopolitics," *Global Times* (2013.12.11). ≪글로벌 타임스≫는 또한 일본이 진수시킨 '헬기탑재 호위함' 이즈모를 소개하면서, 국제사회가 일본의 군국주의 회귀 가능성에 대해 경계할 필요가 있다고도 주장했다. "Japan launches new hybrid carrier-warship," *Global Times* (2013.8.7). 미국의 ≪뉴욕타임스≫도 아베 정부가 2013년 12월 제정한 '비밀정보보호법', 혹은 2012년 4월에 발표된 헌법 개정 시안 등이 언론의 자유를 침해하는 요소를 갖고 있다고 지적하면서, 아베 정부가 표방하는 "전후 레짐의 탈각" 방침이 시대착오적이고 위험한 측면을 갖고 있다고 비판한 바 있다. "Editorial: Japan's dangerous anachronism," *International New York Times* (2013.12.16).

2 이러한 관점은 일본이 군국주의로 회귀하는 것이 아니라 보통군사국가로 되고 있다는 판단에 근거한다. 일본을 보통군사국가로 파악하는 견해로는 다음 연구들을 참조할 것. Chalmers Johnson, "Japan in Search of a Normal Role," *Daedalus*, Vol.121, No.3(Fall, 1992), Richard Samuels, *Securing Japan: Tokyo's Grand Strategy and the Future of East Asia* (Ithaca, N.Y.:Cornell University Press, 2007), Christopher W. Hughes, *Japan's Re-emergence as a 'Normal' Military Power*(Oxford: Oxford University Press, 2004), Christopher W. Hughes, *Japan's Remilitarization* (London: The International Institute for Strategic Studies, 2009), 박영준, 『제3의 일본』(한울, 2008); 樋渡由美, 『専守防衛克服の戦略』(ミネルヴァ書房, 2012) 등을 참조. 하버드대학교 조셉 나이 교수도 아베 정부 이후 나타나는 변화가 1930년대와 같은 군국주의로의 회귀는 아니며, 반응적(reactive)인 것이라고 평가하고 있다. Joseph S. Nye, Jr., "Our Pacific Predicament," *The American Interest*, Vol.8, No.4(2013.3), p.36.

대 일본이 성취한 변화에 대한 재인식을 기반으로, 일본과의 포괄적 협력을 기대하는 견해도 존재한다. 이 같은 우리 사회의 이중적인 대일 인식 속에서 일본의 군사전략이나 군사력에 대한 객관적인 평가는 결코 용이한 일이 아니다.

특히 2012년 12월, 자민당 아베 정부의 등장 이후 '종군위안부'의 강제성을 부정하는 수정주의적 역사인식이 각료들에 의해 거듭 표명되고, 센카쿠 및 독도문제를 둘러싼 영토문제에 대해서도 강경한 입장을 불사하는 정책이 추진되면서 더욱 그러하다.[3] 수정주의적 입장의 내셔널리즘과 병행해 아베 정부는 헌법 개정을 통한 '국방군 창설', '국가안전보장회의(National Security Council)'의 창설, '방위계획대강'의 개정, '집단적 자위권'의 용인, 미일 간 '가이드라인'의 개정 시도 등 일련의 전향적인 방위정책도 추진하고 있다. 아베 정부의 수정주의적 내셔널리즘 정책에 우려를 표명하는 주변국들은 그 연장선상에서 아베 정부에 의한 일련의 방위정책에 대해서도 불안감을 보이고 있다.

이러한 일본 안보정책에 대한 상반되는 평가를 염두에 두면서 이 장에서는 국가전략과 군사전략의 일반적 이론, 현대 일본 안보체제와 군사전략의 형성 배경과 특성, 그리고 21세기 일본 안보체제의 변화와 특성을 전반적으로 검토하고자 한다. 이러한 일본 안보체제와 군사전략에 대한 종합적인 이해가 한국 안보 및 대외전략의 수립에 토대가 될 것으로 기대한다.

---

3 아베 정부의 역사문제에 대한 수정주의적 경향은 구미의 정책결정자들과 오피니언 리더들 사이에서도 불안의 대상이 되고 있다. "Japan's new cabinet: Back to the future," *The Economist* (2013.1.5); Jennifer Lind, "Restraining nationalism in Japan," *International Herald Tribune* (2013.7.25) 등을 참조.

2. 국가전략과 군사전략: 이론적 검토

1) 국가전략

군사전략은 국가전략의 하위 개념이다. 따라서 군사전략의 성격과 요소 등을 파악하기 위해서는 그 상위 개념인 국가전략에 대해 충분히 이해하지 않으면 안 된다. 통상 국가전략이란 국력을 이용해 국가목표 또는 국가이익을 추구하기 위한 지침과 방책으로 이해된다.[4] 즉, 국가가 가지고 있는 권력자원을 효율적으로 동원·이용해 그 국가가 추구하려는 국가목표를 달성하기 위한 국가 차원의 방책이 국가전략이다.

그렇다면 무엇이 개별 국가들이 추구하고자 하는 국가목표 또는 국가이익인가? 이러한 국가목표는 개별 국가에 따라 달라질 수 있을 것이다. 예컨대 권력자원이 막강한 강대국과 그렇지 않은 약소국 간에 국가목표가 반드시 동일하지는 않을 것이다.[5] 국가가 추구하는 이념에 따라서도 국가목표는 동일하지 않을 것이다. 예컨대 정치적으로 자유민주주의, 경제적으로 자본주의를 추구하는 국가들과 공산주의나 사회주의 이념을 추구하는 국가들 간에도 국가목표는 달라질 수 있다. 그러나 시대의 변화나 정치·경제체제의 차이에도 불구하고 어떤 국가에서나 영토의 보전, 주권 확보, 국민생활과 경제의 안정 등이 공통적으로 국가이익으로 간주되어왔다. 즉, 국가를 구성하는 영토, 주권, 국민의 안전 확보가 국가이익의 핵심사항으로 여겨져온 것이다. 이에 따라 이러한 국가이익을 확보하려고 하는 국가전략은 통상 국가안보전략이나 대전략(grand

---

4 ≪朝日新聞≫, 2006.4.24.

5 강대국들의 국가전략 패턴을 연구한 미어샤이머는 강대국들의 국가목표가 지역패권 추구, 부의 극대화, 군사력의 우위, 특히 육군 군사력과 핵전력의 우위에 있다고 지적했다. 존 미어샤이머, 『강대국 국제정치의 비극』, 이춘근 옮김(서울: 자유기업원, 2004), 281~291쪽.

strategy)과 동의어로 간주되어왔다.

바실 리델 하트(Basil H. Liddell Hart)는 전략 개념과 구분해, 전략 개념보다 상위의 차원에서 전쟁의 정치적 목적을 달성하기 위해 한 국가의 자원을 조정하고 지향하는 것이 대전략이라고 정의한 바 있다.[6] 리델 하트가 대전략 개념을 전쟁 상황에 중점을 두어 정의했다면, 현대의 군사 연구자들은 대전략 개념을 전평시(戰平時)를 막론하고 국가안보를 도모해야 하는 국가의 역할에 강조점을 두고 정의한다. 예컨대 배리 포젠은, 대전략은 반드시 국가안보에 대한 위협을 식별해야 하고, 그러한 위협에 대한 처방으로서 정치, 경제, 군사 및 다른 처방책을 강구해야 하는 것이라고 정의한다.[7] 이같이 국가의 안전과 독립을 확보하기 위해 국가자원을 동원해 위협에 대비하는 방책으로서 대전략이 정의되고 있기 때문에 국가전략, 국가안보전략, 그리고 대전략은 사실상 동의어로 사용되고 있다.[8]

국가목표를 달성하기 위해 국가는 가용한 국가자원, 즉 국력을 효율적으로 결집하고 동원하게 된다. 그렇다면 국가목표를 달성하기 위해 국가가 조정·동원할 수 있는 국력이란 과연 무엇일까? 국력을 구성하는 요소가 무엇인가에 대해서는 시대의 변화에 따라 연구자들 간에 다양한 견해가 제시된 바 있다. 19세기 말과 20세기 초반에 활약했던 지정학자들은 국가의 지리적 위치가 국력을 결정한다고 보았다. 예컨대 핼퍼드 매킨더(Halford. J. Mackinder)는 대륙의 중심에 위치한 국가가 국력의 우위를 보일 것이라 했고, 앨프리드 머핸(Alfred T. Mahan)은 해양력을 가진 국가가 제해권을 장악해 강대국이 되어왔다

6 바실 리델 하트, 『전략론』, 주은식 옮김(서울: 책세상, 1999), 455쪽.

7 Barry R. Posen, *The Sources of Military Doctrine: France, Britain, and Germany between the World Wars* (Ithaca, New York: Cornell University Press, 1984), p.13.

8 川勝千可子, 「戰略, 軍事力, 安全保障」, 山本吉宣·河野勝 編, 『アクセス安全保障論』(日本經濟評論社, 2005), p.76, 94.

고 분석한 바 있다.[9] 저명한 국제정치학자인 한스 모겐소(Hans J. Morgenthau)는 제2차 세계대전 직후 저술된 그의 고전적 저서에서 지리, 천연자원, 산업능력, 군사태세, 인구, 국민성, 국민여론, 외교의 자질, 정부의 자질 등을 국력의 요소들로 체계화했다.[10]

냉전 기간 현실주의 계열에 속하는 국제정치학자들은 주로 군사력과 경제력을 국력의 주요 구성요소로 인식했다. 로버트 길핀(Robert Gilpin)은 기술력·군사력·경제력이 국력의 주요 구성요소이며, 이러한 국력이 국가에 따라 차별적 성장이 나타날 때 국제체제가 불균형해지고 국제체제의 변화요인이 발생한다고 했다.[11] 폴 케네디(Paul M. Kennedy)가 『강대국의 흥망(Rise and fall of the great powers)』에서 역사상 경제력과 군사력을 두루 갖춘 국가들이 강대국의 반열에 올랐을 때 경제력에 비해 과도한 군사력을 보유할 경우 강대국의 반열에서 탈락했다는 가설을 제시한 것은 잘 알려진 사실이다. 존 미어샤이머(John J. Mearsheimer)도 국력의 구성요소로서 인구, 국부의 수준, 그리고 육군 중심의 군사력을 제시한 바 있다.[12]

한편 탈냉전기로 접어들면서 국제정치학자들은 전통적으로 강조되어온 경제력과 군사력 외에 국제사회 속에서의 의제(어젠다) 형성 능력, 즉 소프트 파워를 국력의 중요한 구성요소로 제기하기 시작했다. 조지 모델스키(George Modelski)는 냉전 말기에 저술한 책에서 15세기 이후 글로벌 리더십의 지위에

---

9 Geoffrey Parker, *The Military Revolution: Military Innovation and the Rise of the West, 1500-1800* (Cambridge: Cambridge University Press, 1988), pp.82~83에서 재인용.

10 이 가운데 모겐소는 외교의 자질이 여러 국력 요소들에 방향성을 부여하기 때문에 가장 중요한 요소라고 설명하고 있다. Hans J. Morgenthau, *Politics among Nations: The Struggle for power and Peace* (New York: McGraw Hill, 2006), pp.122~162.

11 Robert Gilpin, *War and Change in World Politics* (Cambridge: Cambridge University Press, 1981), p.13.

12 존 미어샤이머, 『강대국 국제정치의 비극』, 129~130쪽. 그는 해·공군 군사력만으로는 영토를 정복할 수 없기 때문에 핵 시대라고 하더라도 육군의 군사력이 핵심이라고 주장하고 있다.

올라간 국가들이 보유한 국력요소들이, 동맹을 동원할 수 있는 동원 능력, 세계전쟁을 수행할 수 있는 정책결정 능력, 세계 해양력의 10% 이상에 달하는 군사 능력, 제도를 창출할 수 있는 행정 능력에 더해 어젠다 형성 능력을 갖고 있었다고 지적했다.[13] 모델스키 등이 언급한 어젠다 형성 능력을 소프트 파워라는 개념으로 좀 더 정교하게 제시한 국제정치학자가 조지프 나이다. 조지프 나이는 국제정치는 상층의 군사판, 중층의 경제판, 하층의 초국가적 관계판 등 3중의 판구조로 되어 있는데, 이러한 국제질서에서 주도권을 유지하기 위해서는 군사력과 경제력만이 아니라 국제기구나 여타 국제사회에서 어젠다를 제기하고 여타 국가들의 동의와 호감을 얻어내는 소프트 파워가 중요해지고 있다고 지적한다.[14] 따라서 국가목표와 국가이익을 확보하기 위한 국력의 요소로서는 전통적으로 강조되어온 경제력과 군사력, 정치외교력, 기술력, 에너지 자원, 인구 및 인적 자원, 정보력 등에 더해 국민들의 교육수준, 국제기구에의 공헌도, 문화 창조 능력 등이 새롭게 강조되고 있는 실정이다.[15]

국가들은 이 같은 국력 자원을 바탕으로 국가이익과 국가목표를 확보하기

---

13 앞서 인용한 미어샤이머와 달리 모델스키가 군사력 가운데 해군력을 강조하고 있는 점은 흥미롭다. George Modelski, *Long Cycles in World Politics* (Macmillan Press, 1987), pp.14~18.

14 조지프 나이의 소프트 파워론이 정교하게 제기되고 있는 본격적 저작은 Joseph S. Nye, Jr., *The Paradox of American Power* (New York: Oxford University Press, 2002)를 참조할 것. 그의 파워 개념이 발전되고 있는 연구로는 Joseph S. Nye, Jr., "The Changing Nature of World Power," *Political Science Quarterly*, Vol.105, No.2(1990) 등을 참조할 것.

15 다만 소프트 파워는 계량화가 쉽지 않아 국력을 측정하는 주요 국력지수에서 아직 충분히 반영되고 있지 못하다. 국력을 측정하기 위한 지수로서 미시간대학교의 Correlate of War(COW) 지수는 인구, 도시인구, 에너지 소비량, 철 생산량, 국방비, 병력수 등을 포함해왔다. 국내 연구자들도 국력 측정지표로서 군사 능력(국방예산), 산업 생산 능력(에너지 소비, 철강 생산), 인구, 천연자원, GDP 등을 주요 기준으로 간주해왔다. 川勝千可子, 「戰略, 軍事力, 安全保障」, p.85; 이대우, 「2020년 안보환경 전망: 세력전이이론에서 본 패권경쟁」, 『한국의 국가전략 2020: 외교안보』(세종연구소, 2005), 20~22쪽.

위한 다양한 전략을 구사하게 된다. 그런데 국가들이 최고의 국가목표인 안전보장을 확보하기 위해 취하는 국가전략의 유형은 국제환경이나 각 국가가 보유한 국력의 차이에 따라 다를 수 있다. 그리하여 연구자들도 국가전략의 유형에 대해 다양한 기준을 제시해왔다.

미어샤이머는 강대국들의 경우 국력증대를 도모하거나 침략 세력이 기존의 세력 균형을 변경하려는 것을 방지하려는 국가목표를 갖는다고 하면서, 국력증대를 위해 전쟁, 공갈, 미끼와 피(bait and bleed), 피 흘리게 하기(bloodletting) 등의 전략을 취할 수 있다고 보았다.[16] 그리고 침략국을 견제하기 위해 균형(balancing)과 책임전가(buck-passing) 전략을 취할 수 있다고 보았다.[17]

도쿄대학교 교수를 역임한 야마모토 요시노부(山本吉宣)는 전통적 안보전략과 준전통적 안보전략으로 나누어, 전자에 속하는 전략으로 자력구제, 동맹, 유엔을 통한 집단안전보장을 들고 있고, 후자에 속하는 전략으로는 유엔 등에 의한 무력제재 및 경제제재, 평화유지활동, 예방외교, 비국가 행위체 및 국제기관 등에 의한 인간의 안전보장 등을 제시하고 있다.[18]

또한 국가전략의 유형으로 현상변경전략과 현상유지전략의 구분도 가능하

16 여기에서 '미끼와 피'전략이란 2개의 경쟁국을 장기전으로 빠져들게 하고, 자국은 옆에서 이득을 보는 전략을 말한다. '피 흘리게 하기'전략이란 적국이 관여하는 전쟁을 장기화시켜 적국의 희생을 크게 하고 힘을 소진시키는 전략이라고 한다. 존 미어샤이머, 『강대국 국제정치의 비극』, 292~308쪽.

17 여기에서 균형전략이란 위협을 당하는 국가들이 위협을 가하는 적국에 대항해 서로 힘을 합치는 전략을 말한다. '책임전가'전략이란 강대국들이 다른 강대국을 동원해 침략국에 대항하도록 하며 자신들은 옆에서 지켜보는 전략을 말한다. 같은 책, 278쪽.

18 山本吉宣, 「安全保障概念と傳統的安全保障の再檢討」, ≪國際安全保障≫, 第30卷第1-2合併號(國際安全保障學會, 2002年9月), pp.26~27. 방위대학 교수인 가미야 마타케(神谷萬丈)도 안전보장의 수단으로서는 군사력에 의한 전통적 안전보장방식에 더해 새로운 안전보장방식으로서 종합안전보장(comprehensive security), 집단안전보장(collective security), 공통의 안전보장(common security), 인간의 안전보장 등이 주창되고 있다고 소개하고 있다. 神谷萬丈, 「安全保障の概念」, 防衛大學校安全保障學硏究會, 『安全保障學入門』(亞紀書房, 2003).

다. 현상변경전략이란 기존의 국제기구 구조와 강대국들의 대외정책이 자국의 안전보장 환경에 불리하다고 보고, 새로운 국제질서의 비전을 제시하면서 기존 강대국에 대해 도전하는 전략을 말한다. 제2차 세계대전 당시 영국과 미국 주도의 국제질서에 대항해 도전했던 독일·이탈리아·일본의 국가전략이 이에 해당되는 사례이다. 현상유지전략이란 기존의 국제질서가 자국의 안전보장 확보에 유리하다는 판단에 입각해 기존의 국제기구나 강대국의 대외정책에 순종하는 국가전략을 말한다. 현상유지전략은 기존의 국제질서를 주도하는 강대국들이 통상 채용하는 전략이나, 제2차 세계대전 이후 미국 주도의 국제질서에 순응하고 있는 독일과 일본의 국가전략도 이에 해당된다.

사용되는 국력의 유형으로 국가전략을 구분하는 것이 좀 더 일반적인데 이에 따르면 외교전략, 경제전략, 군사전략, 문화심리전략, 네 가지 유형으로 구분된다. 외교전략은 동맹관계, 다국 간 협력, 해외원조 등의 외교자산을 활용해 국가목표 달성에 기여하는 외교 분야의 전략을 말한다. 경제전략이란 무역, 금융, 에너지 자원 등의 경제적 자산을 활용해 국부를 증대하고 안전확보에 기여하는 경제 분야의 전략을 말한다. 군사전략이란 군사력의 증강과 동맹자산 등을 활용해 군사적 위협을 배제함으로써 국가안보에 기여하는 전략을 말한다.

2) 군사전략

국가목표를 달성하기 위해 국력을 결집하고 배분하는 것이 국가전략이라고 한다면, 그중에서도 군사력 및 군사수단을 동원해 국가목표 달성에 이바지하는 것이 군사전략이다. 군사전략이 그보다 상위 차원인 국가전략의 목표 달성을 위한 하위 개념으로서의 의미를 갖는다는 점은 오래전부터 여러 연구자들에 의해 공통적으로 지적되어왔다. 클라우제비츠는 그의 주저 『전쟁론』에서 "전쟁은 정치적 행동일 뿐 아니라 진정한 정치적 도구이고, 정치적 교류의 연속이며, 다른 수단에 의한 정치적 교류의 실행"이라고 정의하면서, 전쟁을 위해 존재하는 모든 군사력의 창조활동이 전쟁술이라고 한다면, 전쟁술은 전략과 전술로 구분될 수 있다고 했다.[19] 그는 전술이 전투에서 전투력의 운용에 관한 지도를 의미한다면, 전략이란 전쟁 목적을 구현하기 위한 전투의 운용이라고 했다. 요컨대 전략은 정치적 도구로서의 전쟁을 수행해 국가의 정치목표를 달성하기 위한 지도 방침으로 규정되고 있는 것이다.[20]

리델 하트도 군사목표는 정치적 목적에 종속되어야 하며, 전투 력은 대전략의 달성을 위해 운용되는 여러 도구 가운데 하나에 불과하다고 했다.[21] 리델 하트도 클라우제비츠와 동일하게 "전략의 영역은 전쟁에 한정되어 있으나, 대전략은 전쟁의 한계를 넘어서 전후 평화까지 연장된다"라고 하며, 전략이 궁극적으로는 대전략의 목적인 평화구현을 위한 군사적 수단의 의미를 갖고 있음을 분명히 하고 있다.[22]

배리 포젠도 리델 하트 등의 주장을 이어받아 군사독트린, 즉 군사전략이 군사적 수단을 동원해 국가안보정책 혹은 대전략을 달성하는 중요한 요소라고 했다. 특히 배리 포젠은 정치 - 군사통합(political-military integration)이라는 개념을 제시하면서, 군사전략이 국가 대전략의 정치적 목적과 통합되지 않을 때 오히려 전쟁의 패배로 이어지거나 국가의 생존과 안보이익을 해할 수 있다고 지적하고 있다.[23] 따라서 국가로서는 국가안보에 필수적인 목적을 달성하기

19 카를 폰 클라우제비츠, 『전쟁론』, 류제승 옮김(서울: 책세상, 1999), 55, 110쪽.

20 클라우제비츠는 "전략의 목적은 궁극적으로 평화를 이룩하는 것이다"라고 했다. 정치의 목적이 평화의 정착에 있다면, 군사전략의 궁극적인 목적도 이에 부합해야 하는 것이다. 같은 책, 126쪽.

21 바실 리델 하트, 『전략론』, 455쪽.

22 같은 책, 456쪽.

23 Barry R. Posen, *The Sources of Military Doctrine: France, Britain, and Germany between the World Wars*, p.25.

위해서 필요하면서도 적절한 군사적 수단을 갖고 있는가를 근본적 문제로 자문해야 한다는 것이다.

군사전략에 어떠한 유형이 존재하는가에 관해서는 다양한 견해가 있다. 배리 포젠은 군사독트린에는 공격, 방어, 억제(deterrence)의 세 가지 형태가 존재한다고 보았다.[24] 공격적 전략은 적의 군사력을 파괴하고 적군을 무장해제시킨다는 목적을 갖는다. 공격적 전략을 구현하기 위해서는 적의 방어선을 돌파하고, 상대방의 핵심적인 군사력을 무력화하기 위한 파괴적인 군사력 또는 기동작전이 요구된다. 공격적 독트린의 사례로는 탱크, 기동화된 보병, 전투기를 결합한 1930년대 독일의 전격전전략 또는 이를 모방해 1956년과 1967년에 아랍 제국을 상대로 군사적 승리를 거둔 이스라엘의 군사전략 등이 거론된다.

방어적 전략은 굳건한 방어벽을 설치하거나 군대 포진을 통해 적의 침략을 거부하는 전략으로서 흉노족의 침입에 대비해 만리장성을 구축한 중국의 한나라, 1930년 이후 마지노 방어선(Maginot Line)을 구축해 독일과의 전쟁에 대비한 프랑스, 도버해협이라는 지리적 조건과 해군력을 이용해 대륙으로부터의 침략을 거부하려 했던 영국 등이 대표적인 사례로 거론된다. 또한 제2차 세계대전 이후 제정된 헌법에서 국가가 추구하는 정책 수단 가운데 침략적 전쟁을 배제하고 군대의 보유를 금지하면서 전수방위(專守防衛, exclusive defense)를 표방하는 일본의 경우도 방어전략의 사례로 볼 수 있다.[25]

억제전략이란 제2차 세계대전 이후 등장한 전략으로서 실제로 위협을 실행하지는 않으면서 위협 행위를 취함으로써 이 행위가 보복이나 징벌을 가할 것임을 암시하며 상대방을 제약하는 전략을 말한다.[26] 억제전략은 거부적 억제

---

24 같은 책, pp.14~15.

25 한편 로버트 아트는 선제공격(preemption)과 예방공격(prevention)을 방어목적을 갖고 있다고 보아, 방어전략으로 간주한다. 川勝千可子, 「戰略, 軍事力, 安全保障」, p.79에서 재인용.

26 Y. Harkabi, *Nuclear War and Nuclear Peace* (Transaction Publishers, 1966), p.9.

와 징벌적 억제의 두 가지 유형으로 다시 세분화할 수 있는데, 거부적 억제란 공격을 해도 수비 측의 방어태세가 견고해 공격 측이 성공할 수 없다는 생각을 갖게 하는 것을 말하고, 징벌적 억제란 공격하면 방자(防者) 측이 즉각 보복할 것이라고 위협해 공세를 단념시키는 전략을 말한다.[27] 억제전략은 재래식 무기 또는 전략 핵무기의 양자로도 구현될 수 있는데, 스위스는 재래식 전력으로 억제전략을 구현하는 경우이며, 프랑스는 핵잠수함에 핵무기를 탑재해 항상 1척 이상을 해양에 배치시키고 그에 더해 전략폭격기와 중거리탄도미사일을 운용해 소련의 제1가격에 대한 보복 능력이 있음을 보여주어 핵 대국들에 대한 억제전략을 구현하고 있는 사례이다.[28]

한편 일본 학자 가와카쓰 지카코(川勝千可子)는 포젠이 분류한 공격, 방어, 억제의 군사전략 유형에 더해 토머스 셸링(Thomas Schelling)에 의해 제시된 강요(compellence)를 추가하고 있다. 가와카쓰에 따르면 강요전략이란 상대방 의도에 반해 이쪽에서 바라는 방향대로 행동시키는 것을 목표로 하는 군사전략이다. 상대방이 핵무기 개발을 포기하지 않으면 선제공격한다고 위협하는 것이 강요전략의 구체적인 사례이다.[29]

리델 하트와 앙드레 보프르(André Beaufre)는 직접접근전략과 간접접근전략 또는 직접전략과 간접전략의 유형을 시도한다. 리델 하트에 따르면 직접접근전략이란 클라우제비츠에 의해 제시되고 헬무트 폰 몰트케(Helmuth von Moltke) 등 독일 장군들에 의해 계승된 전략으로 적과의 정면대결을 통한 섬멸전략이다. 그러나 리델 하트는 직접접근전략에 대한 대안으로 간접접근전략을 옹호한다. 간접접근전략이란 어떠한 전투도 하지 않고, 적의 항복을 받아

---

27 川勝千可子, 「戰略, 軍事力, 安全保障」, p.79.

28 Barry R. Posen, *The Sources of Military Doctrine: France, Britain, and Germany between the World Wars*, p.15.

29 川勝千可子, 「戰略, 軍事力, 安全保障」, p.79에서 재인용.

무장해제를 시키면서 적군을 파괴하는 전략이다. 구체적으로 경제 및 외교적 수단으로 적을 굴복시키거나, 필요한 경우 대규모 육군을 양성하기보다는 해군과 공군과 같은 수단을 사용해 적군의 후방으로 기동하거나 적의 중심부에 대한 공격을 감행해 적의 저항의지를 분쇄하는 것이다.[30] 앙드레 보프르도 군사적 승리 이외의 방법으로 전략적 목적을 추구하는 전략 유형을 간접전략이라고 했다.[31]

군사전략은 주로 운용되는 군종(軍種)에 따라 육군전략, 해군전략, 공군전략, 핵전략으로 분류할 수도 있다. 육군전략으로는 나폴레옹 전쟁에 직접 관여한 클라우제비츠나 조미니 등에 의해 목표의 원칙, 공세의 원칙, 집중의 원칙, 기동의 원칙, 지휘통일의 원칙 등 여러 전쟁원칙들이 제시된 바 있다.

해군전략에 관해서는 미국의 앨프리드 머핸, 소련 해군의 세르게이 고르시코프(Sergey Gorshkov) 원수 등이 주요 전략 개념을 제안한 바 있다. 머핸 제독은 영국의 해전사 등을 연구하면서, 해양력을 가진 국가가 제해권을 장악하고, 제해권을 장악한 국가가 해외영토 확장과 교역에서 우월한 지위를 점하게 된다고 했다. 머핸은 제해권을 장악하기 위해서는 함대결전을 통해 적의 함대를 격멸시켜야 하며, 제해권을 바탕으로 본국과 해외 근거지를 연결하는 해상교통로를 확보할 필요성을 강조했다.[32] 머핸 제독이 해양강국인 영국 해전사에 대한 연구를 통해 함대의 증강과 함대결전을 강조했다면, 1880년대에 등장한

30 존 미어샤이머, 『리델하트 思想이 現代史에 미친 影響』, 주은식 옮김(한국전략문제연구소, 1998), 115~119쪽. 리델 하트의 간접접근전략은 대륙에 대한 직접적 개입을 자제하면서도 적대적 세력을 무력화시켰던 영국적 전쟁 수행 방식으로 해석되고 있다. 같은 책, 110~111쪽.

31 杉之尾宜生, 「戰略戰術概念の體系化の軌跡と趨勢」, 防衛大學校 防衛學硏究會 編, 『軍事學入門』(かや書房, 1999), p.134에서 재인용.

32 Paul M. Kennedy, *The Rise and Fall of British Naval Mastery* (London: The Trinity Press, 1976), pp.1~8; 박영준, 「Alfred T. Mahan의 해양전략론에 대한 연구」, ≪육사논문집≫, 제44집(1993.6).

프랑스의 청년학파는 프랑스와 같은 대륙국가가 대함대를 정비해 영국과 같은 해군 강국에 도전하는 것은 비경제적이며, 오히려 수뢰정이나 기뢰, 잠수정으로 연안방위체제를 강화하고 외양에서는 순양함 등으로 적대국의 해상교통로를 교란하는 것이 효율적인 해군전략이라고 주장했다.[33] 프랑스 청년학파의 해군전략론은 20세기 전반기의 독일이나 냉전 초기의 소련, 중국 등 전통적인 대륙국가들에게 큰 영향을 주었다.

그러나 대륙국가 중에서도 국력의 증대와 전략목표의 확대에 따라 외양해군 건설의 당위성을 주장하는 해군전략론이 대두되었다. 1973년 소련의 고르시코프 제독은 해군이 지상군의 지원역할에 치중해야 한다는 바실리 소콜로프스키(Vasily Sokolovsky) 제독의 해군전략론을 비판하면서 해양을 자유롭게 사용할 수 있는 해군력을 갖지 않은 국가는 대국으로서의 지위를 보유할 수 없고, 공산주의의 해외확장 등 국가목표 달성을 위해 소련 해군이 연안해군에서 외양해군으로 탈피해야 한다고 주장했다.[34]

제1차 세계대전을 계기로 항공기가 무력수단으로 등장하면서 공군전략도 발전하게 되었다. 제1차 세계대전을 직접 체험한 이탈리아의 줄리오 두헤(Giulio Douhet) 대령은 1921년에 저술한 『제공권(The Command of the Air)』 등의 저술을 통해 장차 전쟁의 주요 영역은 항공이 될 것이고, 특히 장거리 폭격기를 보유하는 독립공군을 창설해 적국의 인구와 산업 중심부를 전략폭격하는 것이 장차 전쟁을 승리로 이끄는 첩경이 될 것이라고 보았다.[35] 독립공군 창설론과 공군에 의한 전략폭격론은 이후 미국의 윌리엄 미첼(William Mitchell) 장

33 杉之尾宜生, 「戰略戰術槪念の體系化の軌跡と趨勢」, p.136에서 재인용.

34 이재훈, 『소련군사정책, 1917-1991』(국방군사연구소, 1997), 440쪽; 杉之尾宜生, 「戰略戰術槪念の體系化の軌跡と趨勢」, p.137. 중국 해군도 개혁개방정책의 가속화 이후 유화청 제독 등의 주도로 종전의 연안해군 개념에서 외양해군 전략으로의 전환을 모색하고 있다.

35 杉之尾宜生, 「戰略戰術槪念の體系化の軌跡と趨勢」, p.138에서 재인용.

군이나 알렉산드르 세베르스키(Alexander Seversky) 등에 의해 계승되었다.

제2차 세계대전 이후 핵무기가 등장하면서 핵의 운용에 관한 핵전략도 급속히 발전했다. 1945년 핵 투하 이후 미국의 핵 독점이 지속되던 1949년까지 미국 합참은 하프문(Halfmoon)이나 드롭샷(Dropshot) 등의 전쟁계획을 발전시키면서 억제전략이 실패할 경우 소련에 대한 직접적인 핵 투하 공격을 실시할 것이고 그 운반체로서 전략폭격기의 개발, 그리고 발진기지로서의 영국과 일본 등에 소재한 해외기지 확보 등을 미국이 추구해야 할 핵전략으로 제시했다.[36] 소련이 핵을 개발했으나 미국의 핵 우위가 지속되던 1950년대 초반에 미국 아이젠하워 행정부는 대량보복전략(Massive Retaliation Strategy)을 채택했고, 소련과의 전면 핵전쟁뿐만 아니라 제3세계 지역에서의 재래식 전쟁 가능성에도 동시적으로 대응할 필요성에 직면한 케네디 행정부는 유연반응전략으로 궤도를 수정했다.[37]

이같이 군사전략은 육·해·공군 및 전략핵전력 등 군사력의 구성, 국방부와 합참 등의 군사제도, 군사기술의 발전 등과 밀접하게 연관된다. 군사전략의 구현을 위해 개별 국가가 보유하는 군사력, 군사제도, 군사기술이 연쇄적으로 영향을 받기 때문이다. 따라서 육군, 해군, 공군, 핵전략 등은 전체적인 군사전략, 나아가 국가전략이 추구하고자 하는 목표에 유기적으로 통합되어야 한다. 만일 자군 중심주의에 따라 개별 군종의 전략이 조직적으로 통합되지 않는다면 유사시 각 군과의 통합작전이 효율적으로 수행되지 못하고, 국가목표의 달성에도 차질을 빚게 될 것이다. 육·해·공군 간에 나타날 수 있는 자군 중심적 전략논의는 그 상위의 전략결정 주체, 즉 합참이나 국방부, 그리고 국가지도부

---

36 Allan R. Millet and Peter Maslowski, *For the Common Defense: A Military History of the United States of America* (New York: The Free Press, 1994), pp.500~501.

37 같은 책, p.535, 552; John Lewis Gaddis, *Strategies of Containment* (New York: Oxford University Press, 2005)도 참조.

차원에서 국가가 추구해야 할 국가목표와의 정합성을 면밀히 검토해 우선순위가 조정되어야 할 것이다.

이상에서 살펴본 군사전략은 국가의 안위 및 전쟁의 승패, 나아가 국제질서의 성격에 영향을 미치는 중요한 요인의 하나로 지적되어왔다. 군사전략은 전쟁의 승패에 영향을 미치는 요인 가운데 하나로도 이해되고 있다.[38] 제1차 세계대전 당시 독일이 수립했던 슐리펜 플랜이나 몰트케 수정안, 제2차 세계대전 당시 독일이 구상했던 전격전 전략이나 바바로사 플랜, 일본이 구상했던 선제기습의 군사전략 등이 초기 전역에서 우세를 가져다주었던 것은 부인할 수 없다. 군사전략은 국제정치의 안정이나 불안정을 초래하는 요인의 하나로도 지적된다. 배리 포젠은 주요 국가들이 공격적 군사독트린을 채택하는 경우, 방어적 독트린을 채택하는 경우에 비해 군비경쟁이나 국제분쟁의 개연성이 높아진다고 설명하고 있다.[39] ≪아사히신문(朝日新聞)≫도 전략을 잘못 세우는 대국(大國)이나, 전략이 불투명한 대국(大國)이 주변국은 물론 국제정세를 불안하게 할 수 있다고 지적한다.[40]

따라서 군사전략은 국내정치 상황의 변화, 자국 및 적대국이 보유한 능력의 변화, 군사기술의 변화 등을 적절하게 반영해 수립되어야 한다.[41] 또한 배리 포젠이 지적했듯이 군사전략은 국가가 추구하는 국가목표 달성에 기여하는 맥락에서 수립되어야 한다. 군사전략이 자국의 능력에 부합하지 않거나 적대국의 군사적 능력 등을 적절하게 고려하지 않을 경우, 군사전략은 오히려 국가안

---

38 가와카쓰는 전쟁의 승패를 결정하는 세 가지 요인으로 군사력의 강약, 군사기술 등과 아울러 군사독트린을 들고 있다. 川勝千可子, 「戰略, 軍事力, 安全保障」, p.80.

39 Barry R. Posen, *The Sources of Military Doctrine: France, Britain, and Germany between the World Wars*, pp.16~18.

40 ≪朝日新聞≫, 2006.4.24.

41 Barry R. Posen, *The Sources of Military Doctrine: France, Britain, and Germany between the World Wars*, p.16.

보에 손상을 가져올 수 있다. 실제 역사상으로도 군사전략이 국가전략과 부합하지 못하는 경우 국가의 안보이익이 현저하게 손상된 사례가 적지 않다. 요컨대 그리고 적절한 군사전략의 수립 여부는 전쟁의 승패 및 국가의 흥망, 나아가 국제질서의 변화에도 영향을 줄 수 있는 것이다.

3. 전후(戰後) 일본 안보체제의 형성과 특성

1) 군국주의의 해체와 '평화헌법'

제1차 세계대전 이후 세계 3대 군사강국으로까지 부상한 일본은 기존 국제질서의 주도국이었던 영국과 미국과의 협조체제에서 이탈해 독자의 세력영역을 구축하려는 국가전략과 군사전략을 선택했다. 그 결과는 제2차 세계대전의 패전으로 귀결되었다. 잘못된 국가전략과 군사전략의 선택이 국가의 패망을 초래한 것이다. 제2차 세계대전 종전 이후 패전국으로 전락한 일본은 1945년 8월 이후 연합국 점령군 총사령부에 의해 군국주의의 도구였던 제국 육군과 해군, 그리고 그와 관련되는 모든 제도와 법령들을 해체하지 않으면 안 되었다. 맥아더 점령군 사령부의 목표는 일본을 더 이상 군국주의의 국가가 아니라, '극동의 스위스', 즉 더 이상 전쟁을 일으킬 수 없는, 평화적인 국가로 만드는 것이었다. 맥아더 사령부의 정책목표에 대해, 전후 일본의 국정을 담당하게 된 요시다 시게루(吉田茂) 등의 일본 정치가들도 협력하면서, 전후 일본의 국가 골격이 갖춰지게 되었다.

1946년 제정된 소위 '평화헌법'은 맥아더 사령부의 점령정책 기조와 전후 평화국가로의 부활을 의도하던 일본 정치 세력 간의 타협의 산물이었다. 이 헌법은 종전의 메이지헌법과 달리, 본문 제1조에서 8조에 걸쳐 상징적 천황제를 규정하면서, 군국주의를 가능케 했던 천황의 정치적·군사적 절대권력, 즉 '통치대권'과 '통수대권(統帥大權)'을 부정했다. 그리고 전문에서 평화주의를 표방한 데 이어 본문 제9조 1항에서 국가의 정책수단으로서 침략전쟁을 부인한다고 밝혔고, 제9조 2항에서 "전항의 목적을 달성하기 위해 육·해·공군의 전력보유를 금지"한다고 천명했다. 또한 제66조에서 "내각 총리대신 및 대신들은 문민(文民)이 되지 않으면 안 된다는 '문민통제'조항을 삽입해, 전전(戰前)시대에 현역 군인들이 육상(陸相) 및 해상(海相)은 물론, 총리의 지위를 점하면서, 군국주의로의 길을 재촉한 전철을 원천적으로 봉쇄하고자 했다. 또한 96조에서 헌법의 개정 수속을 정하면서, 중의원과 참의원 2/3의 찬성에 의한 개헌안 제출과 국민투표 과반수 찬성을 규정했다. 요컨대 1946년 평화헌법은 종전의 메이지 헌법과 달리, 전문의 평화주의와 제9조 1항 및 2항을 통해 전후 일본이 더 이상 '군국적, 침략적 정책 수단'을 갖지 않겠다고 표명한 것이며, '상징적 천황제'와 '문민통제' 조항을 통해 군국주의를 용인할 수 있는 정치제도의 가능성도 차단할 것임을 선언한 것이다.

2) 미일동맹 체결과 자위대 창설

'평화헌법'은 종전 직후 더 이상 군국주의를 용인할 수 없다는 연합국 점령군 사령부의 의지, 그리고 이에 공명한 전후 일본 정치 세력이 일정한 공감대하에서 결정한 것이었다. 그런데 1946년 중반 이후 국제정세가 전후 미국과 소련 등 주요 연합국 간 협조체제 아래에서 미소 간 냉전대결 구도로 변화되기 시작하면서, 미국 내에서는 조지 케난(George Kennan) 국무성 정책기획국장 등을 중심으로 일본의 전략적 역할에 대한 재평가가 대두하기 시작했다. 즉, 새로운 위협 요인으로 등장한 소련의 팽창적 세계전략을 봉쇄(containment)하기 위해, 미국은 유럽 방면과 아시아 방면에 타격기지를 보유해야 하며, 이를 위해 영국과 일본 등을 대소 공격을 위한 전진기지로 활용해야 한다는 것이었다.[42] 이러한 전략을 구현하기 위해 미국은 영국 등 서유럽 지역 국가들과 1949년 NATO를 체결했고, 1951년에는 독일도 재무장시키면서, NATO에 가입시켰다.

1947년의 트루먼독트린(Truman Doctrine)과 마셜 플랜(Marshall Plan), 그리고 1949년의 NATO 창설 등을 통해 유럽에서 대소 봉쇄전략을 추진하던 미국은, 아시아 방면에서는 일본에 대한 재무장을 통해 소련에 대한 봉쇄망을 형성하고자 했다.[43] 미국의 대일정책 변화, 소위 '역코스'정책은 일본 내에 큰 반향을 불러일으켰다. 진보적 세력은 미국의 재무장 계획 추진이 일본의 군국주의 회귀를 가져올 수 있다고 보아 반대했다. 그러나 쇼와(昭和) 천황 및 요시다 시게루, 아시다 히토시(芦田均) 등을 포함한 현실주의적 세력들은, 군대를 가질 수 없게 된 일본으로서 극동 지방에서 세력을 확장하던 소련의 군사적 위협에 대응하기 위해, 더욱이 1949년 이후 공산화된 중국 대륙으로부터의 잠재적 불안에 대응하기 위해, 일본이 미국에 기지를 제공하고, 미국 병력의 일본 내 주둔을 계속 용인하는 형태의 안보체제, 즉 미일동맹 체제가 불가결하다고 생각하게 되었다. 이 결과 1951년 9월, 일본은 샌프란시스코 강화조약 체결을 통해 주권을 회복함과 동시에, 미국과 동맹조약을 체결하게 된 것이다.[44]

한편 미일동맹 체결과 병행해 일본 내에서는 일본 자체의 무장력 필요 논의가 대두하기 시작했다. 미일동맹에 의해 미군 병력이 일본에 주둔하면서, 안보를 제공하는 역할을 하기로 했지만, 1950년 6월에 발발한 한국전쟁으로 인해,

---

42 이러한 문제의식을 구현한 전략계획이 1948년과 1949년, 미국 합참(Joint Chief of Staff)에 의해 각각 작성된 하프문과 드롭샷이다. Allan R. Millet and Peter Maslowski, *For the Common Defense: A Military History of the United States of America*, p.500.

43 John W. Dower, "Occupied Japan and the American Lake, 1945-1950," Edward Friedman and Mark Selden, *America's Asia: Dissenting Essays on Asian-American Relations* (New York: Random House, 1969).

44 坂元一哉, 『日米同盟の絆: 安保條約と相互性の模索』(有斐閣, 2000), 제1장 참조.

주일미군의 상당수가 한국전선에 파견되는 상황이 발생했다. 이 공백을 메우기 위해 1950년 경찰예비대가 창설되었고, 일본의 독립과 더불어 1954년 이 조직은 육·해·공 자위대로 탈바꿈했다. 자위대의 발족과 더불어 정부 조직으로 방위청도 설치되었고, 자위대의 간부요원을 양성하기 위한 방위대학 등 군 교육기관도 정비되기에 이르렀다.[45]

3) 비군사화 규범들의 형성

미일동맹 결성 및 자위대의 창설은 일본 내에 큰 논란을 불러 일으켰다. 핵심은 "육·해·공 전력보유금지"를 규정한 헌법 제9조 2항에 비추어볼 때, 육·해·공 자위대의 창설이 헌법 위반이 아니냐는 것이었다. 이 같은 점을 의식해, 일본 정부는 자위대 창설 이후 다양한 제도적 장치 및 규범을 통해, 자위대가 헌법 정신을 구현하고 있음을 의식적으로 부각시키려 했다. 예컨대 군단급 부대를 "방면대"로 부르고, 전차(탱크)를 "특차(特車)"로, 군함을 "호위함"으로 호칭하면서, 육·해·공 자위대 내에 "군대"색을 지우려는 노력을 한 것이 그 사례이다.

육·해·공 자위대의 조직 및 운용 측면에서도 비군사화 규범들이 대거 정착되었다. 헌법 66조에 규정된 "문민통제" 원칙은 방위청과 자위대 각 조직에 철저하게 반영되었다. 성(Ministry)이 아니라 청(Agency)급으로 설치된 방위청 내에서 민간 관료들이 장관은 물론 전체 국장 및 과장급을 담당해, 현역 자위관이 방위정책결정과정에 관여할 수 없게 되었다. 방위대학 교장을 비롯해 교관 전원이 민간 교수들로 충원되었다.

또한 일본 정부는 전수방위 원칙과 공격용 무기 비보유 원칙을 표명하면서

---

45 田中明彦,『安全保障: 戰後50年の模索』(讀賣新聞社, 1997), 제3장~제5장 참조.

항공모함, 전략폭격기, 대륙간탄도탄 등 원거리 타격이 가능한 전략무기 보유를 하지 않겠다고 선언했다.[46] 1976년 '방위계획대강'에는 기반적 방위력(basic defense force) 개념이 공표되어, 일본은 최소한의 방위력만 보유하게 되었다. 1968년에는 비핵 3원칙이 공표되어, 핵무기의 제조, 보유, 반입을 불허하게 되었다.

1967년에는 무기수출금지 3원칙이 선언되고, 1976년에 이를 더욱 강화해, 일본 내 방위산업체가 생산한 무기들을 공산권 국가 및 분쟁 중인 국가뿐만 아니라 미국과 같은 동맹국에 대해서도 수출하지 못하게 했다. 1969년에는 국회 결의로 "우주의 평화적 이용 원칙"을 공표해, 우주에 대한 군사적 이용을 하지 못하게 했다. 1976년에는 방위비 1% 이내 원칙을 공표해, 일본의 방위예산은 GDP의 1%를 넘지 못하도록 했다. 1977년에는 당시 후쿠다 수상이 동남아시아를 순방하면서, 일본은 군사대국이 되지 않는다는 원칙을 공표하기도 했다.[47] 또한 1950년대 후반, 일본이 유엔에 가입하면서부터는 유엔 회원국이 갖는 "집단적 자위권"보유 여부가 논란이 되었는데, 일본 정부는 "집단적 자위권"을 원칙상 보유하나, 행사하지 않는다는 입장을 줄곧 표명해왔다.

이 같은 문민통제 규범, 전수방위원칙, 비핵 3원칙, 공격용 무기 비보유 원칙, 무기수출금지 3원칙, 우주의 평화적 이용원칙, 기반적 방위력 개념, 방위비 GNP 1% 이내 원칙, 집단적 자위권 관련 규범들이 1950년대 이후 냉전기 일본 안보체제 체계를 특징지어왔다. 이로 인해 일본의 안보체제는, 일본은 물론 구미의 연구자들에 의해서도 평화주의, 혹은 반군사주의(anti-militarism)적 성격을 지녔다고 평가되었던 것이다.[48]

---

46 공중급유기도 공격용 무기로 간주해 1973년 일시적으로 공중급유기 비보유 원칙이 공표되었으나, 1978년 철회되었다.

47 "군사대국이 되지 않는다"라는 원칙은 현재에도 방위백서 등에 재천명되고 있다.

48 Thomas U. Berger, "From Sword to Chrysanthemum: Japan's culture of anti-militarism,"

4. 탈냉전기 일본 안보체제 및 군사전략의 변화

"반군사주의"의 특성을 지녔던 전후 일본의 안보체제는 1990년대를 전후해 변화의 계기를 맞기 시작했다. 그 배경으로는 냉전기에 지속되었던 소련의 군사적 위협이 탈냉전기 접어들어 사라지고, 다른 포괄적 안보 위협 요인들이 등장하기 시작한 점, 고도 경제성장을 지속한 일본의 국제적 위상을 바탕으로 일본이 탈냉전기 이후 새로운 국가전략을 모색하기 시작한 점, 그리고 동아시아 지역에서 중국과 북한의 군사적 영향력이 대두하게 된 점 등을 들 수 있다.[49] 이하에서는 탈냉전기 이후 일본의 안보체제가 방위전략과 군사 관련 규범, 방위 관련 제도 및 방위비 측면에서 어떻게 변화되어왔는가를 개관하기로 한다.

1) 군사전략의 변화

미국은 매번 신행정부 출범 시에 백악관에서 『국가안보 전략서』, 국방부에서 국가국방전략서(National Defense Strategy), 합참에서 국가군사 전략서 등을 발표하면서, 새로운 안보전략과 국방전략 체계를 표명해왔다. 일본은 이러한 문서전략 체계를 갖고 있질 않으나, 방위청(2007년 이후 방위성)에서 작성해, 2013년 『국가안보 전략서』가 최초로 책정되기 전까지 내각의 결정을 거쳐 공표되는 '방위계획대강'이 실질적으로 국가안보전략 및 국방전략 문서로서의 기능을 갖고 있었다고 할 수 있다.[50]

International Security, Vol.17, No.4(Spring, 1993); Peter J. Katzenstein, *Cultural Norms & National Security: Police and Military in Postwar Japan* (Ithaca: Cornell University Press, 1996).

49 탈냉전기 일본의 방위정책 변화가 나타난 대내외적 배경에 대해서는 박영준, 『제3의 일본』(한울, 2008), 제1장과 제3장 참조.

50 이하는 박영준, 「방위계획대강 2010과 일본 민주당 정부의 안보정책 전망」, ≪일본공간≫,

〈표 2-1〉 방위계획대강 2004, 2010, 2013의 주요 논점 비교

구분	방위계획대강 2004	방위계획대강 2010	방위계획대강 2013
안보환경 평가	• 북한 탄도미사일 • 중국 해·공군력 증강	• 북한 WMD와 탄도미사일 개발 • 중국 군사력 증강, 원거리 투사 능력 강화	• 북한 핵 및 미사일 개발 • 중국 국방비 증가, 군사력 강화
일본 자신의 능력	• 다기능 탄력적 방위력+기반적 방위력 • 중앙즉응집단	• 동적 방위력	• 통합기동방위력 • 육상자위대 통일사령부 • 수륙양용작전 능력 강화
미일동맹	• 미일동맹 강화	• 미일동맹 강화	• 미일동맹 강화
지역안보 협력	• 국제사회와의 협력 • 아태 지역 다자간 협력	• 아태 지역 양자 간 다자간 협력 강화 • 한국, 호주, 아세안 국가	• 한국, 호주 양자협력

방위계획대강은 1976년에 최초로 발표된 이후 1995년, 2004년, 2010년, 그리고 아베 정부 시기의 2013년 등 다섯 차례에 걸쳐 각각 개정되어왔다. 각 방위계획대강은 대체적으로 전반부에서 국제안보정세를 평가하면서, 일본에 영향을 미칠 잠재적 안보 위협 요인과 기회 요인을 식별하고, 본론에서 일본이 추구해야 할 안보정책의 방향을 제시하면서, 자위대 군사력의 증강 목표와 개념, 미일동맹 및 주변국과의 다자안보협력 기조를 밝힌다. 그리고 마지막으로 〈별표(別表)〉를 첨부해, 육·해·공 자위대의 무기체계별 군사력 증강 목표를 제시하는 구성으로 되어 있다. 2004, 2010, 2013년에 각각 공표된 방위계획대강의 주요 골자는 〈표 2-1〉과 같다.

방위계획대강의 변화 내용을 볼 때 특기할 만한 사항은 '방위계획대강 2004'부터 중국과 북한이 실명으로 거론되면서, 그 잠재적 안보 위협 요인에 대한 서술이 추가되기 시작했다는 점이다. 냉전기에 작성된 방위계획대강에서는

제9호(국민대 일본학연구소, 2011) 등을 참조. 단 아베 정부가 2013년 12월을 기해 처음으로 『국가안보 전략서』를 공표함으로써, 향후 방위계획대강은 미국의 국가국방전략, 혹은 국가군사 전략서에 상응하는 위상의 문서로 조정될 것으로 보인다.

미소 간의 냉전 상황이 위협 인식으로 제기되었으나, 탈냉전기 이후에는 좀 더 구체적으로 중국과 북한 같은 주변국들의 군사적 동향이 안보불안요인으로 지적되고 있는 것이다. 이러한 중국과 북한에 대한 위협 인식은 민주당 정권하에서 작성된 '방위계획대강 2010'에서도 유지되고 있다.

이러한 위협 인식 변화와 더불어 자위대가 증강해야 할 군사력의 기준 개념에 대해서도 변화가 나타나고 있다. 즉, 종전의 대강에서는 필요최소한의 방위력을 의미하는 "기반적 방위력" 개념이 자위대 군사력 증강의 지표로 제시되었으나, '방위계획대강 2004'에서는 종전의 '기반적 방위력'에 더해 '다기능 탄력적 방위력'을 갖춰야 한다는 점이 제시되었고, '방위계획대강 2010'에서는 아예 '기반적 방위력' 개념이 폐기되면서, '동적 방위력(Dynamic Defense Force)' 개념으로 대체된 것이다.[51]

2012년 12월에 집권한 아베 정부는 방위계획대강의 상위문서로서, 미국의 『국가안보 전략서』에 해당하는 위상을 갖는 전략 문서 책정을 추진했다. 이를 위해 2013년 8월 국가안전보장전략 책정을 위한 전문가 회의를 구성했고, 그 좌장에 도쿄대학교 교수 출신인 기타오카 신이치(北岡伸一)를 선임했다.[52] 이

51 '방위계획대강 2010' 작성 작업에 직접 참여한 일본 방위연구소의 다카하시 스기오 연구원은 '동적 방위력' 개념이 평시의 억제, 유사시의 대처 기능에 더해, 테러리즘이나 해적 등의 회색지대(grey zone)적 위협 요인에 대해서도 즉각적 대응이 가능한 전력, 즉 정찰 감시 능력, 신속 기동 능력, 타국과의 연합 작전 능력 강화를 의미한다고 설명했다. Sugio Takahashi, "Changing Security Landscape of Northeast Asia in Transition: A View from Japan"(한국전략문제연구소 국제심포지움 발표논문, 2012.7.5).

52 ≪朝日新聞≫, 2013.8.28, 2013.9.11. 기사 참조. 이 회의의 멤버는 좌장 北岡伸一(국제대학장), 海老原紳(스미토모상사 고문, 전 주영대사), 折木良一(전 통합막료장, 방위상 보좌관), 中江公人(방위성고문, 전 방위사무차관), 中西輝正(교토대학교 명예교수), 福島安紀子(동경재단 상석연구원), 細谷雄一(게이오대학교 교수), 谷内正太郎(내각관방참여, 전 외무사무차관) 등으로 되어 있다. 좌장을 맡은 기타오카 교수는 2013년 9월 22일 ≪요미우리신문(読売新聞)≫에 기고한 칼럼을 통해 향후 일본이 중국의 부당한 침략을 어떻게 방어할 것인가를 생각해야 한다고 주장하기도 했다. 北岡伸一, "安全保障議論, 戦前と現代, 同一視は不毛",

전문가 회의는 수차례의 협의를 거친 후에 10월 21일, 국가안전보장전략 원안을 마련했고, 국가안전보장회의 및 각의 결정을 거쳐 2013년 12월 17일, 최초의 국가안전보장전략을 공표하기에 이르렀다.[53]

향후 일본 안보정책에서 역사적인 의의를 갖게 될 이 '국가안전보장전략'문서는 일본을 경제력 및 기술력을 가진 경제대국, 해양국가, 그리고 평화국가로서 규정하면서, 향후 일본이 "국제협조주의에 기반한 적극적 평화주의"의 이념을 토대로 국제사회에서 주요한 행위자로 적극적 역할을 해나가야 한다고 전제한다.[54] 연후 이 문서는 주권과 독립의 유지, 국민의 생명과 재산 확보, 평화와 안전의 유지, 경제발전을 통한 번영의 실현, 자유와 민주주의 등에 기반한 국제질서의 유지 등이 일본의 국가이익이라고 규정하면서, 이러한 국가이익이 글로벌 레벨에서는 국가 간 파워밸런스의 변화 및 대량파괴무기 확산위협 등에 의해 아태 지역 레벨에서는 북한의 군사력 증강과 도발 행위, 중국의 급속한 군사적 대두 등에 의해 잠재적 위협에 직면해 있다고 분석한다. 이러한 안보환경 아래에서 일본의 국가이익을 보장하기 위해 이 문서는 일본이 대내 차원에서는 경제력, 기술력, 외교력, 방위력 등 국가 능력을 강화하고, 대외적으로는 미일동맹의 강화, 한국, 오스트레일리아, 아세안 국가들, 인도 등 동일 가치를 추구하는 국가들과의 협력관계 강화, 중국과의 전략적 호혜 관계 구축, 그 밖의 국제사회와의 협력 강화를 추진할 필요가 있다고 제언하고 있다.

아베 정부는, 민주당이 2010년 책정한 바 있던 '방위계획대강 2010'도 수정하여, 상위문서격인 '국가안전보장전략'을 발표한 날 각의 결정을 통해 함께 발표했다.[55] '방위계획대강 2013'도 상위문서인 '국가안전보장전략'과 마찬가지

≪読売新聞≫, 2013.9.22.

53 네 차례에 걸친 이 회의의 논의 양상은 수상관저 홈페이지에 공개된 바 있다. www.kantei.go.jp/jp/singi/anzen_bouei/kaisai.html

54 國家安全保障會議及び閣議決定, 「国家安全保障戦略について」(2013.12.17).

로 글로벌 환경에서는 미국과 중국 등의 상대적 파워밸런스 변화, 대량파괴무기의 확산 등을 안보 우려 요인으로 제기하고, 아태 지역 안보환경에서는 북한과 중국의 군사적 동향을 위협 및 우려 요인으로 평가했다.[56] 특히 북한의 핵 및 미사일 개발이 일본의 안전에 대해 "중대하면서도 절박한 위협"이 되고 있다고 분석했고, 중국 해공군의 태평양 진출과 동중국해 방공식별구역 설정 등의 행위가 일본뿐만 아니라 국제사회의 "우려" 사항이 되고 있다고 지적하고 있다.

이러한 안보우려요인들에 대응하기 위해 '방위계획대강 2013'은 일본 자신의 노력으로는 "통합기동방위력"의 구축을, 미일동맹에 관해서는 억지력 및 대처력의 강화를, 아태 지역 내의 협력에 관해서는 한국, 오스트레일리아, 아세안 국가 등과의 협력 강화 방침을 각각 방위정책상의 과제로 제기했다. 여기에서 일본 자신의 노력 기준으로 제시된 "통합기동방위력"의 개념은 종전 방위계획대강에서 표명되었던 "동적방위력"의 개념을 대체하는 것으로서, 후술하듯이 육·해·공 자위대의 통합적 운용 능력을 강조하고, 고정적인 지역배비가 아닌 각 자위대의 기동적 배치에 중점을 두는 방향으로의 전환을 의미하는 것으로 보인다. 이와 관련해 이 문서는 각 자위대에 육·해·공 자위관 요원의 상호배치, 육상자위대 주요 부대의 기동부대화, 수륙양용작전 및 특수작전 등을 수행할 수 있는 기동운용부대의 보유 등을 구체적 과제로 제기하고 있다. '방위계획대강 2013'은 아태 지역 국가들과의 협력 강화를 강조하면서, 특히 한국에 대해서는 2012년에 시도되었던 "정보보호협정"과 "물품역무상호제공협정(한

---

55 방위계획대강 책정을 위해 2013년 초반부터 방위성과 자민당 안전보장조사회 국방부회가 각각 초안 작성을 진행했고, 2013년 4월에 자민당 국방부회의 초안이 부분적으로 공개된 바 있다. 그런데 12월 17일에 발표된 방위계획대강은 국가안전보장전략을 책정했던 안전보장과 방위력에 관한 간담회가 문안을 최종 마무리한 것으로 보인다. ≪朝日新聞≫, 2013.4.24.

56 國家安全保障會議及び閣議決定, 「平成26年度以後に係る防衛計画の大綱について」(2013.12.17).

국 표현은 상호군수지원협정)"의 체결을 향후에 재차 추진해야 할 과제로 제기하고 있다.

이같이 아베 자민당은 탈냉전기 이후 자민당과 민주당이 추구해온 보통군사국가화 방향에서의 방위정책 흐름을 계승하면서, 이미 국가안전보장전략을 새롭게 제정했고, 방위계획대강을 수정했다. 이러한 군사전략의 방향성이 종전의 평화주의 규범이 지배하던 시기의 일본 방위정책 경향으로부터 완연한 이탈인 것은 분명하지만, 변화된 규범 자체가 군국주의 시기에 나타난 것처럼 공격적 군사독트린을 의미하는 것이 아님도 유의할 필요가 있다.

2) 비군사화 규범의 변화

이 같은 위협 인식 변화 및 자위대가 증강해야 할 방위력 기준 개념의 변화는 여타 군사 관련 규범의 변화에도 영향을 미치고 있다. 전후 일본이 다양한 비군사화 규범을 공표해왔음은 앞서 설명했다. 그런데 탈냉전기 이후 이러한 규범들이 수정되거나, 혹은 새로운 규범과 법률들이 제정되면서, 자위대의 활동을 더욱 적극적으로, 그리고 해외에서도 가능하게 하는 법률적 장치들이 마련되기 시작했다. 〈표 2-2〉는 1990년대 이후 안보 관련 주요 법제 및 규범의 변화를 예시한 것이다.

〈표 2-2〉에 따르면 냉전기 일본이 표명한 비군사화 관련 규범 가운데 "우주의 평화적 이용원칙", "무기수출 3원칙", "기반적 방위력 개념" 등이 변경되었음을 알 수 있다.[57] 또한 주변사태법이나 유사 관련 법제 제정을 통해 일본이 직접 분쟁에 휘말리거나, 주변 지역에서 분쟁 사태가 생겨날 경우에 대비한 법

57 이에 대해서는 박영준, 「군사력 관련 규범의 변화와 일본 안보정책 전망」, 한일군사문화학회, ≪한일군사문화연구≫, 제14호(2012) 참조.

〈표 2-2〉 90년대 이후 안보 관련 주요 법제와 규범의 변화

연도	법률 및 각의결정	주요 내용
1992	PKO 법 제정	-
1997~1998	신가이드라인, 주변사태법	한반도 분쟁 발생시 자위대가 주일미군 후방지원 역할 명시
2001	테러대책특별조치법	미국이 수행하는 대테러전쟁을 지원하기 위해 이라크 및 인도양상 자위대 파견 법적 근거
2003~2004	유사법제	일본 및 주변 지역 분쟁 발생시 국가기관 및 자치체, 항만 및 공항 등 주요시설 행동요령 규정
2008	우주기본법 제정	우주의 평화적 이용원칙 수정, 방위목적을 위한 우주 개발 가능해짐
2009.7	해적대처 특별법	소말리아 해상자위대 파견 법적 근거 확보
2010.12	방위계획대강 2010	기반적 방위력 개념 폐기, 동적 방위력 개념 대체
2013.12	『국가안보 전략서』 2013 제정 방위계획대강 2013 개정	국제협조주의에 입각한 적극적 평화주의 제기 통합기동방위력 개념 제기
2014.4	무기수출3원칙 폐지 → 방위장비이전 3원칙 대체	일부 경우 제외하고 동맹 및 우방 국가들과 무기수출 및 공동연구개발 가능
2014.7	집단적 자위권 용인	유엔 회원국인 제3국 공격받았을 경우 군사적 지원 가능

적 체제를 정비하고 있음을 볼 수 있다. 나아가 PKO법이나 테러대책 특별조치법, 해적 행위 처벌 및 대처 특별법의 제정에 의해 일본 본토뿐 아니라 자위대가 해외 분쟁 지역에 점차 파병될 수 있는 범위가 확대되는 추세를 발견할 수 있다.

2012년 12월에 집권하기 시작한 아베 정부도 이러한 흐름의 연장선상에서 일본의 안보역할을 더욱 확대할 수 있도록 기존의 비군사화 관련 규범들을 과감하게 수정하고 있다. 취임 이후 아베 정부가 변화시킨 비군사화 규범의 대표적인 사례로는 무기수출금지 3원칙의 폐지와 이를 대체한 방위장비이전 3원칙의 결정, 그리고 집단적 자위권의 용인 결정을 들 수 있다.

무기수출금지 3원칙이란 1967년에 선언되고, 1976년에 좀 더 강화된 규범으로서 일본 방산업체가 생산한 무기들을 공산권 국가 및 분쟁 중인 국가, 나

아가 우방 국가들에 대해서도 수출하지 못하도록 한 규범이었다. 이 규범에 의해 일본 방산업체들은 대외 수출의 길이 차단된 채, 국내 방위성 및 자위대에 대해서만 생산된 무기들을 공급해온 것인데, 이로 인해 국제적인 경쟁력도 갖지 못하고, 채산성도 맞지 않는다는 불만이 그간 주요 경제단체인 경단련 등을 통해 지속적으로 제기되어왔다. 이러한 불만을 반영해 2014년 4월 1일, 아베 내각은 무기수출금지 3원칙을 폐지하고, 새롭게 방위장비이전 3원칙을 각의 결정하기에 이르렀다. 새로운 원칙에 따라 유엔 결의로 무기 수출이 금지된 일부 국가, 대인지뢰금지조약 위반국가들에 대해서는 무기수출이 금지되지만, 그 외의 국가들에 대해서는 무기의 수출 및 공동개발과 생산이 가능하게 되었다.[58] 무기수출금지 3원칙 폐지 결정은 일본의 방산업체는 물론이고 세계무기 시장에도 적지 않은 영향을 주고 있다. 2014년 6월, 일본은 파리에서 개최된 국제무기전시회에 처음으로 참가해 일본 내 13개 방산업체의 제품들을 국제 시장에 소개했다. 그리고 2014년 4월 이후 미국, 영국, 호주, 인도 등과 가진 정상회담 및 국방담당 장관회담 등을 통해 잠수함, 미사일 등 양자 간 무기 공동 개발과 기술공여 등이 논의되고 있다.[59]

집단적 자위권이란 유엔헌장 제51조에 규정된 것으로, 회원국이 제3자에 의해 공격받았을 경우에 이를 군사적으로 지원할 수 있는 권리를 말한다. 유엔에 가입한 일본은 당연히 집단적 자위권을 보유하나, 일본은 헌법상의 비군사 조항의 정신에 따라, 그간 '집단적 자위권을 보유하나, 행사하지 않는다'는 입장을 표명해왔다. 그런데 아베 정부는 2012년 12월의 선거 당시에도 집단적 자위권 용인을 추진하겠다는 공약을 제시한 바 있고, 취임 이후 면밀한 준비를

---

58 이에 대해서는 박영준, 「일본 방위산업 성장과 비군사화 규범들의 변화: '무기수출 3원칙'의 형성과 폐지 과정을 중심으로」, 한일군사문화학회, ≪한일군사문화연구≫, 제18집(2014) 참조.

59 미국과는 지대공 미사일 PAC2의 수출이, 호주와는 잠수함 기술 공여가, 인도와는 구난비행정 US2의 수출 등이 각각 논의되었다.

거쳐 2014년 7월 1일, 각의 결정을 통해 다음과 같은 세 가지 조건 아래에서 집단적 자위권을 용인하겠다고 밝혔다. 첫째, 일본과 밀접한 관계에 있는 타국에 대한 무력공격이 발생해, 일본의 존립이 위협받고, 국민의 생명과 행복추구권이 무너질 위험이 있는 경우, 둘째, 일본의 존립과 국민의 생명을 지키기 위해 다른 적당한 수단이 없는 경우, 셋째, 필요 최소한도의 무력행사가 그것이다.

무기수출금지 3원칙 폐지와 집단적 자위권 용인의 결정을 내린 아베 정권은 2015년 4월, 미일 간 가이드라인 개정을 통해 관련 사항을 반영했다. 미일가이드라인은 냉전기인 1978년에 소련의 위협을 전제로 제정되었다가, 탈냉전기인 1997년에 한반도 등 주변 지역 유사사태 발생을 전제로 개정된 바 있었다. 그런데 아베 정부는 다시 중국의 위협 대두를 전제로 미국과 다시 가이드라인 개정을 단행한 것이다. 개정된 가이드라인에는 단지 중국의 위협에 대응하는 양국 간 안보협력의 틀뿐만 아니라 집단적 자위권의 개념을 반영하여, 일본 이외의 지역에서도 미일 간 안보협력의 범위를 확대하는 내용과 사이버 위협이나 기타 글로벌 위협 요인에 대응하기 위한 양국 간 군사협력의 방향성을 담은 내용이 포함되었다.[60]

향후에도 일본 정부는 안보 관련 규범의 변화와 관련해 헌법 개정 시도를 추진할 것으로 보인다. 헌법 개정과 관련해 자민당은 이미 2012년 4월에 공표한 '헌법 개정 초안'에서 천황을 국가원수 지위로 인정하고, 현행 9조 2항을 개정해 '국방군' 조항을 신설하고, 새롭게 9조 3항을 추가해 총리가 국방군 최고사령관을 맡는다는 구상을 밝힌 바 있다. 이와 달리 2017년 아베 총리는 2017년의 발언을 통해 현행 9조 2항의 육·해·공 전력보유 금지규정을 유지하면서도, 9조 3항에 자위대의 존재를 명기하는 개인 의견을 피력한 바도 있다. 이 같

60 ≪朝日新聞≫, 2014.10.9.

은 일련의 비군사화 규범 개정과 헌법 개정 시도 자체가 전후 일본의 안보체제에서 큰 전환을 도모하는 것은 사실이나, 이 같은 변화가 곧장 군국주의로의 회귀를 의미하는 것은 아니라고 본다.

3) 방위제도의 변화

탈냉전기 이후 일본의 방위 관련 제도에도 적지 않은 변화가 있었다. '청(廳, Agency)' 단위에 머물렀던 방위청은 2007년, '성(ministry)' 단위로 격상되면서 방위성으로 승격되었다. 1954년 창설 당시에 방위청의 지위가 부여되었던 것은 헌법상 육·해·공군의 전력 보유가 금지된 상황에서 정식의 부처가 되기 어려웠고, 그에 더해 문민통제의 이념 속에서 방위정책 및 예산편성을 상부 부서인 내각관방의 통제 아래에 두려는 의도가 있었기 때문이다. 그러했던 방위청이 방위성으로 승격되면서, 독자적인 예산편성이나 법률제출 권한을 갖게 되었다.[61]

병렬형 지휘체제의 구조로 되어 있던 통합막료회의와 육·해·공 자위대 간의 지휘체계는 2006년을 기해 한국형 합동지휘체제의 성격을 가진 통합막료감부로 변화되었다. 즉, 이전의 통합막료회의가 형식상 육·해·공 자위대의 막료부와 동등한 위상을 가지면서 실제 부대에 대한 작전권 행사에 제약을 갖고 있었던 데 반해, 변화된 통합막료감부는 육·해·공 자위대의 작전부대(육상자위대 중앙즉응집단 및 각 방면대, 해상자위대 자위함대사령부, 항공자위대 항공총대사령부 등)를 통할 지휘하는 체제로 변화된 것이다. 이로 인해 육·해·공 각 자위대의 운용이 통합막료감부 지휘 아래 좀 더 일원적인 방향으로 가능해졌고, 해외파견과 같은 상황에 임해서도 좀 더 신속하고 기동성 있게 대처할 수 있게

61 박영준, 「방위성 승격과 일본 방위제도 변화」, 『제3의 일본』(한울, 2008) 참조.

되었다. 이에 더해 종전에는 통합막료회의 산하 기구로 있었던 정보본부도 방위성 직할 기구로 변화되면서, 정보수집 및 분석기능이 대폭 강화된 바 있고, 수상 관저 내에 정보수집 및 위기관리를 담당하는 참모부서도 대폭 강화되었다.

2012년 12월 재집권한 아베 정부는 방위제도 개편과 관련해서도 적극적인 행보를 보이고 있다. 가장 특징적인 것은 일본판 국가안전보장회의의 설치에 관련된 사항이다. 미국은 제2차 세계대전을 겪은 직후인 1947년에 '국가안보법'을 제정해, 이를 근거로 국가안전보장회의를 설치한 바 있다. 이 기구는 대통령을 포함한 국무, 국방, 재무, 대통령 안보 보좌관 등 중요 각료들이 수시로 회의를 하고 안보현안을 분석하고 그에 대한 대통령의 결정을 보좌하는 기능을 갖고 있다.[62] 아베 정부도 이 같은 국가안전보장회의를 설치해, 수상, 관방장관, 외상, 방위상, 재무상 등 핵심각료들이 수시로 국가안보 관련 현안들을 협의하는 체제를 만들고, 상설 스태프를 설치해 국가안보 관련 정보수집 및 분석을 담당케 하도록 하는 안보제도 변화를 추진했다. 이를 위해 2013년 2월 14일, 스가 요시히데(菅義偉) 관방장관이 '일본판 국가안전보장회의 설치 검토를 위한 전문가 회의'를 설치했고, 이 회의의 제언에 따라 아베 정부는 연립여당인 공명당 및 야당인 민주당 등과의 합의를 얻어 2013년 11월에 국가안전보장회의 설치법을 성립했다. 그리고 12월 4일에는 총리, 관방장관, 외상, 방위상, 부총리가 참석한 가운데 최초의 국가안보회의를 개최한 바 있다.[63] 또한 2014년부터는 국가안전보장회의를 지원하기 위한 상설기구로서 내각관방에 국가안전보장국을 설치해, 미국과 유사한 국가안보회의 체제를 갖추었다.

또한 아베 정부는 방위장비청을 신설해서 기존에 방위성 내부 부국과 각 자

62 한국도 박정희 대통령 시기 이후 국가안보회의를 설치해 대통령의 안보정책결정을 보좌하게 하는 기능을 수행해오고 있다.

63 ≪朝日新聞≫, 2013.11.6, 2013.12.5. 기사 참조.

위대의 막료감부에 분산되어 있던 방위 장비품 조달 기능을 통합적으로 담당하게 했다.[64] 기존에는 방위 장비의 조달 기능이 각 자위대 등에 분산되어 예산의 비효율적인 집행 등이 문제로 발생했으나, 새롭게 방위장비청이 신설되면서 획득에 투입되는 방위비도 더욱 효율적으로 운영되고, 방위 물자 조달을 둘러싼 비리 발생 요인도 감소될 수 있을 것으로 일본 정부는 기대하고 있다.

아베 정부는 수상 관저의 정보 수집 기능을 강화하기 위해 기존 내각정보조사실을 개편해, 내각정보국으로 확대하고, 그 수장으로서 내각정보감을 임명한다는 계획도 추진하고 있다. 내각정보감 예하에는 국내, 대외, 방위 분야를 각각 담당하는 내각정보관 3인의 직제를 만들어, 경찰청, 외무성, 방위성 등 각 부처에서 수집된 정보를 통합하고 분석해 수상 및 국가안전보장회의 상임 멤버들에게 보고하는 업무가 좀 더 일관성 있게 수행될 것으로 보인다.[65] 이 경우 수상관저, 즉 내각관방에는 관방장관 및 부장관 예하에 이미 설치되어 가동 중인 위기관리실 외에 국가안전보장국, 내각정보국 등의 직제가 확대개편되면서 신설되는 셈이다.

이같이 일본은 방위제도의 측면에서도 21세기 이후 방위성 승격, 통합막료감부 재편, 국가안전보장회의 및 국가안전보장국 신설, 정보기관 강화, 방위장비청의 신설 등 새로운 제도들을 적극 설치하고 있다. 혹자는 이러한 제도 변화가, 특히 국가안전보장회의 등이 1930년대 일본 군국주의 시대에 나타났던 국방 관련 제도 등과 유사하다고 지적하면서, 향후 일본의 군국주의 회귀 가능성에 대한 우려를 표명하기도 한다.[66] 그러나 국가의 중요 안보정책을 총리 1

---

64 ≪朝日新聞≫, 2013.8.31.

65 ≪朝日新聞≫, 2013.8.30. 기사 참조.

66 중국 외교학원(Foreign Affairs University)의 Zhou Yongsheng 교수 등의 견해. "Attempt by Japan to return to militarist past face tough new geopolitics," *Global Times* (2013.12.11). 기사에서 재인용.

인이 아니라 다수의 전문가 및 관계 장관이 합의해서 결정하는 국가안보회의 체제 정립은 운용 여하에 따라서는 해당 국가 안보정책의 안정성과 신뢰성을 높이는 기제로도 작동할 수 있다.[67] 또한 민주주의 국가인 미국은 물론 한국도 동일한 성격의 안보 관련 제도를 운용하고 있다는 점도 직시할 필요가 있다. 따라서 이러한 제도 변화가 1930년대에 나타났던 국방국가 및 총동원 체제와 유사한 성격을 갖고 있다고 보는 관점은 성급한 관찰이라고 생각된다.

5. 탈냉전기 일본 방위예산 및 군사력의 변화

1) 방위예산의 변화

일본은 국방예산을 GDP의 1% 이내를 지출한다는 규범을 암묵적으로 표명해왔다. 이 원칙은 일시적인 예외를 제외하고는 대체로 준수되고 있다. 〈표 2-3〉에 의하면 2011년도 현재 일본 국방비는 GDP의 1% 수준인 580억 달러 수준을 보인다.[68] 이 정도 규모의 국방비는 한국 국방예산의 2배 정도에 해당하며, 세계적으로는 미국, 중국, 러시아, 영국에 이어 5~6위 수준이다.

절대적인 액수로는 일본의 국방비 지출이 적은 것은 아니지만, 세계 3위의 경제대국인 일본의 위상을 고려한다면 일본의 국방비 지출이 과다한 것은 아니라고 보인다. 더욱이 지난 10년간 다른 동아시아 주요 국가들 국방비가 미

67 이 점은 중국 시진핑 정부가 설치를 추진하고 있는 국가안전위원회에 대해서도 적용될 수 있을 것이다.

68 다만 영국 학자 크리스토퍼 휴즈는 NATO 국가들 국방비 기준에 따를 경우 일본도 군인연금이나 해상보안청예산을 국방비에 포함할 필요가 있으며, 이를 포함할 경우 일본 국방비는 GDP의 1.1%~1.5%에 달한다고 지적한다. Christopher W. Hughes, *Japan's Remilitarization* (London: The International Institute for Strategic Studies, 2009), p.39.

〈표 2-3〉 동북아 주요 국가의 국방비 지출 추세 (단위: 10억 달러)

구분	2001	2002	2003	2004	2005	2006	2007	2008	2009	2010	2011
미국	329	362	456	490	505	617	625	696	693	722	739
중국	17	20	22	25	29	35	46	60	70	76	90
일본	40	42	43	45	44	41	43	46	50	52	58
러시아	7.5	8.4	10	15	19	24	33	40	38	41	52
한국	12	14	15	16	20	24	27	24	22	25	28
북한	1.3	1.4	1.6	1.7	2.2	2.3	2.3	2.3	2.3	4.3	-

자료: IISS, *Military Balance* (2001~2011)

국은 2.04배, 중국은 3.47배, 러시아는 5.3배 등으로 증액되어온 데 반해, 일본 국방비는 0.94배로서 지난 10여 년간 상승폭이 상대적으로 완만했다. 또한 2007년을 기점으로 중국의 국방예산 총액이 일본을 추월하기 시작했다는 점도 놓칠 수 없다.

일본의 방위예산은 주로 육·해·공 자위대의 인건비(44%), 전력유지 및 증강비(40%), 그리고 주일미군의 유지비(9.5%) 등으로 지출되고 있다. 이 같은 구성은 한국의 그것과도 대략 유사하다. 다만 해양으로 둘러싸여 있고, 광대한 배타적 경제수역을 가진 일본의 지리적 특성상 육상자위대 대비 해상 및 항공자위대에 대한 예산 비중이 한국보다는 상대적으로 많다.[69]

일본의 방위비는 지난 10여 년간 역내 다른 국가들에 비해 증가율이 높지 않았다. 그런데 아베 정부는 적극적 방위정책 구현의 필요성을 역설하며, 2012년 12월, 중의원 선거 공약을 통해 국방예산의 증액 방침을 표명했으며 그 직후인 2013년 1월에는 2013년도 방위예산을 전년 대비 1000억 엔 증액하는 결정을 내린 바 있다.[70] 또한 2013년 8월, 아베 정부는 2014년도에 운용될

69 防衛省, 『防衛白書 2012』(防衛省, 2012), p.146.

70 이 결정은 11년 만의 방위예산 증액 결정이었다. Michael D. Swaine et al., *China's Military and U.S.-Japan Alliance in 2030: A strategic net assessment* (Carnegie Endowment, 2013),

각 정부 부처의 예산요구액 개요를 밝힌 바 있는데, 재무성이 전년 대비 10% 예산 삭감을 요구했음에도, 방위성예산은 전년 대비 2.9% 증가한 4조 8900억 엔이 되었다.[71] 2015년도 방위요구에서도 방위예산은 전년 대비 3.5% 증가한 5조 545억 엔으로 책정되었다.[72] 이로써 아베 정부 출범 이후 방위비는 연속 증가 추세를 보이게 되었다. 아베 정부하에서 새롭게 제정된 국가안전보장전략이나 방위계획대강에서 중국이나 북한의 군사적 위협이 강조되고 있기 때문에, 일본 정부는 이에 대응한다는 명분으로 방위예산의 증액 방침을 앞으로도 지속할 것으로 전망된다.

2013년 12월 17일, 일본 정부는 국가안보전략 및 방위계획대강과 더불어, 향후 5년간의 군사력 증강계획을 담게 될 중기방위력정비계획도 공표했다. 이 문서에서도 아베 정부는 향후 5년간에 걸쳐 지출될 방위비 규모를 24조 7000억 엔 규모로 책정했다. 이러한 증액된 방위비에 기반을 두어 향후 5년간 육·해·공 자위대는 기동전투차 99량, 수륙양용차 52량, 다목적 오스프리 항공기 17기, 조기경계기 4기, 신형 스텔스 F-35 전투기 28기, 공중급유기 3기, C2 수송기 10기, 무인정찰기 글로벌 호크 3기, 신규 이지스함 2척 등의 전력을 증강해나갈 것으로 전망된다.[73] 구체적으로 이러한 방위예산을 투입해 건설 중인 육·해·공 자위대의 군사력 구성과 규모에 어떠한 변화가 나타나고 있는가는 다음 절에서 살펴보기로 한다.

---

p.142.

71 ≪朝日新聞≫, 2013.8.31.

72 ≪朝日新聞≫, 2014.8.30, 2014.12.11. 기사 참조.

73 ≪朝日新聞≫, 2013.12.13~14. 기사 참조.

2) 육·해·공 자위대 군사력의 변화

일본 육·해·공 자위대의 전력은 일본 스스로가 표명한 비핵 3원칙이나 공격용무기 비보유 원칙에 따라, 핵무기, 전략폭격기, 항공모함, 탄도미사일 등을 보유하지 않아, 전략무기 측면에서는 중국이나 러시아에 비해 절대적인 열세에 있다. 일본 내에서 핵무장론이나 탄도미사일 개발론이 부분적으로 제기된 바는 있으나, 아베 정부도 비핵 3원칙과 공격용 무기 비보유 원칙의 금기는 넘어서지 못하고 있다. 일본은 이러한 전략무기의 절대 열세를 미일동맹에 의해 주둔하고 있는 주일미군 전력을 통해 보완하고 있다.

그러나 육·해·공 자위대의 재래식 전력에 국한해보면 양적으로는 열세이지만, 특히 해상자위대와 항공자위대의 전력은 질적으로는 상당한 수준인 것으로 평가된다. '방위계획대강 2013'에서 제시된 육·해·공 자위대의 전력 증강 목표를 '방위계획대강 2010'과 비교한 것이 〈표 2-4〉[74]이다. 〈표 2-4〉를 바탕으로 육·해·공 자위대의 개별적 전력구조와 특성을 설명하면 다음과 같다.

(1) 육상자위대 평가

기존의 육상자위대는 지역방어의 임무를 띤 5개 방면대 예하에 8개 사단 및 6개 여단으로 구성되어 있었다. 2013년 기준 전력규모는 상비병력 15만 1000명, 전차 400대, 화포 400문을 보유하고 있다.[75] 그 외 정찰 헬기, 다용도 헬기, 전투 헬기 등 440기에 이르는 헬기전력도 보유하고 있다.

그런데 점차 일본을 둘러싼 안보 위협 요인이 복잡 다양화됨에 따라 육상자위대는 특수전, 기동전, 그리고 상륙작전을 수행할 수 있는 부대 편제가 강화

74 〈표 2-4〉는 '방위계획대강 2013'에 첨부된 별표를 그대로 가져온 것이다.

75 2010년 이후 육상자위대는 기존의 90식 전차를 신형 10식 전차로 교체하기 시작했다. 10식 전차는 미국의 M1A1 전차 등과 유사한 기능을 갖고 있다고 평가된다.

〈표 2-4〉 '방위계획대강 2013'에 나타난 자위대 전력 증강 목표

구분			방위계획대강 2010	방위계획대강 2013
육상	편성정수		15만 9000명	15만 9000명
	상비자위관 정원		15만 1000명	15만 1000명
	즉응예비자위관 수		약 8000명	8000명
	기간 부대	기동운용부대	중앙즉응집단 1개 기갑사단	3개 기동사단 4개 기동여단 1개 기갑사단 1개 공정단 1개 수륙기동단 1개 헬리곱터단
		지역배비부대	8개 사단, 6개 여단	5개 사단, 2개 여단
		지대함유도탄부대	5개 지대함 미사일 연대	5개 지대함 미사일연대
		지대공유도탄부대	8개 고사특과군/연대	7개 고사특과군/연대
해상	기간 부대	기간부대	4개 호위대군(8개 호위대)	4개 호위대군(8개 호위대)
		호위함부대	5개 호위대	6개 호위대
		잠수함부대	5개 잠수대	6개 잠수대
		소해부대	1개 소해대군	1개 소해대군
		초계기부대	9개 항공대	9개 항공대
	주요 장비	호위함(이지스호위함)	47척(6척)	54척(8척)
		잠수함	16척	22척
		작전용항공기	약 170기	약 170기
항공	기간 부대	항공경계관제기간부대	8개 경계군, 20개 경계대	28개 경계대
		항공경계관제부대	1개 경계항공대(2개 비행대)	1개 경계항공대(3개 비행대)
		전투기부대	12개 비행대	13개 비행대
		항공정찰부대	1개 비행대	-
		공중급유수송부대	1개 비행대	2개 비행대
		항공수송부대	3개 비행대	3개 비행대
		지대공유도탄부대	6개 고사군	6개 고사군
	주요 장비	작전용항공기	약 340기	약 360기
		전투기	260기	280기

되는 양상을 보여주고 있다. 특히 '방위계획대강 2013'에서 '통합기동방위력'의 개념이 표명되면서 향후에는 5개 사단 및 2개 여단은 지역배비부대로 유지하

나, 3개 기동사단 및 4개 기동여단을 새롭게 재편해, 기동운용부대로 활용하려는 방침이 확정되었다. 이 계획에 따르면 향후 10년에 걸쳐 기존의 제6사단(야마가타 소재), 제8사단(구마모토), 제2사단(아사히가와), 제11여단(홋카이도), 제5여단(홋카이도), 제12여단(군마) 등이 기동사단 및 여단으로 재편될 예정이다. 2007년 새로 조직된 '중앙즉응집단(Central Readiness Force)'은 예하의 공정부대, 특수작전부대, 국제긴급원조부대들을 편성하면서, 해외파견이나 대테러작전 등 특수전을 수행할 수 있는 능력을 갖추고 있다.

'방위계획대강 2013'은 수륙기동단 부대의 신편 구상도 밝혔다. 수륙기동단은 해병대 성격의 부대로서, 종전 서부방면대 보통과 연대를 확대해 정식 해병대로 발전시키려 하는 것이다. 일본은 해병대가 공격작전을 수행할 수 있다는 인식하에 그 보유 자체를 금기시해왔는데, '방위계획대강 2013'에 이르러 그 금기가 깨져버렸다. 이미 육상자위대 서부방면대는 2000년대 들어와 미 해병대와 지속적으로 상륙작전 훈련을 실시하면서, 해병대로서 기능을 수행하고 있다.[76]

기존의 육상자위대는 해상자위대나 항공자위대에 비해 총대사령부의 기능이 없어 우리의 합참의장에 해당하는 통합막료장이 직접 5개 방면대와 중앙즉응집단을 지휘해야 하는 복잡한 지휘구조의 문제를 안고 있었다. 이러한 지휘체계를 단순화하기 위해 2017년까지 육상총대(陸上總隊)를 신설해, 통합막료장이 총대사령관을 통해 육상자위대 예하 부대들을 지휘하게 하는 상부지휘구조 개편을 행할 예정이다.[77]

---

76 2014년 2월, 육상자위대가 캘리포니아에 파견되어 미 해병대와 실시한 상륙작전 훈련에 대해서는 다음 기사 참조. Helene Cooper, "With troop drills, U.S. and Japan send Beijing a message," *International New York Times* (2014.2.24).

77 ≪朝日新聞≫, 2015.3.6.

(2) 해상자위대 전력 평가

해상자위대는 2013년 현재 총 4개의 기동함대(요코스카, 쿠레, 사세보, 마이즈루 기지가 모항), 2개의 잠수함대, 2개의 항공대로 편성되어 있으며, 총병력은 4만 5000명이다. 2013년 방위계획대강 기준으로 이지스함 여덟 척을 포함한 54척의 호위함, 22척의 잠수함, P-3C 초계기를 포함한 170대의 작전용 항공기가 주요 전력 증강 목표로 되어 있다.[78] 해상자위대는 이미 수상함정과 배수량 측면에서 세계 2위, 함대 방공 능력에서 세계 3위로 평가된 바 있고,[79] 소해함정들의 소해 능력, 그리고 100여 기로 구성된 해상초계기의 대잠 탐지 능력도 세계 정상급 전력으로 평가된다.[80]

현재 여섯 척을 보유하고 있는 일본 이지스함은 해상 및 수중 전투 능력을 갖춘 것은 물론 2007년 전후로 구축된 일본형 미사일 방어체계의 중추전력을 구성하고 있다. 즉, SM3 미사일을 탑재해, 일본 본토로 날아오는 미사일을 해상에서 요격할 수 있는 기능을 갖추고 있다.

호위함전력 가운데에는 배수량 1만 3500t급의 헬기탑재호위함(DDH) 2척(휴가, 이세)에 더해, 1만 9500t급 총 2척(2013년 진수 이즈모, 1척은 2015년 봄 진수 예정)도 포함되어 있다. 이들 함정은 일본 기준으로는 항모 분류가 없어 호위함으로 분류되고 있으나,[81] 영국 제인연감에서는 헬기 항모로 분류하고 있고, 미

---

78 2014년 현재 이지스함은 6척, 잠수함은 18척 보유 수준이다.

79 Jennifer M. Lind, "Pacifism or Passing the Buck?: Testing Theories of Japanese Security Policy," *International Security*, Vol.29, No.1(Summer, 2004).

80 해군의 주요 무기체계를 각각 전력지수화해 동북아 각국 해군 전력을 비교한 국방대학교 김종형 대위 석사 논문에서도 해상자위대 전력이 2010년 시점에서 중국 해군에 비교해 1.7~1.8배 정도의 우위를 보이는 것으로 분석되었다. 김종형, 「대안적 분석모형에 의한 탈냉전 이후 동북아 재래식 전력지수 평가:1991-2010 해·공군력을 중심으로」(국방대학교 군사전략전공 석사학위 논문, 2011). 미 해군대학교 제임스 홈스 교수도 센카쿠(댜오위다오) 해상에서 중일 간 해전이 벌어질 경우, 해상자위대가 유리할 것으로 전망했다. James R. Holmes, "The Sino-Japanese Naval War of 2012," *Foreign Policy* (2012.8.20).

국 학자들도 항모급 함정으로 인식하고 있다.

잠수함전력은 '방위계획대강 2010'에서 종전의 16척 태세에서 22척 태세로 증강할 것을 표명한 방침이 계속 유지되고 있다. 이 같은 잠수함전력 증강은 중국 해군의 활동 확대에 대응하기 위한 것이다. 소류급 잠수함을 포함한 일본의 잠수함전력 추진체계는 디젤엔진이 주종인데, 그 정숙성은 세계적으로 정평이 있어, 무기수출금지 3원칙 폐지 이후 호주를 포함한 여러 구미 국가들이 기술도입을 희망하고 있기도 하다.

해상자위대가 기존에 보유한 100여 대의 P-3C 초계기는 양적으로나 질적으로 대잠 작전 능력이 뛰어난 것으로 평가되고 있다. 다만 1980년대부터 도입된 이 기종은 노후화되기 시작해 일본은 자체적으로 P1 초계기를 생산해 이를 대체할 예정이고, 2015년도 방위예산에 그 구입비가 처음 편성되었다.

다만 해상자위대는 급속도로 전력을 증강하고 있는 중국 해군과 비교할 때, 핵 추진 잠수함 및 대형 항모가 부재한다. 핵 추진 잠수함은 미국으로부터의 제약이나, 일본 국내의 반발 여론 때문에 향후에도 보유는 쉽지 않을 전망이다. 다만 항모의 경우에는 휴가나 이세 등 헬기탑재호위함에 일본 정부가 도입하기로 한 수직이착륙 전투기 F-35B를 결합할 경우에는 경항모로서 운용할 수 있는 길도 있다.[82] 과연 일본 정부가 공격용 무기 비보유 원칙을 벗어나, 이 같은 결정을 하게 될는지 주목할 필요가 있다.

아베 정부는 해상자위대의 전력 증강 및 재편에 더해 해상보안청 관련 예산 및 전력 증강도 도모하고 있다. 2014년도 일본 정부예산에는 해상보안청예산

---

81 일본 방위성 훈령에는 항모의 분류 기준이 없이, 호위함, 수송함, 잠수함의 구분만 있어 호위함으로 호칭되고 있다. ≪朝日新聞≫, 2014.1.7.

82 미국 학자들은 일본이 차기 전투기로 수직이착륙이 가능한 F-35B를 결정했는데, 이를 휴가 등에 탑재한다면 경항모로 기능할 것이라고 전망했다. Michael D. Swaine et al., *China's Military and U.S.-Japan Alliance in 2030: A strategic net assessment*, p.128. 이 책의 집필자 가운데 하나인 폴 지아라(Paul Giarra)의 견해인 것으로 보인다.

도 전년 대비 13% 증가한 1963억 엔이 편성되었다. 해상보안청전력은 2012년 현재 순시선 121척, 순시정 236척, 비행기 27기, 헬기 16기, 대원 1만 2000명의 전력이 일본 본토 내에 11개 관구로 나뉘어 구성되어 있다.[83] 해상보안청전력은 미국이나 한국과 마찬가지로 정규군이 아니기 때문에, 방위성이나 통합막료감부의 통제를 받지 않는다. 그러나 구미의 연구자들은 이미 일본의 해상보안청전력이 육·해·공 자위대에 이어 제4군으로서의 역할을 수행하고 있다고 지적한 바 있다.[84] 특히 2010년 중국과의 센카쿠 분쟁이 격화되면서, 일본 내에서는 센카쿠 방위를 위한 해상보안청전력의 증강 필요성이 대두했고, 이를 아베 자민당 정부도 적극 수용하고 있다. 그리하여 2013년 1월, 아베 정부는 센카쿠 해역을 전담하는 해상순시선 12척 태세와 전담 요원 400인의 팀 구성을 2015년도까지 추진한다는 목표를 설정했다.[85] 이 같은 흐름에 더해 2014년도 예산에 해상보안청 관련 예산이 대폭 늘어난 것은 순시선 증강을 뒷받침하기 위한 것으로 보인다. 이 같은 해상보안청전력 강화는 향후 아베 정부 임기 중에도 지속될 전망이다.

(3) 항공자위대 평가

항공자위대는 2010년 방위계획대강 기준으로 전투기 260기를 포함한 작전용 항공기 340기를 보유하게 되어 있고, 2013년 현재 자위관 정원은 4만 7000명으로 알려져 있다. 좀 더 구체적으로 항공자위대가 보유한 공중전력을 보면, 2011년 현재 F-15J 전투기 202기, F-4 팬텀 전투기 67기, F-2 지원전투기 93기

---

83 佐道明廣, 「日本の防衛体制は領土有事に機能するか」, ≪中央公論≫(2012.11), p.125; 『海上保安廳レポート2008』(海上保安廳, 2008)도 참조.

84 Richard J. Samuels, "New Fighting Power!: Japan's growing Maritime Capabilities and East Asian Security," *International Security*, Vol.32, No.3(Winter, 2007).

85 ≪朝日新聞≫, 2013.1.11. 기사 참조.

를 보유하고 있다. 이에 더해 E767 공중조기경보통제기 4기, E2C 조기경계기 13기, C-130 수송기 16기, 2008년 이후 도입된 KC767 공중급유기 2기, 전자전기 등 지원 항공 세력도 상당수에 달한다.

향후 항공자위대는 기존의 노후한 F-4 팬텀을 대체한 F-35 전투기 40기를 2017년까지 도입 완료하고, 독자적으로 개발 중인 스텔스 전투기 F-3를 2014년 이후 실험 비행하고, 무인전투기도 개발해 시험비행 중이기 때문에, 이 같은 전력 수준은 계속 유지될 것으로 보인다.

2000년대 초반 시점에 항공자위대의 현세대 전투기 능력, 조기 경보 능력, 조종사 숙련도 등은 미국, 영국, 프랑스에 이어 세계 4위권으로 평가된 바 있다.[86] 확실히 항공자위대는 조기경보통제기, 공중급유기 및 전자전기 등을 보유해, 한국 공군보다는 다양한 원거리 작전을 수행할 수 있는 능력을 갖추고 있는 것으로 평가된다. 다만 국내법이나 관습의 제약 때문에 중국이나 러시아 공군이 발전시키고 있는 전략폭격기나 무인전투기의 증강에는 한계를 보이고 있다.[87]

(4) 사이버 및 우주전력 평가

정보화 추세의 진전 속에서 사이버 공간상의 안보 위협은 선진국가들 간에 절박한 관심거리가 되고 있다. 이미 미국은 중국 및 테러리스트 조직의 사이버 위협에 대응해 사이버 사령부를 신설하고, 사이버전략서도 공표한 바 있다. 미국 사이버사령부는 공격팀과 방어팀을 각각 나누어 사이버 위협에 대한 방어뿐만 아니라 적대국에 대한 사이버 공격 수단 개발 및 운용도 실시하고 있는

86 Jennifer Lind, "Pacifism or Passing the Buck?: Testing Theories of Japanese Security Policy."

87 다만 항공자위대는 괌에서 정례적으로 실시되고 있는 미 공군과의 연합 훈련에서 2005년도부터 500파운드의 JDAM 투하 훈련을 실시하고 있다.

것으로 알려졌다.[88]

일본 아베 정부도 미국과의 협조하에 사이버 안보를 위한 체제를 강구하고 있다. 2014년 3월, 방위성에 90인 규모의 사이버 방위대가 설치되었다. 그리고 같은 해 2월부터는 미국과 사이버 방위 관련 실무협의를 최초로 개최했고, 양국 간 사이버 관련 정보 공유는 물론 사이버 방위를 담당하는 현역 자위관을 미국 사이버 사령부에 파견해 최신 기술을 학습하게 하는 등의 협력을 추진하기로 합의했다.[89] 향후에 일본도 미국의 경우처럼 사이버 공격 기능까지 갖추게 될는지 주목할 필요가 있다.

일본은 1969년 이래 우주의 평화적 이용원칙을 공표하면서, 우주 공간에 대한 군사위성 등의 발사와 운용을 규제해왔다. 그런데 2008년 제정한 우주기본법에서 우주를 안전보장의 목적으로도 이용할 수 있다고 선언하면서 일본의 우주안보정책도 크게 변화하고 있다. 우주안보 관련 제도와 능력이 점차 갖춰지기 시작한 것이다. 이미 2003년부터 운용하고 있는 정보수집위성을 2015년 1월 현재까지 광학위성 2개, 레이더 위성 2개 등 총 4개를 운용하고 있으며, 2015년 2월에는 예비위성 1기의 발사에도 성공했다. 이에 더해 아베 정부는 2014년 12월, 새로운 우주기본계획을 발표하면서, 현재 1기인 준천정(準天井) 위성을 향후 추가 발사해 총 7기 체제를 갖추고 이를 통해 독자적인 일본판 GPS 체제를 구축할 계획이다.

일본은 우주전력 구축과정에서도 미국과 긴밀하게 협력하고 있다. 2014년 5월에 열린 양국 간 협의에서는 일본 정보수집위성에서 획득한 관측 데이터를 미국 전략군 통합우주운용센터에 제공하기로 합의된 바 있고,[90] 2015년에 공

88 David E. Sanger, "U.S. blames military in China for cyberattacks," *International Herald Tribune* (2013.5.8). Department of Defense, *Quadrennial Defense Review 2014* (Department of Defense, 2014.3.4) 등을 참조.

89 ≪朝日新聞≫, 2014.2.5.

동 책정될 미일 간 가이드라인에도 우주협력 분야가 포함될 것으로 알려지고 있다.

이 같은 우주전력 강화는 정보수집 능력 확대의 목표를 가지고 있고, 정보수집 능력은 일본이 구축하고 있는 미사일 방어체제의 효율성과 직결된다. 일본은 1998년 이후 미국과의 협력하에 육상에는 패트리엇 지대공 미사일 부대를 배치했고, 해상에는 이지스급 호위함에 SM-3 요격 미사일을 탑재하는 등 미사일 방어체제를 꾸준히 구축해왔다. 이러한 미사일 방어체제가 효율적으로 작동하기 위해서는 정보체제 강화가 필수적이다. 일본은 미국과의 우주군사협력을 통해 이 같은 정보 능력과 미사일 방어 능력을 동시에 강화하려는 것으로 볼 수 있다.

6. 결론: 일본 군사전략 및 군사력 변화 평가

지금까지 살펴본 일본의 군사전략, 군사력 관련 규범, 방위 관련 제도, 방위비 및 군사력 변화 등을 종합할 때, 일본이 자위대 창설 직후 평화헌법하에서 비군사화 규범에 머물렀던 양상은 탈피하고 있는 것으로 보인다. 중국과 북한의 군사적 위협을 강조하면서 "국제협조주의에 기반을 둔 적극적 평화주의"를 표방한 국가안전보장전략이 새롭게 책정되었고, "통합기동방위력"의 구축을 목표로 하는 새로운 방위계획대강이 개정되었다. 그동안 행사가 보류되었던 집단적 자위권도 용인되었고, 무기수출금지 3원칙도 폐지되어, 동맹 및 우방국가들과의 공동무기연구 및 생산이 가능해졌다. 국가안전보장회의 및 이를 뒷받침하게 될 국가안전보장국이 신설되었고 자위대의 무기획득을 전담하게

90 ≪朝日新聞≫, 2014.10.22.

될 방위장비청도 신설되었다. 그동안 국가재정사정이나 비군사화 규범에 의해 증가가 제약된 방위비도 완만하나마 증가 기조로 전환되었다.

이 같은 전략적·제도적·재정적 변화 속에서 육·해·공 자위대는 다음과 같은 전력 증강의 특성을 보여주고 있다. 첫째, 첨단 정보수집수단의 확충이다. 2013년 방위비에 함재형 무인항공기 개발 관련 예산이 편성되었고, 중기방위력정비계획에는 무인정찰기 글로벌 호크 도입 예산이 반영되었다. 그리고 '방위계획대강 2013'에는 정보 수집을 위한 인공위성 자산의 적극적 활용도 제기된 바 있다. 이 같은 전력 증강 방침과 예산편성 방향은 공통적으로 정보수집 자산의 강화를 목적으로 하고 있다.

미국이 주도한 아프가니스탄 전쟁을 계기로 정보위성 및 고고도 무인정찰기, 그리고 무인비행기 등은 현대 전쟁의 불가결한 정보수집 및 공격전력으로 주목받고 있다. 일본으로서는 중국의 해공군 활동이 센카쿠 및 서태평양 해역에서 활발해지면서 안보적 부담을 가중시키고 있기 때문에, 이러한 전력 도입을 통해 중국의 군사적 동향에 대한 정확한 정보를 파악하고, 대응 수단을 마련하려고 하는 것이다.

둘째, 일본 영토와 영해에 가해질 수 있는 군사적 위협에 기동성 있게 신속히 대응할 수 있는 즉응전력이 강화되고 있다는 점이다. 기존에는 지역배치의 특성을 보였던 육상자위대 주요 부대들이 대거 3개 기동사단 및 4개 기동여단으로 재편되면서 국토 종심이 길고, 도서 지역이 많은 일본 어디에서나 유사상황 발생 시 즉각 투입될 수 있는 전력으로 운용될 수 있도록 하게 된 점이다. 신규 증강될 99대의 기동전투차량은 이러한 기동사단 및 여단에 집중 투입될 것으로 보인다. 2007년 신설된 육상자위대의 중앙즉응집단도 이러한 즉응전력으로 기능할 것이다. 방위계획대강은 육상자위대의 각 방면대를 통할하는 통일사령부 신설 방침을 표명하고 있기 때문에, 이 같은 기동사단 및 중앙즉응집단은 신설될 육상자위대 통일사령부의 지휘 체계하에 들어갈 것으로 보인다. 해상자위대도 기존에 존재했던 5개의 지역배치함대가 2010년 이후 4개의 기동함대 체제 아래 재편되었다.

셋째, 원거리 도서 지역이나 해외파견을 위한 전력도 강화되고 있다. 이전에는 전수방위의 개념하에서 해병대는 금기시되었지만, 수륙기동단의 명칭으로 해병대가 공식적으로 새로 조직되고 있다. 2002년 낙도방위를 위해 사세보에 1000명 규모의 서남방면 보통과 연대가 창설되었지만, 이 부대는 센카쿠를 둘러싼 중국과의 갈등이 심화되면서 점차 해병대로 탈바꿈하고 있다. 이미 2013년 예산에 수륙양용차량 4대의 획득 예산이 반영된 바 있고, 이에 더해 중기방위력계획에 총 52량의 수륙양용차 획득 방침이 포함되었다. 그리고 방위계획대강에서 공식적으로 수륙기동단 창설 방침이 표명되었기 때문에, 이 부대는 향후 3000~4000명 규모의 해병대로 증강될 것으로 보인다.

육상자위대 중앙즉응집단의 국제평화협력유지대, 해상자위대가 보유하는 1만 4000t을 상회하는 헬기탑재 경항모 4척, 항공자위대의 수송전력 및 공중급유기 등은 자위대의 원거리 투사 능력, 해외 파견 능력을 잘 보여준다. 이러한 전력을 바탕으로 일본은 종전의 소말리아, 남수단 등지에서 실시해왔던 유엔 평화유지 활동에 향후에도 적극 임할 것으로 예상된다.

다만 원거리 투사 능력과 관련해 일본이 그동안 공격용 무기 비보유 원칙과 관련해 보유를 금기시해온 항공모함, 전략폭격기, 탄도미사일 등의 무기체계, 그리고 핵 능력까지 보유 자산을 확대할 것인가는 향후 주시할 쟁점이다.

넷째, 이 같은 전력 증강은 불가피하게 재정의 확충을 수반하는데, 일본은 호전되지 못하는 경제 상황 및 방위비 GNP 1% 이내 지출 규범 등의 이유로 급격한 방위비 확장을 기대할 수 없다. 이 같은 구조적 제약을 극복하기 위해 일본은 불필요한 재래식 전력의 삭감을 과감하게 단행하고, 더욱 전략적으로 중요한 분야에 재원을 재배분하는 모습을 보이고 있다. 예컨대 일본이 1998년 이후 미사일 방어체계를 갖추고, 해상자위대 호위함과 잠수함, 항공자위대 전투기전력은 현상 유지하거나 소폭 증강하는 동안, 냉전기를 대비해 증강해왔던 육상자위대의 전차 및 화포전력은 1995년의 900대 및 900문 수준에서 2013년 시점에서는 각각 300대와 300문 수준으로 축소되었다. 시급성이 떨어지는 분야를 과감하게 줄이고, 전략적 필요성이 절실한 분야에 예산을 배분하는 집중과 선택의 원칙이 일본 자위대 전력 증강의 과정에서 잘 나타나고 있는 것이다.

이상과 같이 탈냉전기 이후 아베 정권에 이르기까지 일본의 방위정책 관련 규범 및 전략, 방위비, 실제 육·해·공 자위대의 군사력을 종합적으로 볼 때, 일본의 군대는 종전의 "반군사주의"적 경향은 약화되고, 언제라도 필요하다면 군사력을 잠재적 위협에 대해 쓸 수 있고 해외 파견도 가능하도록 하는 보통국가적 군대로서의 성향으로 변화되고 있다고 할 수 있다. 이러한 전력 증강이 새로운 국가안전보장전략 및 방위계획대강에서 표명된 '통합기동방위력'의 실체를 이룬다고 할 것이다.

다만 이 같은 일본의 전력 증강에는 우리의 국가 이익상 긍정적인 측면과 부담스러운 측면이 공존한다. 일본은 적극적인 방위정책을 추진하면서 새로운 '국가안전보장전략'과 '방위계획대강 2013'에서 나타났듯이, 북한과 중국의 잠재적 위협 요인을 강조하고 있다. 일본 정부가 북한의 안보 위협 요인을 강조하는 것은 우리의 국가목표 및 안보전략에 비추어 받아들일 수 있다. 한일 간 안보협력의 공감대가 될 수도 있다. 그러나 중국에 대한 위협 인식을 지나치게 강조하고, 미일 간 가이드라인 개정에서 중국을 가상적으로 상정한 내용의 개정을 추진하는 것은 한국과의 갈등을 빚어낼 개연성이 높다.

한국으로서는 중국이, 비록 이념적으로나 역사적으로 갈등 요인이 없지는 않으나, 경제적으로 큰 기회가 될 뿐 아니라, 북한 핵 문제를 해결하는 데에도 중요한 '전략적 협력 동반자'이다. 한국으로서는 중국과 경제적·사회문화적 나아가 안보적 협력을 심화해나가야 한다. 이것이 한국의 국가이익을 보장하고, 확대시킬 수 있는 외교적 어젠다이다. 그런 한국 입장에서 중국을 위협시하면서, 자위대의 전력 증강과 미일동맹의 가이드라인 개정 등을 통해 중국에 대한 봉쇄망을 구축하려는 일본의 대외안보전략은 한국의 국가전략 방향과 상충된다. 요컨대 일본의 방위정책은 역사 및 영토문제에 대해 과도한 내셔널리즘적인 입장에 집착하고 있고, 부상하는 중국에 대해 관여(engagement)보다는 봉쇄적·대결주의적 태세를 강화하고 있기 때문에 한국의 국가전략과 상충하는 결과를 빚어내고 있다.

일본의 방위정책이 주변국들로부터의 이해를 얻기 위해선, 역사 및 영토문제에 대한 내셔널리즘의 과잉분출을 자제하고, 역내 국가들과의 다양한 신뢰구축 조치 및 다자간 안보협력 병행을 통해, 안보 딜레마 발생의 가능성을 해소하려는 정책 전환이 필요할 것이다.

참고문헌

김종형. 2011. 「대안적 분석모형에 의한 탈냉전 이후 동북아 재래식 전력지수 평가: 1991-2010 해공군력을 중심으로」. 국방대학교 군사전략전공 석사학위 논문.

미어샤이머, 존(John Mearsheimer). 2004. 『강대국 국제정치의 비극』. 이춘근 옮김. 서울: 자유기업원.

______. 1998. 『리델하트 思想이 現代史에 미친 影響』. 주은식 옮김. 한국전략문제연구소.

박영준. 1993.6. 「Alfred T. Mahan의 해양전략론에 대한 연구」. ≪육사논문집≫, 제44집.

______. 2008. 『제3의 일본』. 한울.

______. 2011. 「방위계획대강 2010과 일본 민주당 정부의 안보정책 전망」. ≪일본공간≫, 제9호. 국민대 일본학연구소.

______. 2012. 「군사력 관련 규범의 변화와 일본 안보정책 전망」. ≪한일군사문화연구≫, 제14호. 한일군사문화학회.

______. 2014. 「일본의 방위전략」. 박철희 외. 『동아시아 세력전이와 일본 대외전략의 변화』. 서울: 오름.

______. 2014. 「일본 방위산업 성장과 비군사화 규범들의 변화: '무기수출 3원칙'의 형성과 폐지 과정을 중심으로」. ≪한일군사문화연구≫, 제18집. 한일군사문화학회.

______. 2015. 「일본 군사력 평가: '동적방위력'에서 '통합기동방위력'에로의 행보」. ≪신아세아≫, 제22권 2호(여름). 신아시아연구소.

이대우. 2005. 「2020년 안보환경 전망: 세력전이이론에서 본 패권경쟁」. 이상현. 『한국의 국가전략 2020: 외교안보』. 세종연구소.

이재훈. 1997. 『소련군사정책, 1917-1991』. 국방군사연구소.

클라우제비츠, 카를 폰(Carl von Clausewitz). 1999. 『전쟁론』. 류제승 옮김. 서울: 책세상.

하트, 바실 리델(Basil H. Liddell Hart). 1999. 『전략론』. 주은식 옮김. 서울: 책세상.

國家安全保障會議及び閣議決定. 2013.12.17. 「平成26年度以後に係る防衛計画の大綱について」.

______. 2013.12.17. 「国家安全保障戦略について」.

防衛省. 2012. 『防衛白書 2012』. 防衛省.

山本吉宣. 2002.9. 「安全保障概念と傳統的安全保障の再検討」. ≪國際安全保障≫, 제30권 제1~2합병호. 國際安全保障學會.

杉之尾宜生. 1999. 「戰略戰術概念の體系化の軌跡と趨勢」, 防衛大學校 防衛學硏究會 編. 『軍事學入門』. かや書房.

神谷萬丈. 2003.「安全保障の概念」. 防衛大學校安全保障學研究會,『安全保障學入門』. 亞紀書房.
田中明彦. 1997.『安全保障: 戰後50年の模索』. 讀賣新聞社.
佐道明廣. 2012.11.「日本の防衛体制は領土有事に機能するか」. ≪中央公論≫.
川勝千可子. 2005.「戰略, 軍事力, 安全保障」. 山本吉宣·河野勝 編.『アクセス安全保障論』. 日本經濟評論社.
樋渡由美. 2012.『專守防衛克服の戰略』. ミネルらあ書房.
坂元一哉. 2000.『日米同盟の絆: 安保條約と相互性の模索』. 有斐閣.
海上保安廳. 2008.『海上保安廳レポート2008』. 海上保安廳.

Berger, Thomas U. 1993. "From Sword to Chrysanthemum: Japan's culture of anti-militarism." *International Security*, Vol.17, No.4(Spring).
Department of Defense. 2014.3.4. *Quadrennial Defense Review 2014.*
Dower, John W. 1969. "Occupied Japan and the American Lake, 1945-1950." in Edward Friedman and Mark Selden(ed.). *America's Asia: Dissenting Essays on Asian-American Relations.* New York: Random House.
Gaddis, John Lewis. 2005. *Strategies of Containment.* New York: Oxford University Press.
Gilpin, Robert. 1981. *War and Change in World Politics.* Cambridge: Cambridge University Press.
Harkabi, Y. 1966. *Nuclear War and Nuclear Peace.* Transaction Publishers.
Holmes, James R. 2012.8.20. "The Sino-Japanese Naval War of 2012." *Foreign Policy.*
Hughes, Christopher W. 2004. *Japan's Re-emergence as a 'Normal' Military Power.* Oxford: Oxford University Press.
______. 2009. *Japan's Remilitarization.* London: The International Institute for Strategic Studies.
IISS. 2001~2011. Military Balance.
Johnson, Chalmers. 1992. "Japan in Search of a Normal Role." *Daedalus*, Vol.121, No.3(Fall).
Katzenstein, Peter J. 1996. *Cultural Norms & National Security: Police and Military in Postwar Japan.* Ithaca: Cornell University Press.
Kennedy, Paul M. 1976. *The Rise and Fall of British Naval Mastery.* London: The Trinity Press.
Lind, Jennifer. 2004. "Pacifism or Passing the Buck?: Testing Theories of Japanese Security Policy." *International Security*, Vol.29, No.1(Summer).
______. 2013.7.25. "Restraining nationalism in Japan." *International Herald Tribune.*
Millet, Allan R. and Peter Maslowski. 1994. *For the Common Defense: A Military History of the United States of America.* New York: The Free Press.

Modelski, George. *Long Cycles in World Politics* (Macmillan Press, 1987).

Morgenthau, Hans J. 2006. *Politics among Nations: The Struggle for power and Peace.* New York: McGraw Hill.

Nye, Jr., Joseph S. 1990. "The Changing Nature of World Power." *Political Science Quarterly*, Vol.105, No.2.

______. 2002. *The Paradox of American Power.* New York: Oxford University Press.

______. 2013.3 "Our Pacific Predicament." *The American Interest*, Vol.8, No.4(3/4).

Parker, Geoffrey. 1988. *The Military Revolution: Military Innovation and the Rise of the West, 1500-1800.* Cambridge: Cambridge University Press.

Posen, Barry R. 1984. *The Sources of Military Doctrine: France, Britain, and Germany between the World Wars.* Ithaca, New York: Cornell University Press.

Samuels, Richard J. 2007. "New Fighting Power!: Japan's growing Maritime Capabilities and East Asian Security." *International Security*, Vol.32, No.3(Winter).

______. 2007. *Securing Japan: Tokyo's Grand Strategy and the Future of East Asia.* Ithaca, N.Y.:Cornell University Press.

Swaine, Michael D. et.al. 2013. *China's Military and U.S.-Japan Alliance in 2030: A strategic net assessment.* Carnegie Endowment.

Takahashi, Sugio. 2012.7.5. "Changing Security Landscape of Northeast Asia in Transition: A View from Japan." 한국전략문제연구소 국제심포지움 발표논문.

기사

≪朝日新聞≫.

北岡伸一. 2013.9.22. "安全保障議論, 戦前と現代, 同一視は不毛". ≪読売新聞≫.

Cooper, Helene. 2014.2.24. "With troop drills, U.S. and Japan send Beijing a message." *International New York Times.*

Global Times. 2013.8.7. "Japan launches new hybrid carrier-warship."

International New York Times. 2013.12.16. "Editorial: Japan's dangerous anachronism."

Sanger, David E. 2013.5.8. "U.S. blames military in China for cyberattacks." *International Herald Tribune.*

The Economist. 2013.1.5. "Japan's new cabinet: Back to the future."

Zhou, Yongsheng(周永生). 2013.12.11. "Attempt by Japan to return to militarist past face tough new geopolitics." *Global Times.*

제 3 장

중국의 군사전략

박창희

1. 서론

1) 문제의 제기

중국이 대국으로 부상하고 있다. 1978년 덩샤오핑(鄧小平)의 개혁개방 추진 이후 중국은 약 30년에 걸친 고도의 경제성장을 바탕으로 국제사회에서 "책임 있는 이해 당사국(responsible stakeholder)"으로서의 입지를 구축하고 있다. 중국은 상하이협력기구(SCO)를 통한 협력강화, 인도와의 전략적 동반자관계 구축, ASEAN 국가들과의 협력 증진, 북한 핵 문제 해결을 위한 6자회담 중재, 그리고 아프리카 국가들에 대한 자원외교를 강화해오고 있다. 21세기 중국은 동북아·동남아·서남아 그리고 중앙아시아를 비롯한 주변 지역은 물론, 아프리카와 남미 등 유라시아 밖의 제3세계 국가들과도 협력을 강화함으로써 영향력을 전 세계로 확대해나가고 있는 것이다.

중국의 정치적·경제적·외교적 부상은 불가피하게 그들의 군사력을 강화하는 결과를 가져오지 않을 수 없다. 국력의 팽창은 대내적으로나 대외적으로 책임과 공약의 확대를 야기하며, 그러한 책임과 공약을 이행하기 위해서는 이를 뒷받침할 수 있는 더욱 강력한 힘이 요구되기 때문이다.[1] 이러한 측면에서 중국은 다변화되고 있는 위협에 대처하고 핵심적 국가이익을 확보하기 위해 더욱 강한 군사력이 필요하다는 점을 명확히 인식하고 있다. 2006년, 2010년, 그리고 2014년 『중국 국방백서(中國的國防)』에서 "강한 국방력을 건설하는 것이 중국의 현대화에 따른 전략적 임무"라고 규정한 것은 곧 이러한 인식을 반영한 것이라 하겠다.[2]

이에 따라 중국은 국가이익을 수호하기 위해 "군사적 역량(軍事力量), 군사사상(軍事思想), 그리고 군의 정규화(正規化)"라는 세 측면에서 인민해방군의 현대화를 추진해오고 있다.[3] 그러나 중국의 군 현대화는 그들의 의도와 능력 면에서 군사적 투명성의 문제를 야기하고 있으며, 부득불 주변국들의 우려를 자극하지 않을 수 없다. 중국의 군사력 강화는 대만해협에서의 군사력 균형은 물론 동중국해에서, 일본과 남중국해에서 ASEAN 국가들과의 군사력 균형에 변화를 초래할 것이며 향후 각종 지역현안과 관련해 분쟁가능성을 증가시키고 불안정을 야기할 수 있기 때문이다.

이 연구는 지금까지 많은 부분 베일에 가려져 온 중국의 군사전략을 분석한다. 국력이 강화되고 국가이익이 확대되고 있는 상황에서 중국은 21세기 전략

1 Robert Jervis, "Cooperation Under the Security Dilemma," *World Politics*, Vol.30, No.2 (1978.1), p.169.

2 中華人民共和國國務院新聞辦公室, 『2006年 中國的國防』(2006.12), 中華人民共和國國務院新聞辦公室, 『2010年 中國的國防』(2011.3), 中華人民共和國國務院新聞辦公室, 『中國的軍事戰略』(2015.5).

3 군사역량은 무기체계, 군사사상은 교리, 정규화는 제도개혁을 의미한다. David M. Finkelstein, "Thinking About the PLA's Revolution in Doctrinal Affairs," James Mulvenon and David M. Finkelstein(ed.), *China's Revolution in Doctrinal Affairs: Emerging Trends in the Operational Art of the Chinese People's Liberation Army* (Alexandria: CNA Corporation, 2005), p.4.

환경을 어떻게 평가하고 있는가? 중국의 국방정책은 무엇이고, 중국의 군사전략 목표와 구체적 내용은 무엇인가? 중국이 당면하고 있는 군사전략상의 문제는 무엇이고 향후 전망은 어떠한가?

중국의 군사에 대한 막연한 평가와 근거가 불확실한 우려는 바람직하지 않다. 중국군 현대화가 본격적으로 추진되고 있는 상황에서 이제는 중국의 군사전략과 군사력 현대화를 냉정하게 평가하고 이에 대한 대비 방향을 모색해야 할 시기라고 본다. 이 연구는 중국 군사에 관한 용어를 정의하는 데 나타나는 혼란을 피하기 위해 먼저 주요 개념들을 정의한 후, 중국의 국방정책과 군사전략에 대해 분석하고자 한다.

2) 개념 정의: 중국의 군사전략

중국군사 연구에서 흔히 사용되고 있음에도 학자들 간에 "중국의 군사전략"이라는 용어에 대한 개념은 일치하지 않고 있다. 예를 들어 데이비드 섐보(David Shambaugh)는 "적극적 방어"라는 개념을 중국의 군사전략으로 간주하는 반면, 테일러 프래블(Taylor Fravel)은 "첨단기술 조건하 국부전쟁"을 현재 중국의 군사전략으로 본다.[4] 데이비드 핀켈스타인(David Finkelstein)은 중국이 미국의 "국가군사 전략(National Military Strategy)" 차원의 공식문서를 제시하지 않고 있음을 지적하고, 따라서 중국 지도부에서 제시해온 "군사전략 방침"을 일종의 "국가군사 전략"과 유사한 것으로 간주한다.[5] 미 국방부에서 매년 발간하

4 David Shambaugh, *Modernizing China's Military: Progress, Problems, and Prospects* (Berkeley: University of California Press, 2002), pp.58~59; Taylor Fravel, "The Evolution of China's Military Strategy: Comparing the 1987 and 1999 Editions of *Zhanlüexue*," James Mulvenon and David M. Finkelstein(ed.), *China's Revolution in Doctrinal Affairs: Emerging Trends in the Operational Art of the Chinese People's Liberation Army*, p.86.

5 David M. Finkelstein, "China's National Military Strategy: An Overview of the Military

고 있는 「중국군사력 보고서(Military Power of the PRC)」 역시 중국의 군사전략이 무엇인지에 대한 개념적 혼란을 빚고 있다. 그것은 2005년 이전에 작성된 보고서에서 중국의 군사전략을 적극적 방어전략으로 간주하고 있으나, 2006년 이후의 보고서에서는 핀켈스타인과 같은 입장에서 "군사전략 방침"을 군사전략과 동일시하는 데서 나타난다.[6] 이와 같이 중국의 군사전략을 둘러싼 용어상의 혼란은 한국에서 이루어지고 있는 중국 군사 연구에서도 마찬가지이며, 대부분의 학자들이 "교리(doctrine)"와 "군사전략" 개념을 명확히 구분하지 않은 채 혼용하고 있는 것이 현실이다.

그러나 중국이 중앙군사위원회를 통해 군에 하달하는 "군사전략 방침"을 중국의 "군사전략"으로 보는 핀켈스타인과 미 국방부의 입장에는 무리가 있다고 본다. 왜냐하면 대체로 군사전략 방침에는 "전략판단, 적극방어내용의 조정, 군의 전략적 임무와 목표, 군사투쟁 준비, 주요 전략방향, 군대건설 중점" 등이 포함되는데, 이는 군사전략이라기보다는 좀 더 상위의 개념인 안보전략 및 국방정책에 가까운 것으로서 군사전략의 방향을 제시해주는 "방침(方針)"이지 "군사전략" 그 자체는 아니기 때문이다.[7] 또한 필자는 "첨단기술 조건하 국부전쟁"을 군사전략으로 보는 견해에도 반대한다. 중국의 군사를 지배했던 "인민전쟁," "국부전쟁," 그리고 "첨단기술 조건하 국부전쟁" 등의 개념은 단순히

Strategic Guidelines," Roy Kamphausen and Andrew Scobell(ed.), *Right Sizing the People's Liberation Army: Exploring the Contours of China's Military* (Carlisle: Strategic Studies Institute, 2007), pp.79~82.

6 Office of the Secretary of Defense, *Military Power of the People's Republic of China 2007: Annual Report to the Congress* (2007), pp.11~13. 또한 그 이전의 보고서 참조.

7 미국의 군사전략서인 *The National Military Strategy of the United States of America*에서도 "전략 방침(strategic guidance)"을 국가안보전략(National Security Strategy)과 국방전략(National Defense Strategy)에서 도출하고 있으며, 이를 "국가군사 전략"과 구별하고 있다. Joint Chiefs of Staff, *The National Military Strategy of the United States of America* (2004), p.vii.

전쟁형태의 변화를 지칭하는 것이 아니라 국제정치, 전쟁 양상, 대응지침을 포함하는 것으로서 군사사상 또는 군사학설(軍事學說) — 서구의 개념으로는 기본 교리(basic doctrine) — 에 해당하며, 따라서 군사전략은 물론, 국방정책보다도 훨씬 상위의 개념으로 볼 수 있기 때문이다.[8]

따라서 이 연구에서는 섬보의 구분에 따라 "국부전," "첨단기술 조건하 국부전," 그리고 "정보화 조건하 국부전쟁" 등의 개념을 중국의 군사 사상이나 군사학설, 즉 서구에서 사용하는 기본 교리와 동일한 것으로 보고, "적극적 방어" 개념을 군사전략으로, 그리고 "소모전," "운동전," "진지전" 등의 개념을 작전교리로 간주해 논의를 전개하도록 한다.[9] 여기에서 "군사전략 방침"은 중국군이 지향해야 할 군사전략 방향을 최고 수준에서 제시하는 것으로 용병과 양병에 관한 총원칙 또는 총노선이라 할 수 있다. 이때 "적극적 방어"는 중국의 군사전략을 표현하는 하나의 틀이며 그 구체적 내용은 군사전략 방침에 의해 채워지는 것이라 하겠다.[10]

2. 중국 군사의 영향 요인

1) 정치적·사상적 요인

정치적·사상적으로 마르크스·레닌주의, 마오쩌둥(毛澤東) 사상, 그리고 덩샤오핑 사상은 중국의 군사에 직간접적으로 영향을 미치는 가장 근본적인 요인이다. 이들 사상은 총노선, 즉 국가노선을 결정하고, 이는 다시 중국의 군사

8 David Shambaugh, *Modernizing China's Military*, p.58.

9 같은 책, pp.58~59.

10 같은 책, p.89.

노선을 결정한다. 예를 들어, 중국의 국가노선은 1950년대 소련 일변도의 친소반미노선, 1960년대 중소갈등이 심화되어가는 과정에서 나타난 독립자주노선, 그리고 1970년대 소련의 군사적 위협에 대응하기 위해 미국과 관계 개선을 모색한 연미반소노선으로 발전해왔다. 이 시기까지 중국은 미국과 소련을 주요한 적으로 간주했고, 따라서 군사노선은 이들과의 대규모 전면전을 가정한 인민전쟁을 추구하는 것이었다.[11]

1980년대 덩샤오핑이 등장한 이후 중국의 국가노선은 평화발전을 추구했다. 장쩌민(江澤民)과 후진타오(胡錦濤)가 등장해 화평굴기, 조화세계 등을 표방했으나 그러한 노선은 평화발전의 연장선상에 있다. 이러한 국가노선은 우선 미국과 소련 등 강대국으로부터의 군사적 위협이 약화되고 대규모의 전쟁, 특히 핵을 사용한 전쟁 가능성이 거의 사라졌다는 인식에서 기인하는 것이었다. 따라서 이 시기부터 지금까지의 군사노선은 국부전쟁에 대비하는 것으로 바뀌었다. 1980년대 중반 국부전쟁론이 대두한 이후로 1993년 첨단기술 조건하 국부전쟁, 그리고 2004년 정보화 조건하 국부전쟁이라는 교리가 등장했으나 모두 국부전쟁이라는 전쟁형태를 근간으로 하고 있다.[12]

2012년 11월 제18차 당대회를 계기로 권력을 장악한 시진핑(習近平)은 '중국몽(中國夢)'을 내세우며 중화민족의 위대한 부흥을 국가목표로 설정한 바 있다. '중국몽'이란 대내적으로 경제적 번영, 민족부흥, 그리고 인민의 복지를 의미하며,[13] 대외적으로는 중국의 주도로 지역안정을 도모하고 주변국의 경제발전과 공동발전을 촉진하는 가운데 중국이 평화롭게 강대국으로 부상하는 것을 의미한다.[14] 한마디로 '중국의 꿈'은 야심차게 제시한 시진핑 버전의 "대국굴기(大國

---

11 彭光謙, 『中國軍事戰略問題硏究』(北京: 解放軍出版社, 2006), pp.86~110.

12 中華人民共和國國務院新聞辦公室, 『2006年 中國的國防』.

13 Peter Ford, "Decoding Xi Jinping's 'China Dream'," *The Christian Science Monitor* (2013.7.26).

崛起)"라 할 수 있다. 이러한 '중국몽'은 곧 '강군몽'이라는 용어를 낳았다. 중국의 강대국 부상은 경제적 부상과 함께 군사적 부상, 즉 강한 군대 건설을 요구하는 것이기 때문이다.

2) 역사적 요인

역사적으로 중국인민해방군이 경험한 혁명과 전쟁은 중국의 군사에 영향을 주는 또 다른 중요한 요인이다. 1927년 8월 1일 남창봉기를 시작으로 출범한 홍군은 이후 대장정을 거쳐 항일전쟁과 국공내전의 무장력을 제공했으며, 공산화된 중국을 탄생시키는 주역이 되었다. 이 시기 마오쩌둥이 정립한 전략과 전술은 오늘날까지도 중국군의 군사 사상과 군사적 사고를 지배하고 있다.

중화인민공화국이 탄생한 이후 중국은 한국전쟁, 중인전쟁, 중월전쟁 등에서 무력을 사용했다. 이러한 전쟁은 중국의 군사 교리와 전략발전에 커다란 영향을 주었다.[15] 1956년 펑더화이(彭德懷)는 한국전쟁개입 사례와 같이 중국이 주변국에 개입할 가능성이 있음을 지적하면서 인민전쟁 전략에 입각해 적을 끌어들이는 것이 능사가 아니라 상황에 따라 전방방어를 추구해야 할 필요가 있다고 주장했다. 실제로 중국은 1965년 베트남전쟁 발발 시 약 30만 명의 비전투 병력을 북베트남에 지원했으며 다수의 추가병력을 국경 지역에 배치했는데, 이는 인민전쟁이 아닌 전방방어전략을 추구한 사례로 볼 수 있다. 다만 1960년대 후반부터 소련의 군사적 위협이 많이 증가함에 따라 중국은 다시 인

14 Yang Jiechi, "Innovations in China's Diplomatic Theory and Practice under New Conditions," *People's Daily Online* (2013.8.16). http://english.peopledaily.com.cn/90883/8366861.html

15 Vincent Wei-cheng Wang and Gwendolyn Stamper, "Asymmetric War?: Implications for China's Information Warfare Strategies," *American Asian Review*, Vol.20, No.4(Winter, 2002), pp.181~186.

민전쟁론으로 회귀하지 않을 수 없었다. 1979년 중월전쟁도 마찬가지로 중국의 군사 교리 변화에 직접적인 영향을 주었다. 당시 중국은 "교훈을 준다"는 명분을 내걸고 베트남을 먼저 공격했으나 국경 너머의 작은 마을을 점령하는 데도 대량사상자가 발생하고 협조 공격이 제대로 이루어지지 않는 등 많은 허점을 드러냈다. 교훈을 주지 못하고 오히려 교훈을 얻게 된 셈이다. 이를 계기로 덩샤오핑은 군의 무능함과 태만함을 지적하는 한편, 인민전쟁의 유용성에 의문을 표명하고 1980년 현대적 조건 아래 인민전쟁 교리를 제기했다.

1990년대 이후 걸프전, 코소보전, 아프가니스탄전 그리고 이라크전은 중국이 직접 참여한 전쟁은 아니지만 중국군 현대화에 가장 커다란 영향을 준 계기가 되었다. 중국은 현대전에서 공군력, 방공, 정보전의 중요성을 새롭게 인식함으로써 비로소 인민전쟁에서 탈피해 더욱 첨단화되고 정보화된 전쟁에 대비하고 있다.

3) 지정학적 요인

중국은 다민족국가이다. 전체 인구 13억 8000만 명 가운데 한족이 91%이고 소수민족은 9%를 차지한다. 중국 정부가 자치를 인정하고 있는 소수민족은 네이멍구의 몽골족, 신장의 위구르족, 시짱의 티베트족, 광시의 장족, 그리고 닝샤의 후이족이다. 이미 중국은 티베트와 위구르족에 대해 무력을 사용한 적이 있다. 소수민족의 분리독립 움직임은 중국의 내부안정을 위협하는 요인으로서 중국은 언제든 무력을 사용해 이들을 진압하려 할 것이다.[16]

중국은 국토면적 면에서 러시아, 캐나다에 이어 세계 3위의 광활한 영토를

16 Michael R. Chambers, "Framing the Problem: China's Threat Environment and International Obligations," in Roy Kamphausen and Andrew Scobell(ed.), *Right Sizing the People's Liberation Army: Exploring the Contours of China's Military*, p.40.

갖고 있다. 러시아와 캐나다가 보유한 영토의 경우 대부분 북쪽의 동토에 해당하는 반면, 중국의 경우 열대와 온대의 기후를 고루 보이기 때문에 활용도 및 경제발전에서 더욱 유리하다는 장점을 갖고 있다. 중국은 대륙과 해양의 양면성을 갖고 있다. 덩샤오핑의 개혁개방이 추진되기 전까지 중국은 대륙 중심의 지정학적 전략을 추구했다. 해양은 폐쇄되었으며 대부분의 정치관계와 경제교역은 소련 및 동구권 국가들과 이루어졌다. 그러나 지금은 러시아, 중앙아시아뿐만 아니라 미국, 아세안, 일본, 한국과 교류를 활발히 함으로써 대륙과 해양 모두의 지정학적 전략을 추구하고 있다. 중국은 해양에서 급증하는 이익을 수호하기 위해 전략적 전선을 확대하고 해양전략을 강화하고 있다.

중국은 14개 국가와 약 4만km에 달하는 국경, 7개국과 해상영토를 접촉하고 있다. 이로 인해 중국은 주변국들과 국경문제 및 해양영유권 문제로 갈등을 빚어왔다. 다행히 다른 국가와의 국경문제는 비교적 순탄하게 해결되고 있으나 아직 인도와의 국경분쟁은 해결되지 않은 채 남아 있다. 해상영유권 문제는 좀 더 심각해 난사군도(南沙群島), 시사군도(西沙群島), 댜오위다오(釣魚島, 센카쿠열도)에서 여전히 주변국들과 대치하고 있다. 아세안 국가들과는 서로의 경제발전을 도모할 목적으로 해상영유권 문제를 일단 덮어두기로 합의했으나 언제든 갈등의 불씨로 작용할 가능성이 있다.[17]

4) 국제정치적 요인

국제정치적 요인은 중국의 군사에 직접적으로 영향을 미치는 요인이다. 1990년대 초 소련이 붕괴하자 학자들은 다극적 국제질서가 등장할 것으로 전

17 Changhee Park, "The Significance of Geopolitics in the US-China Rivalry," *KNDU Review*, Vol.9, No.1(2004.6), pp.54~55.

망했다.[18] 미국의 경제침체와 NATO, 미일동맹, 그리고 한미동맹이 표류하고 있었던 반면, 일본의 경제대국화와 유럽국가들의 정치적, 경제적 통합이 대세를 이루고 있었기 때문이다. 중국과 러시아도 이 같은 전망 아래 다극화된 국제질서를 구축하기 위해 전략적 제휴를 강화했다. 그러나 1990년대 후반에 접어들면서 세계는 미국을 정점으로 하는 단극적 국제질서가 수립되었음을 인정하지 않을 수 없게 되었다. 일본의 경제가 추락한 반면 미국 경제는 다시 호황을 누리기 시작했고, 약화될 것으로 우려했던 미국의 동맹체제는 다시 부활했다. NATO의 경우 1999년 동구 3개국이 회원으로 가입한 데 이어, 2004년에는 발트해 3국과 구소련 4개국이 추가로 가입함으로써 러시아의 전통적 영향권을 침식했다.

21세기 초 중국과 러시아는 미국에 의한 초단극적 질서가 상당 기간 지속될 것으로 인식했다. 미국은 경제력, 과학기술력, 군사력 측면에서 중국과 비교할 수 없을 정도로 월등한 수준을 유지하고 있었다.[19] 비록 미국이 아프가니스탄 및 이라크 재건을 위해 많은 출혈을 강요당하고 있는 것이 사실이지만 최소한 21세기 중반까지는 패권적 지위를 유지할 것이라는 전망이 대세를 이루고 있었다. 따라서 중국과 러시아는 미국의 우위에 대해 서로 연대해 세력 균형을 취하는 직접적인 전략은 바람직하지 않으며, 더욱 신중한 입장에서 간접적이고 우회적인 전략을 모색해야 한다고 보았다.[20] 그것은 이들이 더 많은 시간과 융통성을 갖도록 함으로써 장차 다양한 안보전략을 추구할 수 있으며, 좀 더 장기적 차원에서 경제적·군사적 발전을 도모하는 데 유리하게 작용할 것이기

18 Biwu Zhang, "Chinese Perceptions of American Power, 1991-2004," *Asian Survey*, Vol.XLV, No.5(2005.9/10), pp.678~683.

19 Biwu Zhang, "Chinese Perceptions of American Power, 1991-2004," pp.670~677.

20 Bobo Lo, *Vladimir Putin and Evolution of Russian Foreign Policy* (London: Blackwell Publishing, 2003), pp.76~84; Robert Sutter, "Why Does China Matter?" *The Washington Quarterly*, Vol.27, No.1(Winter 2003/2004), p.77, 88.

때문이다.[21]

이로 인해 21세기 중국은 미국과의 관계에서 협력과 경쟁이라는 역설적 상황에 처해왔다. 중국은 장기적으로 미국과의 전략적 경쟁이 불가피한 것으로 판단하고 이에 대비하지 않을 수 없었다. 중국이 러시아와 전략적 제휴를 꾸준히 강화하고 있는 것은 이러한 맥락에서 이해할 수 있다. 중국은 러시아와 1996년 전략적 동반자관계에 합의했고 2001년 신우호협력조약을 체결함으로써 정치·경제·사회·군사 등 여러 분야에서의 협력을 한층 강화해오고 있다. 그러나 다른 한편으로 중국은 미국을 포함한 서구 국가들과의 협력이 절실한 상황에 처해 있다. 경제발전을 도모하고 경제발전에 유리한 환경을 조성해야 하며, 서구의 첨단기술을 도입해 뒤떨어진 기술격차를 따라잡아야 하기 때문이다. 특히 1989년 천안문사태 이후 EU 국가들이 합의한 첨단기술 금수조치로 인해 중국은 러시아의 기술에 전적으로 의존하도록 함으로써 기술개발에 한계를 드러내고 있었다. 이렇게 볼 때 중국은 장기적으로 미국과의 전략적 경쟁을 준비하면서 단기적으로 미국과 협력해야 하는 딜레마에 빠져 있는 것이 사실이다.

이와 같은 국제정치적 현실로 인해 중국은 '겉과 속이 다른' 전략을 추구하고 있다. 내부적으로는 뒤떨어진 군사적 능력을 강화하기 위해 군사력 현대화에 주력하는 한편, 대외적으로는 자신을 방어적이고 평화적으로 각인시켜 중국 위협론이 확산되지 않도록 노력하고 있다.

---

21 Jonathan D. Pollack, "Chinese Security in the Post-11 September World: Implications for Asia and the Pacific," *Asia-Pacific Review*, Vol.9, No.2(2002), p.18.

3. 21세기 중국의 전략 환경 분석

1) 중국의 대내외 위협 인식

탈냉전기 중국은 아편전쟁 이후 가장 유리한 안보환경을 맞이하고 있다. 따라서 당장 중국의 안보를 위협하는 요인은 존재하지 않는다는 것이 중국 내 지도자들의 보편적인 인식이다.[22] 그러나 중국은 21세기 급증하고 있는 초국가적 위협을 포함해 자국의 안정과 발전에 부정적인 영향을 미칠 수 있는 "잠재적" 위협에 대해 촉각을 곤두세우고 있다. 중국의 안보를 저해할 수 있는 주요 안보 위협 요인을 살펴보면 다음과 같다.

첫째, 미국과의 전략적 경쟁이다. 중국이 인식하고 있는 미국은 세계평화는 물론, 중국의 국가안보를 위협할 수 있는 가장 위험한 국가이다.[23] 1990년대 초부터 미국은 '중국 위협론'을 내세우며 중국의 강대국 부상이 지역안정을 해칠 것이라고 주장했으며, 2012년에는 '신국방전략지침'을 통해 미국의 대외정책 중심을 중동에서 아태 지역으로 전환한다는 '아시아 중심(pivot to Asia)' 정책을 공식적으로 제기했다. 중국이 2년마다 발간하는 『중국 국방백서』에서 일방적이고 패권적인 정책을 추진할 가능성에 대해 경계하고 있음은 미국이 강대국으로 발돋움하려는 중국을 정치·외교·경제·군사적으로 방해하고 견제할 수 있다는 우려를 반영한 것이라 하겠다.

둘째, 대만의 독립 움직임이다. "개헌"을 통한 대만의 분리독립 추진은 중국의 주권과 영토보전은 물론, 대만해협과 아태 지역의 평화와 안정에 심각한 위협으로 작용할 것이다. 따라서 중국은 2005년 '반국가분열법(反國家分裂法)'을

---

22 David Shambaugh, *Modernizing China's Military*, pp.284~285.

23 같은 책, p.295.

제정해 대만이 독립을 추구하거나 그러한 움직임이 감지될 경우, 대만 사회가 혼란에 빠질 경우, 그리고 대만이 대량살상무기를 개발하거나 구매할 경우 군사력을 동원해 이를 저지할 것임을 분명히 하고 있다.[24] 대만 문제는 1996년 대만해협 위기가 보여준 것처럼 중국과 미국 간의 군사적 충돌로 이어질 수 있다는 점에서 중국의 안보에 심각한 위협 요인으로 작용할 수 있다.

셋째, 국경문제와 영토분쟁 가능성이다. 1990년대 중국은 주변국들과의 긴장을 완화하기 위해 러시아 및 중앙아시아 국가들, 그리고 라오스 및 베트남 등과 국경문제를 정리했다.[25] 그럼에도 1962년 전쟁으로까지 치달았던 인도와의 국경문제는 아직 해결되지 않고 있다. 일본과는 댜오위다오 – 또는 센카쿠섬 – 문제를 둘러싸고 수십 년 동안 논쟁을 지속해오고 있다. 난사군도 영유권 문제는 더욱 심각하다. 난사군도는 지리적으로 해상교통로의 요충지이자 경제적으로 석유 및 가스 등 양질의 천연자원이 매장되어 있는 지역으로서 중국은 베트남, 필리핀, 말레이시아, 인도네시아, 브루나이, 대만과 영유권을 놓고 대립해오고 있다.[26] 2002년 11월 중국과 동남아 국가들 간에 이루어진 평화적 해결원칙에 합의했음에도 급증하는 해양이익과 경제발전에 따른 에너지 수요 증가를 고려할 때 난사군도 영유권 문제는 언제든지 관련국들 사이에 분쟁의 불씨로 작용할 소지가 있다.[27]

넷째, 해상보급로에 대한 위협이다. 최대의 무역 국가로 부상함에 따라 중

24 Michael R. Chambers, "Framing the Problem: China's Threat Environment and International Obligations," in Roy Kamphausen and Andrew Scobell(ed.), *Right Sizing the People's Liberation Army: Exploring the Contours of China's Military*, p.29.

25 Evan S. Medeiros and M. Taylor Fravel, "China's New Diplomacy," *Foreign Affairs*, Vol.82, Issue.6(2003.11).

26 유철종, 『동아시아 국제관계와 영토분쟁』(서울: 삼우사, 2006), p.366.

27 Changhee Park, "The Significance of Geopolitics in the US-China Rivalry," *KNDU Review*, Vol.9, No.1(2004.6), pp.54~55.

국의 해상보급로에 대한 의존도는 더욱 커지고 있다. 중국 경제가 매년 9%의 고도성장을 지속할 수 있었던 것은 대부분 수출 덕분이었으며, 해외로부터의 에너지와 원자재 수입은 그러한 고속성장을 가능케 하는 동력을 제공하고 있다. 중국의 수출입 물량의 97%가 해상으로 운송되고 있음을 감안할 때 해상교통로의 안전은 중국의 지속적인 경제발전을 유지하는데 긴요하다.[28] 이러한 상황에서 내만해협 위기나 주변의 유사로 인해 미국과의 긴장이 고조되어 해상보급로가 봉쇄될 경우 중국 경제는 심대한 타격을 입을 것이며 사회적으로 걷잡을 수 없는 혼란을 초래할 것이다.

다섯째, 초국가적 안보 위협이다. 테러리즘, 마약 거래, 환경오염, 자연재해, 국제범죄, 사스(SAS)와 같은 전염성 질병 등 초국가적 안보 위협은 중국도 예외가 될 수 없다. 특히 중국은 신장(新疆)이나 티베트와 같은 지역의 분리주의 단체가 중동의 테러조직과 연계될 가능성에 대해 우려하고 있다. "동투르키스탄 이슬람 운동(ETIM)"과 같은 이슬람 분리주의자들이 주변국인 카자흐스탄, 키르기스스탄, 그리고 타지키스탄으로부터 지원받고 있는데, 만약 이들이 알카에다와 같은 국제테러 조직과 연계될 경우 중국에 대한 테러 위협은 심각한 수준으로 증가할 것이다.[29] 이러한 점을 우려하고 있는 중국은 상하이협력기구 회원국들과 함께 중앙아시아 지역에서 테러리즘을 근절하기 위해 적극 협력하고 있다.

여섯째, 주변 지역의 불안정은 중국의 안보를 위협하는 요인이다. 주변 국가들의 정치적·경제적·사회적 갈등은 아시아 지역 안보환경을 불안정하게 하며 중국의 안보에 부정적인 영향을 미친다. 특히 한반도는 동남아시아, 서남아시아, 중앙아시아 지역에 비해 더욱 불안정한 지역으로 잠재적 위기가 발생할

---

28 You Ji, *The Armed Forces of China* (New York: I.B. Tauris, 1999), pp.162~163.

29 Michael R. Chambers, "Framing the Problem," p.40.

가능성이 가장 높은 지역이다. 북한 핵 문제를 둘러싼 군사적 긴장이 고조될 수 있으며, 북한에 급변사태가 발생해 대규모 난민이 중국에 유입되고 동북 지역이 혼란에 휩싸일 수 있다. 지속적인 경제성장은 공산당 통치의 정당성을 확보하고 장차 강대국으로 성장하는 원동력으로 작용하는 만큼 중국은 주변국의 불안정한 정세와 국경 지역의 혼란이 중국 경제에 미칠 부정적 영향에 대해 극도로 경계하고 있다.[30]

이를 볼 때, 21세기 중국은 당장 직면한 위협이 약화되었음에도 국력이 강화됨에 따라 오히려 안보적 요구가 증가하고 있음을 알 수 있다. 과거 중국의 안보가 전통적인 군사적 위협에 초점을 맞춘 것이었다면 이제는 군사적 위협은 물론, 내부의 위협과 초국가적 위협까지 포함하지 않을 수 없게 되었다. 예를 들어, 해상교통로 확보, 테러리즘, 분리주의, 그리고 주변 지역의 안정 등은 중국의 이익이 확대됨에 따라 새롭게 부각된 도전요인으로 볼 수 있다. 냉전기인 1970년대 소련의 위협이 심각했을 때 중국은 북쪽으로부터의 위협에 대비하느라 해양에서의 이익을 추구할 엄두를 내지 못했으며, 테러리즘이나 분리주의의 문제는 관심 밖에 머물러 있었다. 그러나 소련의 위협이 소멸되고 대내외적으로 다양한 요구가 증가하면서 이러한 잠재적 위협들은 급속히 대두하게 되었다.

이에 따라 중국은 2014년 4월 15일 중앙국가안전위원회 제1차 전체회의에서 "중국 특색의 국가안보노선(中國特色國家安全道路)"을 제시했다.[31] 이 회의에서 시진핑은 인민의 안보를 위해 정치안보, 경제안보, 군사·문화·사회안보, 그리고 국제안보를 아우르는 '총체적 국가안보관(總體的 國家安保觀)'을 견지해야 한다고 강조했다. 이는 대외안보와 국내안보, 국토안보와 인민안보, 전통안보

---

30 같은 글, p.41.

31 "習近平一週三提國安委正式運轉", ≪星島日報≫, 2014.6.21.

와 비전통안보, 발전문제와 안보문제, 그리고 국가안보와 공동안보를 동시에 중시하는 개념으로, 글로벌 시대에 중국이 부상하면서 직면하고 있는 복잡한 안보환경 속에서 더욱 균형 있고 조화로운 안보관을 내세운 것으로 볼 수 있다. 중국 내에서도 국가안보의 외연이 확대되고 그 내용이 더욱 분화되고 있다는 인식을 반영한 것이다.

2) 전쟁 양상 변화

(1) 전쟁 양상의 변화

인류의 역사를 보면 〈표 3-1〉과 같이 고대로부터 사회의 발전에 따라 전쟁 양상이 변화해왔음을 알 수 있다. 21세기는 세계가 산업화 시대에서 정보화 시대로 변화하는 시점에 있으며, 이에 따라 전쟁 양상은 기계화전쟁에서 정보화전쟁의 형태로 변화하고 있다.[32] 산업화 시대의 전쟁이 전차나 항공기와 같은 기계화된 무기에 의한 전쟁이었다면 지금은 인류가 정보사회로 진입하면서 네트워크에 의한 정보화된 전쟁이 보편적인 전쟁 형태로 등장하고 있다.

이러한 전쟁 양상의 변화는 과학기술의 진보에 의해 가능한 것이었다. 1970년대 이후 정보기술을 중심으로 정밀유도기술, 우주기술, 신소재기술, 스텔스기술 등이 급속히 발전해 군사 분야에 침투함으로써 전장에서의 작전에 혁명적 변화를 야기했다. 새로운 무기기술은 새로운 작전영역을 개척해 육·해·공 및 우주의 3차원적 유형 전장을 넘어 무형의 사이버 공간에서의 작전을 가능하게 했으며, 우주전, 정보전, 전자전, 유도탄전, 환경전, 생태전, 심리전, 경제전, 네트워크전 등 새로운 전쟁 개념이 출현해 전략의 범위를 더욱 확대시켰

32 Wang Baochun and James Mulvenon, "China and the RMA," *The Korean Journal of Defense Analysis*, Vol.12, No.2(Winter, 2000), p.287.

〈표 3-1〉 사회 발전과 전쟁 양상의 변화

사회 구분	전쟁 양상	무기 형태	에너지 형태
원시사회	맨손의 전쟁	막대기, 돌	인력
농경사회	냉병기 전쟁	칼, 창, 화살	물리적 에너지
산업사회	기계화전쟁	기계화된 무기	열에너지
정보사회	정보화전쟁	정보화된 무기	정보화된 열에너지

자료: Wang Baochun and James Mulvenon, "China and the RMA," The Korean Journal of Defense Analysis, Vol.12, No.2(Winter, 2000), p.287.

다.[33] 무엇보다도 두뇌와 신경중추의 역할을 하는 C4ISR 체계의 발전은 전쟁의 모든 분야에서 여러 요소를 통제하는 것을 가능케 했다. 이로써 아군의 지휘통제체계를 보호하면서 적의 정보체계를 공격하는 것이 새로운 전쟁의 방식으로 떠오르게 되었다.[34]

이러한 유형의 전쟁은 그 개념이 과거에 비해 광범위해지고 전쟁의 발발요인이 복잡하다는 특징을 갖는다. 전쟁의 지속시간은 더욱 짧아지고 전장에서의 병력밀도는 작아진다. 정밀하게 제어되는 유도무기를 사용함으로써 살상 및 파괴가 제한될 수 있다. 심지어 적의 정보통신망을 파괴하는 것과 같이 화염이 없는 전쟁을 통해 승리를 거둘 수도 있다. 또한 우주에 기반을 둔 C4ISR 체계를 활용함으로써 전장을 매우 투명하게 관리할 수 있다. 실시간 전쟁으로 화력 및 공방의 전이가 신속하게 이루어지고 전반적인 작전템포가 빠르며 전쟁은 단기간에 종결될 수 있다. 정밀타격이 가능하고 이에 따른 부수적 피해가 최소화됨으로써 전쟁으로 인한 파괴는 극히 적게 될 것이다.[35]

1990년대 이후 미국이 주도한 전쟁은 정보화전쟁의 전형으로 볼 수 있으며, 중국의 현대전 인식에 커다란 영향을 주었다. 1991년 걸프전은 과거 인민전쟁

33 中國 國防大學, 『中國 戰略論』, 박종원·김종운 옮김(서울: 팔복원, 2000), pp.302~303.

34 軍事科學院戰略研究部, 『戰略學』(北京: 軍事科學出版社, 2001), pp.425~426.

35 王保存, 『世界新軍事變革新論』(北京: 解放軍出版社, 2005), pp.132~137.

의 굴레에서 벗어나지 못했던 중국군이 첨단기술의 중요성을 새삼 깨닫게 된 계기가 되었으며, 1999년 코소보전쟁과 21세기 아프가니스탄 전쟁 및 이라크 전쟁은 미래의 전장이 고도로 정보화되고 있음을 보여준 사례가 되었다.

(2) 군사혁신의 전개

군사혁신은 전쟁 양상이 기계화진쟁으로부터 정보화전생으로 변화하는 것을 가능케 했다.[36] 현재의 군사혁신은 두 단계에 걸쳐 진행되고 있다. 제1단계는 1970년대 서구와 소련의 군사기술 발달에 따라 시작되었다. 이 시기에는 군사무기 센서(sensor)의 혁명으로 인해 무기의 체계화가 가능해지고 무기의 정확도가 크게 향상될 수 있었다. 미국은 1972년 북베트남에 대한 라인백커(Linebacker) 공군 전역에서 2만 9000발 이상의 정밀유도무기를 사용했으며, 1973년 이스라엘은 욤 키푸르(Yom Kippur) 전쟁에서 아랍 국가들을 대상으로 정밀유도무기를 포함한 첨단기술무기를 사용했다. 제2단계는 1980년대 이후 진행된 것으로 군사통신혁명에 의해 가능하게 되었다. C4I 체계가 등장해 막대한 정보를 처리할 수 있게 되었고, 정찰, 감시, 추적, 정책결정, 화력통제, 공격 및 피해 평가 등을 하나의 시스템으로 통합할 수 있게 되었다.[37] 군사혁신의 개념을 정립한 앤드루 마셜(Andrew Marshall)은 1995년 청문회에서 정밀유도무기, 컴퓨터 기술, 그리고 정찰체계가 과거 전간기의 기갑전, 전략적 폭격,

---

36 군사혁신(Revolution in Military Affairs)은 단기간에 이루어지는 것이 아니라 수십 년에 걸쳐 오랫동안 진행된다. 군사혁신이란 과학기술의 혁신이 군사 분야에 반영되어 새로운 작전 개념이 발전되고 조직상의 변화가 수반되어야 하는데 이 과정은 짧은 기간 내에 이루어질 수 없기 때문이다. 지금과 같은 전쟁 양상의 변화도 마찬가지로 약 40년에 걸친 군사혁신 노력을 통해 나타난 결과이며, 현재의 군사혁신은 이미 완성된 것이 아니라 아직도 진행 중인 것으로 보아야 할 것이다. Williamson Murray and Macgregor Knox, "Thinking About Revolution in Warfare," *The Dynamics of Military Revolution, 1300-2050* (Cambridge: Cambrige University Press, 2001), p.4~5.

37 Wang Baochun and James Mulvenon, "China and the RMA," pp.287~288.

항모에 버금갈 정도의 혁신을 가져올 수 있다고 증언한 바 있다.[38]

지금까지 서구에서의 군사혁신은 정밀유도무기의 등장으로부터 협력적 교전 능력, 네트워크 중심의 전쟁, 그리고 정보전에 이르기까지 다양한 분야를 포괄하는 매우 광범위한 용어로 사용되어왔다. 다만 최근에 와서는 네트워크 중심의 전쟁 또는 정보전(Information Warfare)과 동일한 개념으로 정리가 되고 있는 추세이다. 군사혁신은 전술적·조직적·교리적, 그리고 기술적 혁신이 복합적으로 융합된 것으로 전쟁에 대한 새로운 개념적 접근을 요구한다. 서구 국가들은 이미 정보기술의 발달에 따라 군사 영역에서 이와 같은 혁신을 추구하고 있다.

(3) 중국의 '정보화전쟁' 인식

21세기에 들어오면서 중국의 최고 지도자들은 신군사변혁 추진을 본격적으로 요구하기 시작했다. 2003년 3월 10일 전국인민대표대회 기간에 개최된 인민해방군대표 전체회의에서 중앙군사위 주석 장쩌민은 현대세계가 정보기술을 이용한 신군사변혁을 촉진함에 따라 전쟁 양상이 기계화전쟁에서 정보화전쟁으로 변화하고 있다고 지적하고, 이에 따라 중국군은 "중국 특색에 맞는 군사변혁"을 추구하기 위해 군 건설 목표와 방향을 설정하고 추진단계를 구체화할 것을 촉구했다.[39] 또한 2003년 5월 23일 중앙군사위 부주석 후진타오는 당 중앙정치국 간부들에게 세계가 정보화 추세로 나아가고 있음을 지적하고, 중국도 군사변혁에 대한 연구를 강화해야 하며 국방과 군 현대화 건설을 부단히 독려해야 한다고 주장했다.[40]

38 Williamson Murray and Macgregor Knox, "Thinking About Revolution in Warfare," p.4.

39 "江澤民强調: 全面貫徹三个代表重要思想和十六大情神積極推進中國特色軍事變革", ≪新華社≫, 2003.3.10.

40 "胡錦濤强調密接關注世界新軍事變革的發展態勢積極關心支持國防和軍隊現代化建設", ≪新

중국군은 정보화전쟁을 정보화 시대의 기본적 전쟁 형태로 본다.[41] 우선 이러한 전쟁은 육·해·공의 3차원적 영역에서 확장되어 우주, 정보, 지식 등 다양한 영역에서 이루어진다. 정보화전쟁은 소프트전쟁[軟戰]과 하드전쟁[硬戰]으로 구분되며, 먼저 인원살상을 수반하지 않는 소프트전쟁 후 하드전쟁으로 진행되기 때문에 평시와 전시를 따로 구분할 수 없게 된다. 또한 전쟁의 원인이 다양하고 전쟁목표가 과거 전쟁보다 더욱 제한되고 통제될 것이며, 전쟁의 주체가 비국가행위자 및 비정부행위자 등으로 확대되어 다양해질 것이다. 실시간 전쟁으로 화력 및 공방의 전이가 신속하게 이루어지고 작전템포가 빠르며 전쟁은 단기간에 종결될 것이다. 그리고 정밀타격이 가능하고 이에 따른 부수적 피해가 최소화됨으로써 전쟁으로 인한 파괴는 극히 적게 될 것이다.

중국군이 "정보화전쟁" 및 "정보화 조건"을 강조한다 하더라도 그것이 곧 정보화를 만병통치약으로 보고 있다는 것은 아니다. 이들은 신군사변혁이 "정보화 우세[信息優勢]"뿐 아니라 "책략의 우세[決策優勢]"를 요구한다고 본다.[42] 결국 정보화를 달성한다 하더라도 그것이 전장의 안개, 즉 불확실성을 완전히 해소해주지는 못할 것이다. 따라서 미래의 정보화된 전장에서도 책략은 중국군에게 여전히 중요한 영역으로 남을 것이며, 책략의 우세를 달성하기 위해서는 정보 추리 능력과 판단 능력이 강화되어야 한다고 본다. 이에 더해 적의 약점을 공략할 수 있는 비대칭 능력을 구비하는 것도 책략의 우세를 달성하기 위한 좋은 방법으로 간주되고 있다.

華社≫, 2003.5.24.

41 王保存, 『世界新軍事變革新論』, pp.132~137; Wang Baochun and James Mulvenon, "China and the RMA," *The Korean Journal of Defense Analysis*, Vol.12, No.2(Winter 2000), pp.288~291. "정보전"과 "정보화전쟁"은 다르다. 정보전이란 적의 정보체계를 공격하고 아정보체계를 보호하는 일종의 '정보작전'과 같은 개념이나, 정보화전쟁은 정보화시대의 주도적인 전쟁형태를 가리킨다. 王保存, 『世界新軍事變革新論』, p.117.

42 國防報, "新軍事變革旣需要'信息優勢'又要'決策優勢'", ≪新華网≫, 2004.3.2.

중국은 과학기술 면에서 서구 국가들과 커다란 차이가 있으며 현대화된 전쟁 수행 능력이 부족하다는 점을 스스로 인식하고 있다. 선진국의 군대가 정보화된 군대라면 중국군은 아직 기계화 또는 반기계화 상태에 머물러 있다는 판단이다. 따라서 중국은 미국을 비롯한 서구 국가들의 기술 수준을 따라잡기 위해 기계화와 정보화를 동시에 추구한다는 중국 특색의 군사변혁을 추진하고 있다.

이와 같이 볼 때 중국의 국가이익 확대는 중국군이 전략적 전선을 좀 더 전방으로 확대하면서 주변 지역에서의 국부전쟁에 대비할 것을 요구하고 있다. 또한 현대 전쟁 양상의 변화와 서구 국가들의 군사변혁 추세는 중국이 정보화 전쟁 대비의 중요성을 일깨워주고 있다.[43] 그리고 미국을 비롯한 주변 국가들의 군사 동향은 중국의 기술적 한계를 극복하기 위한 비대칭전략의 불가피성을 제기하고 있다. 이러한 전략 환경은 중국이 장기적으로 정보화 조건하 국부전쟁에 대비함은 물론, 단기적으로 비대칭전략을 통해 군사적 열세를 만회할 것을 요구하고 있다.

4. 중국의 국방정책 및 군사전략 방침

1) 중국의 안보전략: 도광양회에서 주동작위로

덩샤오핑 이후 중국은 대외적으로 '도광양회(韬光养晦)'라는 전략을 채택했다. 이는 중국이 강대국으로 부상하기 위해서는 한동안 '빛을 감추고 어둠 속

43 장완녠(張万年), 『21세기 세계군사와 중국국방』, 이두형·이정훈 옮김(평단문화사, 2002), pp.131~132.

에서 힘을 기르는 전략'을 추구해야 한다는 덩샤오핑의 방침에서 비롯되었다.[44] 이에 따라 과거 중국의 지도자들은 개혁개방을 통해 부강한 중국을 건설하기 위해 매진했고, 따라서 경제발전에 유리한 환경을 조성하기 위해 자국의 이익을 내세우기보다는 주변 지역의 안정을 도모하는 데 주력했다. 그 예로 중국은 1990년대 초부터 러시아, 중앙아시아 3개국, 그리고 베트남 등 주변국들과 내륙국경분쟁을 적극적으로 해결하고 국가 관계를 개선했으며, 댜오위다오 및 난사군도 등 해양영토분쟁에 대해서는 논쟁을 보류하고 공동개발을 추구하는 모습을 보여주었다.

그러나 2012년 제18차 당대회 이후 등장한 시진핑 체제하에서 중국의 세계 전략에는 뚜렷한 변화가 나타나고 있다. 가장 두드러진 변화는 '도광양회'전략이 '주동작위(主動作爲)'전략으로 전환되고 있다는 것이다. '주동작위'란 앞으로 대외정책에서 해야 할 일을 주도적으로 해야 한다는 의미로 2013년 초 중국 외교부에서 발행하는 주간지인 ≪세계지식(世界知識)≫에서 새롭게 제시한 개념이다.[45] 이는 중국이 과거 수동적 전략에서 적극적 전략으로 전환하고 있음을 보여준다. 즉, 이전까지 주권을 보호하는 데 주안을 둔 최소한의 전략에서 이제는 다양한 일련의 이익을 확보하는 최대한의 전략으로, 그리고 지역 현안과 관련해 분쟁을 미루는 전략에 머물지 않고 핵심 이익에 관한 한 적극적으로 대응하고 쟁취하는 전략으로 전환하고 있다. 지금까지 중국이 주어진 상황에 '대처하는(coping)' 전략을 추구했다면, 지금부터는 더욱 유리한 상황을 '만들어 가는(shaping)' 전략을 추구할 것으로 보인다.

이 같은 중국의 대외정책 변화를 보여주는 가장 단적인 예가 바로 '핵심 이익'이라는 용어이다. 중국은 2004년 이 용어를 사용하기 시작하면서 대만을 지

---

44 林保華, "中國正在揚棄 '韜光養晦'策略", ≪時事評論≫, http://www.epochtimes.com.hk/b5/5/8/18/6193p.htm

45 ≪조선일보≫, 2013.12.2.

칭했으나 2008년에는 티베트와 신장을 이 범주에 포함시켰다. 그리고 2009년 이후에는 동중국해와 남중국해 해양영토문제도 이러한 핵심 이익으로 간주하기 시작했다. 중국이 2011년 9월 제시한 3개의 핵심 이익으로는, 첫째로 국가주권, 독립, 영토보전, 그리고 대만 독립 저지를 통해 국가통일을 추구하는 것, 둘째로 중국공산당 영도 아래 중국 특색 사회주의제도를 견지하고 국가정치안정을 유지하는 것, 그리고 셋째로는 유리한 국제환경을 창출하고 평화발전 노선을 견지해 전략적으로 기회의 시기를 조성하는 것이다.[46] 이는 곧 주권, 안보, 경제발전 이익을 의미하는 것으로 무력을 사용해서라도 확보하려는 이익으로 볼 수 있다.

중국의 핵심 이익 추구와 주변 지역 안정은 동전의 양면이다. 자국의 이익을 내세울수록 주변국과의 갈등과 대립이 불가피하기 때문이다. 지금까지 중국은 경제발전을 위한 유리한 조건을 창출하기 위해 주변 지역의 안정을 유지하는 데 주력해왔다. 그러나 최근 중국은 핵심 이익 수호를 강조하며 남중국해에서 베트남과 필리핀과의 영유권 분쟁에 대해 단호하게 대처하고 있으며, 동중국해에서 일본과 댜오위다오를 둘러싸고 첨예하게 대립하고 있다. 시진핑은 2003년 1월 당 중앙 정치국 제3차 집단학습을 통해 "우리는 평화발전의 길을 고수하되 결코 핵심 이익을 희생시켜서는 안 된다"고 언급했으며,[47] 7월 제8차 집단학습에서는 "정당한 권익을 포기해서는 안 되며 국가 핵심 이익을 희생시키는 것은 더더욱 안 된다"며 국익수호 결의를 분명히 했다.[48]

이전까지만 해도 중국은 경제발전을 위한 주변 지역 안정을 강조하면서 자국의 '이익'에 대한 목소리를 낮추었으나, 이제는 적극적으로 자국의 이익을 고

46 中華人民共和國國務院新聞辦公室,『中國的平和發展』(2011).

47 "習近平: 更好統籌國內國際兩個大國 夯實走和平發展道路的基礎", ≪新華網≫, 2013.1.29.

48 "習近平: 進一步關心海洋認識海洋經略海洋 推動海洋强國建設下斷取得新成就", ≪新華網≫, 2013.7.31.

려하고 확보하려는 노력을 강화하고 있다. 중국이 주변국과의 갈등과 충돌로 인해 야기될 지역 불안정을 어느 정도 감수하고라도 핵심 이익을 확보하려는 데에는 무엇보다도 강대국으로 부상한 것에 대한 자신감이 작용하고 있는 것으로 보인다. 그것은 우선 미국이 10년 넘게 치르고 있는 대테러전쟁과 2008년 세계금융위기의 여파로 재정적 압력을 받으면서 '지친 거인(weary giant)'의 모습을 보이고 있기 때문이다. 또한 여기에 미국 및 일본을 비롯한 주변국들의 대중국 견제가 중국의 경제발전 및 강대국 부상에 더 이상 결정적인 변수가 되지 못할 것이라는 자신감이 작용하고 있는 것으로 보인다.

이러한 측면에서 시진핑은 '신형대국관계(新型大國關係)'를 대외정책의 주요 키워드로 제시하고 있다.[49] 2013년 6월 미 캘리포니아주 서니랜드(Sunnylands)에서 열린 미중 정상회담에서 시진핑은 오바마에게 강대국 간 충돌과 대결로 점철된 구형대국관계에서 벗어나 '신형대국관계'를 구축하자고 제의했다. 그가 언급한 신형대국관계는 양국 간 "충돌과 대립을 피하고, 상호존중하며, 윈-윈(win-win)의 공동번영을 모색하는 것"을 핵심 내용으로 한다.[50] 먼저 "불충돌 및 불대항"은 양국이 서로의 전략적 의도에 대해 객관적이고 합리적인 시각으로 이해하고, 서로를 적이 아닌 동반자로 간주하며, 이견과 분쟁에 대해서는 대결적 접근이 아닌 대화와 협력으로 해결하자는 것이다. 그리고 "상호존중"은 상대국의 사회제도와 발전경로에 대한 선택을 존중하고, 상대국의 핵심 이익과 주요 관심사를 존중하며, 무엇보다 이해를 같이하는 부분을 확대하자는 내용이다. 마지막으로 "공동번영"은 서로가 제로섬(zero-sum)적인 자세를 버리고 상대

49 신형대국관계란 중국과 미국이 동동한 파트너로서 상호 존중과 협력을 통해 각종 국제적 이슈들을 관리해나가자는 것으로 현재의 미중관계가 과거 냉전 시기 적대적 미소관계와 같이 서로 체제를 전복시키고자 대결하는 것이 아니라 상호 공존과 공영을 지향하는 강대국관계를 의미한다.

50 "繼續促進人類和平與發展崇高事業", ≪新華網≫, 2012.11.8; Yang Jiechi, "Innovations in China's Diplomatic Theory and Practice under New Conditions."

방의 이익을 포용하며, 서로 공유하고 있는 이익을 심화하자는 것이다.[51]

시진핑이 제기한 신형대국관계는 다음과 같은 몇 가지 의미를 갖는다. 첫째는 미국과의 원만한 관계를 유지하는 가운데 중국의 평화적 부상을 모색하겠다는 것이다. 미국 사회에 만연한 '중국 위협론'을 약화시키고, 미국과의 갈등을 최소화하는 가운데 국력을 키우려는 중국의 전략적 선택일 수 있다. 즉, 미국의 아시아 회귀로 인해 압력을 받고 있는 중국이 '중화민족의 위대한 부흥'을 이룰 수 있는 최대한의 전략적 공간을 확보하기 위한 선택이라는 것이다.[52] 이는 중국이 아직 미국을 필적할 수 있는 '강대국'으로서의 파워가 부족함을 스스로 인정하는 것이라 할 수 있다.

둘째는 미국에 대해 중국의 핵심 이익을 인정하고 존중하라는 것이다. 중국은 미국이 대만에 대해 무기를 판매하고, 동중국해 및 남중국해에서 일본, 베트남, 필리핀의 편에 서서 해양영토분쟁에 개입하는 것에 반발하고 있다. 시진핑은 새로운 중미관계가 전향적으로 발전하기 위해서는 이러한 문제에 대한 불신의 골을 메울 필요가 있으며, 양국 간의 신뢰구축은 서로의 핵심 이익에 대한 인정에서 출발한다고 보고 있다. 시진핑이 2013년 6월 오바마와의 정상회담에서 북한 핵 개발 불용과 핵보유국 지위 불인정에 합의한 것은 미국의 핵심 이익을 인정한 것으로 볼 수 있으며, 이에 상응해 미국은 중국의 이익을 존중해야 한다는 뜻을 담고 있다.

셋째는 국제사회에서 강대국으로서 경제적 차원을 넘어 다른 분야로까지 관심 영역을 확대하겠다는 것이다. 중국이 지금까지 경제발전을 위해 다른 분야에서는 가급적 목소리를 낮추었다면, 이제는 국제정치적으로 중요한 안보현안에 대해 적극적으로 입장을 표명하겠다는 것이다. 후진타오 시대에 미국으

51 Yang Jiechi, "Innovations in China's Diplomatic Theory and Practice under New Conditions."

52 ≪연합뉴스≫, 2013.6.9.

로부터 G2 국가로서 그에 걸맞은 역할을 요구받았을 때 자신들은 아직 개발도상국이라고 주장하며 강대국 지위를 고사하던 중국이 이제는 자신을 '대국'으로 자리매김하는 것이다.[53] 이는 중국이 향후 국제 정치 경제 질서를 재편하는 역할을 담당할 신흥강대국으로서 다양한 영역에서 적극적이고 선제적인 대외전략을 구사할 의지를 밝힌 것으로 볼 수 있다.[54]

시진핑의 신형대국관계 구축 제의는 21세기 초반에 제기되었던 중국의 '화평굴기(和平崛起)'에 비해 중국의 능동성이 더욱 증대된 것으로 평가할 수 있다. 평화적 부상을 의미하는 화평굴기가 미국에 대해 상응하는 조치 없이 중국의 일방적 의도를 담고 있다면, 신형강대국관계는 미국에 대해서도 상응하는 행동을 요구하고 있기 때문이다.[55] 이러한 중국의 태도는 도광양회전략을 추구하던 시기에는 찾아볼 수 없다는 점에서 중국의 대외정책에 근본적인 변화가 이루어지고 있음을 알 수 있다.

2) 중국의 국방정책

(1) 국방의 임무

중국군에 주어진 주요 임무는 다음 다섯 가지로 볼 수 있다.[56] 첫째, 중국의 현대화와 발전을 지원할 수 있는 강한 군대를 건설하는 것이다. 중국은 국제적

---

53 2009년 11월 미국을 방문한 원자바오 총리는 오바마의 "G2" 제안을 거부하고 중국은 개발도상국임을 명확히 한 바 있다. *People's Daily* (2009.11.18).

54 박병인, 「미중 정상회담과 한반도 정세」, ≪한반도 포커스≫, 제24호(2013.7), p.3.

55 중국이 이처럼 대담하게 나오게 된 배경으로는 급상승한 중국의 자신감, 미국의 패권 약화와 다극화된 국제정치 질서의 출현 가능성, 해양영토분쟁 및 해양교통로 안전 확보의 심각성에 대한 인식, 그리고 미국의 아태 지역 군사력 강화에 대한 대응 필요성 등을 들 수 있다. D. S. Rajan, "China: Xi Jinping's Foreign Policy," *Eurasia Review* (2013.8.7) 참고.

56 中華人民共和國國務院新聞辦公室,『中國武裝力量的多樣化運用』(2013.4).

지위에 걸맞고 국가안보와 발전이익에 부응하는 강한 군대를 건설하는 것이 곧 평화발전과 현대화를 위한 전략적 임무라고 인식하고 있다. 이는 19세기 이후 중국 민족이 염원했던 대로 '부국(富國)'과 '강병(强兵)'을 동시에 추구하는 것으로, 제18차 당대회 시 후진타오의 업무보고에서 국방 및 군 현대화 추진 방향과 일치한다.[57]

둘째, 정보화 조건 아래 국부전쟁에서 승리할 수 있는 능력과 태세를 구비하는 것이다. 즉, 중국군은 모든 전략적 방향에서 군사대비태세를 유지하고, 합동작전 능력을 배양하며, 정보화 체계에 기반을 둔 전쟁 수행 능력을 강화함으로써 21세가 다양한 형태의 위협과 분쟁에 대비해야 한다고 믿고 있다. 현재 진행되고 있는 중국군 현대화는 궁극적으로 정보화를 지향하고 있으며, 21세기 중반에 이르러 미국과 대등한 수준의 정보화전쟁 수행 능력 구비를 목표로 하고 있다.

셋째, 포괄안보 개념을 수용해 '전쟁 이외 군사작전(MOOTW)'을 효과적으로 수행하는 것이다. 중국군은 새로운 안보 위협의 변화에 적응해 평시 다양한 형태의 군사력 운용을 강조하고 있다. 군은 경제 및 사회발전을 지원할 수 있으며, 긴급구호와 재난구조 등 긴급하고 위험한 임무를 수행할 수 있다. 적대적 세력이 시도하는 전복이나 파업 등에 신속하고 과감하게 대처함으로써 국가안보 및 사회안정을 유지하는 데에도 기여할 수 있다.

넷째, 국제안보협력을 심화하고 국제사회에서의 의무를 준수하는 것이다. 중국군은 국제안보협력을 주도하고, 촉진하며, 참여한다는 방침이다. 평화공존 5원칙을 견지해 다른 국가들과 전방위 군사교류를 진행하고 있으며, 제3자를 겨냥한 제휴나 대립을 추구하지 않는 가운데 협력적 군사관계를 발전시킨다는 계획을 세우고 있다. 더불어 중국은 그동안 해양안보를 위한 대화와 협력

57 "中國共産黨第十八次全國代表大會開幕 胡錦濤作報告", ≪人民網≫, 2012.11.8.

을 증진하고, 유엔 평화활동, 반테러협력, 국제상선의 항행보호 및 재난구조 활동, 연합 훈련 참가, 그리고 세계평화와 안정을 유지하는 데 적극적 역할을 수행해왔음을 강조하고 있다.

다섯째, 국내외 법, 정책, 그리고 원칙에 입각해 행동하는 것이다. 가령 중국군의 다양한 운용은 관련 법, 규정, 그리고 정책을 새롭게 제정하거나 정비하는 가운데 합법적으로 이루어지고 있음을 언급하고 있나. 이를 통해 중국은 대내외적으로 이루어지고 있는 군사력 파병 및 운용, 그리고 다양한 군사 훈련을 합리화하고 정당성을 부여하는 것으로 보인다.

이렇게 볼 때 중국은 다른 국가들과 달리 군사력 건설을 국가발전을 위한 중대한 과제로 인식하고 군의 정보화에 주력하고 있으며, 나아가 전통적 임무 외에도 비전통적 영역에서의 군사대비 능력을 구비하는 데 주안을 두고 있음을 알 수 있다.

(2) 국방건설과 정보화: 중국 특색의 군사변혁 추진

앞에서 기술한 국방의 임무를 수행하기 위해 중국군은 군 현대화를 추진해오고 있다. 특히 중국군은 전쟁 양상의 변화에 적응하고 서구의 군사혁신을 따라잡기 위해 중국 특색의 군사혁신을 가속하고 있다. 중국군은 국방과 군 현대화 건설의 3단계 발전전략을 수립해, 2010년 이전에 현대화 건설의 기초를 마련하고, 2020년을 전후로 비교적 커다란 발전을 이룩하며, 21세기 중엽에 이르러 정보화 부대를 건설하고 정보화전쟁에서 승리한다는 전략적 목표를 달성하려 하고 있다.[58] 중국군의 군사변혁은 다음과 같은 특징이 있다.

첫째, 복합식 및 도약식 발전노선을 채택하고 있다. 중국군은 세계 군사발전 추세에 적응하고자 정보화를 군 현대화의 발전방향으로 정하고, 기계화 및

58 中華人民共和國國務院新聞辦公室, 『2006年 中國的國防』.

반기계화로부터 정보화로의 전환을 점진적으로 실현해나갈 것이다. 서구의 경우 정보화 사회로 진입한 후 군의 정보화를 실현할 수 있었지만 중국의 경우 아직까지 산업화 사회에 머물러 있기 때문에 군은 기계화 또는 반기계화의 수준을 탈피하지 못하고 있다. 따라서 중국은 기계화와 정보화를 동시에 추구하는 전략, 즉 정보화가 기계화를 이끌어나가는 한편, 기계화가 정보화를 촉진하는 중국 특색의 군사변혁을 추구하고 있다.[59]

둘째, 무기 장비의 현대화를 추진하는 것이다. 중국군은 걸프전 이후의 전쟁사례를 통해 현대전에서 첨단기술무기의 중요성을 인식하게 되었다. 중국군의 무기 장비 건설은 정보화 주도하에 기계화·정보화가 복합발전을 하는 노선을 견지하며, 적절한 규모·합리적 구조·정예화 및 고효율화·통합적 능력을 구비한 현대화 무기 장비체계 건설에 매진하고 있다. 첨단무기 분야에서는 정보화작전 기반을 구비하고 정밀유도무기와 신형전자장비를 연구·개발하며 정밀 타격 능력과 정보작전 능력을 증강하는 데 주력하고 있다.[60]

셋째, 군 개혁을 심화하는 것이다. 중국군은 정보화된 전장에 부합된 군대를 건설하기 위해 중국군은 2003년 9월부터 2005년까지 20만 명을 추가로 감축해 현재 약 230만 명의 병력을 유지하고 있다. 2015년 9월 시진핑은 2015년 9월 전승절 70주년 기념 열병식 연설에서 중국군 병력 30만을 감축하겠다고 선언했으며, 그해 12월 31일 중국군은 육군지도기구(陸軍領導機構), 로켓군(火箭軍), 그리고 전략지원부대(戰略支援部隊)를 신설하고 신임 사령관들에게 부대기를 수여했다. 2016년 1월 11일에는 중앙군사위원회 조직을 개편했고, 곧이어 2월 1일에는 기존의 7개 군구(軍區) 체제를 5개 전구(戰區) 체제로 전환했다. 이러한 중국군 개혁은 지휘체계 개선, 부대구조 개선 및 합리화, 근무지원체계

59 中華人民共和國國務院新聞辦公室,『2004年 中國的國防』.

60 같은 책.

개선을 위한 것으로 볼 수 있다.[61]

(3) 첨단기술 전쟁론에서 정보화전쟁론으로 전환

중국군은 2004년 및 2006년『국방백서』에서 군사혁신이 전 세계적인 추세이며, 따라서 정보화 조건에 부합된 군사이론, 군사력 건설, 작전 수행 방안을 모색해야 한다고 지적했다. 그리고 정보화 시대에 중국군의 목표는 "정보화 조건하 국부전쟁에서 승리하는 것"이며, 이를 위해 더욱 지능화된 무기를 개발하고 합동작전 능력을 배양해야 한다고 강조했다.[62]

현재 중국군의 군사 교리를 구성하고 있는 첨단기술론과 정보화전쟁론을 비교해보면 〈표 3-2〉와 같다.[63] 첨단기술 전쟁론이 기계화전쟁을 중심으로 대만 및 주변 문제에 대비하는 개념이라면, 정보화전쟁론은 정보화전쟁을 중심으로 미국의 군사적 위협까지 대비하는 개념으로 볼 수 있다. 이 두 교리는 별개의 것으로 구분될 수 있는 것이 아니라 스펙트럼과 같이 연속선상에 놓여 있다. 즉, 현재는 기계화전쟁에서 정보화전쟁으로 발전하는 과정에 있으며, 시간이 흐르면서 첨단기술전쟁의 특성인 기계화 요소가 점점 줄어드는 대신 정보화전쟁론의 핵심인 정보화 요소가 점차 증가하는 모습을 보이게 될 것이다.[64]

21세기에 진입하기 전까지만 해도 중국의 군사 교리는 첨단기술 전쟁론이 우세한 것으로 평가되었다. 대부분의 군 지도자들이 중국은 아직 정보화시대

---

61 Phillip C. Saunders and Joel Wuthnow, "China's Goldwater-Nichols?: Assessing PLA Organizational Reforms," *Strategic Forum* (2016.4), p.2; Office of the Secretary of Defense, *Annual Report to Congress: Miltiary Security Developments Involving the People's Republic of China 2016* (2016.5), p.1.

62 中華人民共和國國務院新聞辦公室,『2004年 中國的國防』; 中華人民共和國國務院新聞辦公室,『2006 中國的國防』.

63 박창희, 「중국인민해방군의 군사혁신(RMA)과 군현대화」, ≪국방연구≫, 제50권 제1호 (2007.6), pp.86~88.

64 王保存,『世界新軍事變革新論』, p.6.

〈표 3-2〉 첨단기술 전쟁론과 정보화전쟁론 비교

구분	첨단기술전쟁론	정보화전쟁론
주요 전쟁형태	기계화전쟁	정보화전쟁
주요 대상	대만 및 주변 문제	미국의 군사적 위협 겨냥
구비 능력	첨단기술무기 보유 가속화	비대칭 능력 포함
정보전과의 관계	정보전의 개별적 특성 강조	통합성 강화

자료: 박창희, 「중국인민해방군의 군사혁신(RMA)과 군현대화」, ≪국방연구≫, 제50권 제1호(2007.6), 86~88쪽.

에 진입하지 못했다는 점을 들어 군사혁신을 부정적으로 평가했기 때문이다. 그러나 중국이 최근 발간한 『국방백서』를 통해 군 현대화의 핵심을 '정보화'로 간주해 적극적으로 군사혁신을 추진할 의도를 밝힌 것은 중국 군사 교리의 무게중심이 첨단기술 전쟁론에서 정보화전쟁론으로 급속히 이동하고 있음을 보여준다.[65]

3) 중국의 군사전략 방침

중국의 『전략학』에 의하면 중국의 전략 또는 군사전략은 종합국력에 기초한 적극방어사상의 성격을 띠고, 첨단기술 조건하 국부전쟁 승리를 위해 군사력을 건설하고 사용하며, 국가주권과 안전을 보장하기 위해 전쟁을 지도하고 준비하는 것으로 정의된다.[66] 이와 같은 군사전략의 방향을 제시하는 중국의 군사전략 방침은 지금까지 다섯 번에 걸쳐 제시되어왔다. 중국의 군사전략 방침은 소련에 대한 일변도 외교노선을 추구하던 1950년대와 1960년대 초에 걸쳐 "적극방어"전략 방침을, 미국과 소련 모두를 적으로 규정한 1960년대 중반

65 박창희, 「중국인민해방군의 군사혁신(RMA)과 군현대화」, p.88.

66 軍事科學院戰略硏究部, 『戰略學』, pp.12~13.

부터 1970년대 초반까지 "적을 중국 대륙 깊숙이 끌어들여 지치게 하는 유적심입(誘敵深入) 지구작전"전략 방침을, 연미반소를 내세운 1970년대 초반부터 1980년대 중반까지 "적극방어 유적심입"전략 방침을, 그리고 독립자주외교노선을 추구하던 1980년대 중반부터 1990년대 초반까지 "적극방어"전략 방침을 제시한 바 있다.

2015년 5월 발표된 『국방백서』에서 중국군은 '신형세하(新形勢下) 적극방어 군사전략 방침'이라는 새로운 군사전략 방침을 제시했다. 여기에서 중국군은 '신형세'에 부합한 강력한 군사력을 건설할 것과, '적극방어 군사전략 방침'을 이행하고 국방 및 군사력 현대화를 가속화할 것을 강조했다. 그럼으로써 중국의 주권, 안보, 발전이익을 수호하고, 중화민족의 위대한 부흥이라는 '중국몽' 실현에 기여해야 한다고 주장했다.[67] 이번에 중국군이 '신형세'를 강조한 것은 "신패권주의, 권력정치, 그리고 신개입주의"가 등장해 강대국들 간의 권력 재분배 및 권익 확보 경쟁이 심화되고, 테러, 인종 및 종교분쟁, 영토분쟁 등 첨예한 이슈들이 복잡하게 얽힘으로써 분쟁가능성이 높아지고 있다는 주변정세 인식을 반영한 것이다.

중국은 일반적으로 유리한 대내외적 환경과 함께 전략적 기회의 시기를 맞이하고 있다고 인식한다. 내부적으로 인민들의 생활수준이 향상되고 있으며, 대외적으로는 중국의 국제적 지위와 영향력이 증가하고 있다. 그럼에도 중국은 다음과 같은 위협에 대해 심각한 우려를 표시하고 있다.

첫째, 최근 미일동맹이 강화되는 데 대한 위협 인식이다. 미국은 2012년 1월 '전략적 재균형'전략을 표방해 아태 지역에 대한 군사력 배치를 강화하고 동맹관계를 재정비하고 있다. 일본의 아베 내각은 이를 기회로 삼아 전후체제를 탈피하기 위해 노력하고 있으며, 집단적 자위권 행사 등 군사안보정책을 대폭

---

67 中華人民共和國國務院新聞辦公室, 『中國的軍事戰略』.

수정해 '보통국가'로 탈바꿈하려는 움직임을 보이고 있다. 중국은 미일동맹 강화가 중국의 강대국 부상을 견제하기 위한 노골적인 조치로서 향후 자국의 안보에 직접적인 위협으로 작용할 것으로 인식하고 있다.

둘째, 중국의 영토주권 및 해양권익에 대한 주변국의 도전이다. 2015년 발간된 『국방백서』에서 중국은 남중국해에서 영토분쟁을 빚고 있는 국가들이 불법적으로 중국의 섬에 군사력을 주둔시키고 있으며, 분쟁 당사국이 아닌 일부 국가들이 해양영토 문제에 참견하고 있다고 지적했다. 특히 중국은 남중국해 지역에서 미국을 비롯한 일부 국가들이 중국의 영토 및 섬에 근접해 항공정찰 및 해양정찰을 실시하며 중국의 주권을 침해하고 있음을 언급했다.[68]

셋째, 분리주의와 테러리즘, 그리고 자연재해를 비롯한 초국가적 위협이다. 비록 양안관계는 최근 바람직한 방향으로 나아가고 있으나 대만 내에는 아직도 분리독립을 추구하는 세력이 남아 있다. 2017년 대만 총통선거에서 민진당이 집권한 만큼 대만 독립 움직임이 본격화될 가능성을 배제할 수 없다. 또한 중국은 동투르키스탄 및 티베트의 독립 움직임, 그리고 반중 세력에 의한 '색깔혁명(Color Revolution)' 가능성에 대해서도 우려하고 있으며, 나아가 중국의 국가이익이 확대되면서 국제분규, 테러리즘, 해적, 자연재해, SLOC 보호, 그리고 재외국민 보호 등 광범위한 영역에서의 안보 위협에 대해서도 주목하고 있다.

넷째, 전쟁 양상이 정보화된 전쟁으로 변화하는 데 따른 도전이다. 미국이 주도해온 군사변혁(RMA)은 새로운 단계에 접어들면서 더욱 진보된 형태의 장거리타격무기, 정밀유도무기, 스마트 무기, 스텔스 기술, 무인 무기 등이 등장하고 있다. 또한 기존의 3차원적 공간 외에 우주 및 사이버 공간이 새로운 전략적 경쟁의 무대로 부상하고 있다. 이에 따라 세계 주요 국가들은 국방정책을

---

68 Philip Wen, "China Releases 'Active Defense' Military Strategy, Warns Those 'Meddling' in the South China Sea," *The South Morning Herald* (2015.5.26).

조정하고 군사변혁을 추구하며 전력을 재편하고 있다. 중국은 군사기술 발전에 따른 전쟁 양상의 혁명적 변화와 경쟁이 비단 국제정치 및 군사형세에 부정적인 영향을 줄 뿐 아니라 상대적으로 후발주자인 중국의 군사안보에 심각한 도전을 야기할 것으로 인식하고 있다.

이에 따라 중국군은 전통적 안보와 비전통적 안보를 아우르는 '총체적 국가안보관'을 견지하면서 중국의 국가통일, 영토보전, 그리고 발전이익을 수호한다는 방침이다.[69] 이번 『국방백서』에서 알 수 있듯이 중국군의 목표는 '강군을 건설하는 것'이다. 강한 군대가 없이는 안전하고 강한 국가를 건설할 수 없으며, 국가안보목표를 실현하지도 총체적 국가안보관을 관철할 수도 없기 때문이다. 이러한 측면에서 중국군은 국가안보 및 발전이익을 수호하기 위해 군사력 운용을 통한 유리한 전략태세를 창출하고, 주요 강대국과의 군사력 경쟁에서 전략적 주도권을 확보하기 위해 노력하며, 사회안정을 확고히 해 공산당 지배와 중국 특색 사회주의 발전에 기여하는 임무를 수행해야 함을 강조하고 있다.

2014년 『중국 국방백서』는 이러한 임무를 완수하기 위해 중국군이 수행해야 할 전략적 과제를 다음과 같이 제시하고 있다. 첫째, 군사 위협뿐 아니라 광범위한 위기에 단호히 대처하고 중국의 주권과 영토, 영해, 영공의 안보를 수호하며, 조국의 통일을 달성한다. 둘째, 새로운 영역에서 중국의 안보와 이익을 수호한다. 즉, 전략적으로 경쟁이 가열되고 있는 우주 및 사이버 영역에서의 군사적 투쟁을 준비한다. 셋째, 전략적 억제를 유지하고 핵 반격을 이행하는 것이다. 강대국으로서 전략적 핵 균형을 유지하는 것은 국가안보 차원에서는 물론, 대외적 영향력을 확보하기 위해 반드시 필요하다. 넷째, 지역 및 국제

---

69 '총체적 국가안보관'은 2014년 4월 시진핑이 중앙국가안전위원회 제1차 전체회의에서 제시한 개념으로서 대외안보와 국내안보, 국토안보와 인민안보, 전통안보와 비전통안보, 발전문제와 안보문제, 그리고 국가안보와 공동안보를 동시에 중시하는 개념이다. "習近平一週三提國安委正式運轉", ≪星島日報≫.

안보 협력에 참여하고 지역 및 세계평화를 유지하는 것이다. 이는 강대국으로 부상하는 중국이 책임 있는 대국으로서의 역할을 확대하겠다는 것이다. 다섯째, 침투, 분리주의, 테러리즘에 대한 대응을 강화해 정치적 안보와 사회안정을 유지하는 것이다.[70]

그렇다면, 적극방어 군사전략이란 무엇인가? 적극방어 군사전략 방침은 중국공산당 전략사상을 이루는 핵심적 개념이다. 적극방어란 전략적 차원에서는 방어를 취하되, 작전적 및 전술적 차원에서는 공격을 가하는 것이다. 이는 방어의 원칙, 자위의 원칙, 그리고 적이 먼저 공격하면 반격을 가하는 후발제인(後發制人)의 원칙을 견지하는 것으로 공격받지 않으면 공격하지 않으나, 공격을 받을 경우에는 확실하게 반격을 가한다는 개념이다.[71]

1949년 중화인민공화국이 건국된 이후 중국공산당 중앙군사위원회는 '적극방어 군사전략 방침'을 수립했다. 그리고 이러한 군사전략 방침은 국가안보 상황이 변화함에 따라 수차례 변화를 거듭해왔다.[72] 가장 최근에 제시된 군사전략 방침은 1993년 '신시기 군사전략 방침'으로 이는 첨단기술 조건하 국부전쟁에서 승리하는 것을 군사투쟁준비의 기본 방향으로 설정한 것이다.[73] 이 방침은 2004년 일부 수정이 이루어져 군사투쟁준비의 방향을 정보화 조건하 국부전쟁에서 승리하는 것으로 조정되었다.

2015년 5월에 공개한 『국방백서』는 중국군의 군사전략 방침에 중대한 변화를 보이고 있다. 기존의 '신시기(新時期) 적극방어전략 방침'이 공식적으로 '신형세하 적극방어 전략 방침'으로 전환된 것이다. 중국군은 2012년 『국방백서』

70 中華人民共和國國務院新聞辦公室, 『中國的軍事戰略』.

71 같은 책.

72 이러한 변화에 대해서는 박창희, 「21세기 전략환경 변화와 중국의 군사전략」, ≪중소연구≫, 제32권 3호(2008, 가을), pp.56~57 참조.

73 軍事科學院戰略硏究部, 『戰略學』, pp.450~461.

에서도 '신시기 적극방어 전략 방침'이라는 용어를 사용했으나, 이번 『국방백서』에서는 '신시기'를 '신형세'라는 용어로 대체했다. 이는 중국군이 걸프전 이후 추구해왔던 기계화전쟁에 대비한 전략 방침을 이제는 정보화전쟁에 대비하는 것으로 완전히 전환했음을 보여준다.

'신형세 아래에서의 적극방어 군사전략 방침'은 다음과 같은 내용을 담고 있다. 첫째, 군사 교리 측면에서 정보화전쟁 능력을 강화하는 데 주력한다. 중국군은 전쟁 양상의 변화와 중국이 당면한 안보상황을 고려해 군사전략 방침을 정보화 조건하 국부전쟁에서 승리하는 것으로 설정했으며, 특히 해양투쟁과 해양군사준비태세에 주안을 두어야 한다고 강조했다. 이는 기존에 알려진 대로 중국군이 정보화전쟁을 준비하는 것 외에 해양에서의 군사준비태세를 강조했다는 점에서 중국군 군사전략의 중심이 대륙에서 해양으로 전환되고 있음을 보여준다.

둘째, 적극방어 군사전략 방침을 이행하기 위한 작전 교리로서 "영활기동 및 자주작전"을 제시했다. 즉, 『국방백서』에서는 신형세 아래에서 중국군은 융통성과 기동성 그리고 자주성을 가져야 한다고 강조했는데, 이는 "적은 적의 방식대로 싸우더라도 아군은 아군의 방식대로 싸워야 한다"는 것으로 어떠한 상황에서도 적의 계획과 의도에 말려들지 말고 주도적으로 영활하게 작전을 이끌어가야 함을 강조한 것이다. 이는 마오쩌둥이 과거 중국혁명전쟁에서 적용한 전략 방침과 맥을 같이한다.

셋째, 적극방어 군사전략 방침을 이행하기 위한 군사전략 측면에서 전체적인 '국면' 혹은 '포석(布局)'을 최적화하는 것이다. 중국군은 지전략적 환경과 안보 위협, 그리고 전략적 임무를 종합적으로 고려해 전략적 구도와 군사력 배치에 대한 전면적 계획을 수립해야 한다고 강조한다. 특히, 중국의 권익보호와 지역안정 간의 균형 유지, 그리고 국토안보 및 해양권익과 중국 주변에서의 안보와 안정을 둘 다 고려한 대국적 차원에서 계획을 입안해야 한다는 것이다.

넷째, 중국군은 신형세 아래에서의 적극방어 군사전략 방침을 이행하기 위해 몇 가지 원칙을 지켜야 한다는 것이다. 우선 중국군은 군사준비태세를 강화해 위기를 방지하고 전쟁을 억제하며 전쟁이 발발할 경우 싸워 승리해야 한다. 또한 평화발전에 유리한 여건을 조성하기 위해 방어적 국방정책을 견지하고 대외적으로 긴밀히 협력하며 포괄적 안보 위협에 적극적으로 대응해야 한다. 군사투쟁에서는 전략적 주도권을 확보하기 위해 모든 방향과 영역에서 능동적 계획을 수립하고 군사력 발전을 가속화하며, 영활성과 기동성을 겸비한 전략과 전술을 준비하고 합동작전의 시너지 효과를 발휘하도록 해야 한다. 또한 군은 대내적으로 당의 절대영도 체제를 유지하고 인민전쟁 개념을 발전시키며, 대외적으로는 군사 및 안보협력을 확대하고 지역적 안보협력 틀을 구축해야 한다.

'신형세하 적극방어 군사전략 방침'은 중국군의 전략적 비전을 창출하고 전략적 사고를 발전시키는 기본 개념이다. 중국군은 이러한 군사전략 방침을 계속 고수할 것이며, 이 방침에 입각해 각 군의 군사전략을 지도하고 군사력을 건설해나갈 것임을 밝히고 있다.

5. 중국의 군사력과 국방예산

1) 핵 및 미사일전력

중국은 핵 및 미사일전력이 국가주권 및 안보를 확보하기 위한 전략적 핵심전력으로 인식하고 있다. 이번 『국방백서』에서 중국은 핵전력과 관련해 항상 '선제불사용(no first use)' 정책을 추구해왔으며, 본질적으로 방어적인 자위적 핵전략을 견지해왔음을 강조했다.[74] 또한 중국은 비핵국가 혹은 비핵지대의 국가들에 대해 무조건적으로 핵무기 사용 혹은 사용 위협을 가하지 않을 것이며, 어느 국가와도 핵무기 경쟁에 뛰어들지 않을 것임을 밝혔다. 사실상 중국의 핵전략은 국가안보를 유지하는 데 필요한 최소한의 수준에서 핵 능력을 유지하는 '최소억제(minimum deterrence)' 개념을 고수하고 있는 것으로 알려지고 있다. 다만 중국은 최소한도로 유지하고 있는 핵전력구조를 최적화할 것이며, 전략석 조기경보 능력, 지휘통제, 미사일 침투 능력, 신속 반응 능력, 그리고 생존성과 방호력을 개선하는 데 주력하고 있다. 그럼으로써 중국은 다른 국가들이 중국에 대해 핵무기를 사용하거나 사용 위협을 가하지 못하도록 억제하며, 적이 핵을 사용할 경우에는 즉각적으로 반격한다는 방침을 내세우고 있다.

제2포병은 전략적 군으로서 효과적인 핵 및 재래식 미사일전력을 보유하고 있다. 중국군은 제2포병이 '독자적' 과학기술력을 바탕으로 첨단 무기와 장비를 구비한 정보화된 군으로 발전해야 한다고 강조하고 있다. 무엇보다도 제2포병은 핵과 재래식 능력을 결합한 전력으로서 미사일체계의 생존성, 신뢰성, 효과적 측면을 강화하고, 전략적 억제력과 핵 반격, 그리고 중장거리 정밀타격력을 강화하고 있다.

최근 중국의 핵전력은 미국의 미사일방어체계에 의해 중대한 도전에 직면하고 있다. 동북아에서 미일 양국의 미사일방어 협력이 강화됨으로써 중국은 미국 및 일본과의 전략적 균형에서 불리한 상황에 처할 수 있기 때문이다. '최소억제'전략을 추구하는 중국의 입장에서 볼 때 미일의 미사일방어 강화는 중국의 전략적 억제력을 크게 약화시킬 것으로 보인다. 특히 중국은 2015년 개정된 '미일 방위협력지침'에서 미일 양국이 조기탐지 및 정보교환 협력을 통해 북한은 물론, 중국 등 제3국의 미사일 공격 위협에 공동으로 대응할 수 있는 체제를 강화한 데 주목하고 있다.[75] 그리고 미국의 미사일 방어체계를 무력화

74 中華人民共和國國務院新聞辦公室, 『中國的軍事戰略』.

하기 위해 기동핵탄두탑재미사일(MaRV), 다탄두각개목표재돌입미사일(MIRV), 위장미사일(decoy), 레이더 탐지 방해용 금속편(chaff), 그리고 반위성무기(ASAT: Anti-Satellite Weapons) 등 다양한 능력을 발전시키고 있다.[76]

현재 중국의 제2포병은 약 1200기의 단거리탄도미사일을 보유하고 있으며, 최근에는 DF-16을 도입해 대만은 물론, 주변국을 타격할 수 있는 능력을 강화하고 있다. 이 미사일은 DF-11이나 DF-15보다 사거리가 300~400km 길기 때문에 높은 탄도에서 하강할 경우 요격이 어렵다는 장점을 갖고 있다. 중국이 보유한 중거리탄도미사일은 약 140기로 추정되고 있다.[77] 중국은 적 대형함정을 공격하기 위해 중거리탄도미사일을 개량하고 있는데, DF-21D 대함탄도미사일의 경우 종말단계에서 탄도를 변경시킬 수 있어 상대의 대형 함정에 커다란 위협을 가할 수 있다. 중국은 50~60기의 대륙간탄도미사일을 보유하고 있으며, 이 가운데 DF-31A의 경우 사거리가 1만 1200km로서 미 본토를 타격할 수 있다. 중국이 개발하고 있는 DF-41은 다탄두를 장착할 수 있는 MIRV가 될 것으로 보인다.[78]

2) 우주 및 사이버전력

우주 공간은 국제적으로 전략적 경쟁의 장이 되고 있다. 주요 국가들은 우

75 Ministry of Foreign Affairs of Japan, *The Guidelines for Japan-U.S. Defense Cooperation* (2015.4.27).

76 Gregory Kulacki, "China's Nuclear Arsenal: Status and Evolution," *Union of Concerned Scientists* (2011.10), p.13.

77 이는 IRBM 6기와 MRBM 134기로 추정된다. IISS, *The Military Balance 2014* (London: Routledge, 2015), p.231.

78 Office of the Secretary of Defense, *Annual Report to Congress*: Miltiary and Security Developments Involving the People's Republic of China 2016, p.8.

주역량을 개발하고 우주에 다양한 자산을 배치하고 있으며, 일부 국가들은 우주를 무기화하려는 움직임을 보이고 있다. 비록 중국은 우주의 평화적 이용을 지지하고 외기에서의 무기화와 군비경쟁에 반대한다는 입장을 표명해왔지만, 한편으로 우주에서의 경쟁에 뒤떨어지지 않도록 우주역량을 비약적으로 발전시키고 있다. 2015년 『국방백서』에서도 중국은 "우주 영역에서의 안보 위협과 도전에 내처할 것이며, 국가경제 및 사회발전, 그리고 우주안보를 유지하기 위해 필요한 우주자산을 확보할 것"임을 밝히고 있다.[79]

중국은 가장 진보된 우주프로그램을 개발하고 있으며 지구상 및 우주 공간의 자산을 이용해 민간은 물론 군사 용도로 활용하고 있다. 중국이 역점을 두고 있는 분야는 위성통신, 정보·감시·정찰(ISR), 위성항법, 기상, 그리고 우주탐사 등으로 최근 중국은 이러한 분야에서 괄목할만한 성과를 거둔 것으로 평가되고 있다. 그 예가 2014년 8월 발사된 가오펀(高分)-2 위성으로 중국은 최초로 이 위성을 이용해 1미터 이하의 고해상도 영상을 얻을 수 있는 것으로 알려졌다.[80]

2014년 2월 시진핑은 '중앙네트워크안보 및 정보화영도소조(中央網絡安全信息化領導小組)'를 설치했는데, 이는 중국이 사이버 능력 발전에 우선순위를 부여하고 있음을 보여준다. 시진핑은 이 영도소조의 첫 회의에서 네트워크 안보와 정보화를 국가안보 및 국가발전에 중요한 두 요소라고 언급한 데 이어,[81] 2014년 10월에는 중앙군사위원회에서 "진일보한 강군의 정보안보 업무에 관한 의견(關于進一步加强軍隊信息安全工作的意見)"을 제시해 군사정보안보의 기본지침과

---

79 中華人民共和國國務院新聞辦公室, 『中國的軍事戰略』.

80 Office of the Secretary of Defense, *Annual Report to Congress: Miltiary and Security Developments Involving the People's Republic of China 2016*, p.13.

81 Amy Chang, *Warring State: China's Cybersecurity Strategy*(Center for New American Security, 2014.12), p.12.

원칙은 물론, 정보 방어 능력 및 전쟁에서 싸워 승리할 수 있는 능력을 강화할 것을 요구한 바 있다.[82] 이번 『국방백서』에서도 중국은 해커 공격의 주요 피해자로서 사이버 영역에서 중대한 안보 위협에 직면하고 있으며, 사이버공간이 군사적으로 많은 비중을 차지하는 만큼 사이버전력을 개발하기 위해 노력할 것임을 밝히고 있다.

중국의 사이버전은 미국과 달리 군사적 차원 외에 경제 및 정치적 목적을 위해 수행되고 있다. 즉, 중국은 경제발전을 위해 필요한 산업기술을 해킹하기 위해 사이버 간첩활동을 수행하고 있으며, 사이버 영역으로부터 야기될 수 있는 사회 불안정을 방지하기 위해 정보통제, 정치적 선전, 그리고 불만 세력의 동향을 파악하는 데 컴퓨터 네트워크를 활용하고 있다. 또한 군사적으로는 상대국가의 사이버 인프라, 사이버작전의 목표와 능력, 그리고 취약성을 파악하고, 사이버전이 발생할 경우 군사적 우세를 달성하기 위해 네트워크 작전을 연구하고 인적 자원을 양성하고 있다.[83]

3) 재래식 전력

중국 육군은 기동작전과 다차원적 공격 및 방어 능력을 구비해 전역방어형에서 전역기동형으로 전환하고 있다. 육군은 다른 지역에서의 임무 수행 능력을 구비하고, 다목적 작전 및 다차원적·입체적 작전, 그리고 합동작전 역량을 배양하기 위해 소형화·다기능화·모듈화에 주안을 둔 군 구조 건설을 추구하고 있다. 육군전력 증강은 계속해서 특수작전부대, 회전익 육군항공전력, 지휘통제 능력, 전투부대의 차량화 및 기계화, 그리고 개량된 방공 및 전자전 능력

82 같은 책, p.20.

83 같은 책, pp.21~26.

을 향상시키는 데 주력하고 있다.[84] 최근 육군의 전력화 동향으로는 러시아와 함께 구소련이 개발한 MI-26 중형 수송헬기를 공동으로 업그레이드하는 방안을 강구하고 있다. 육군의 기동성을 강화하고 있는 중국으로서는 특수부대의 무력 투사 능력을 강화할 수 있는 기회가 될 수 있을 것이다.

2014년 『국방백서』에서 중국 해군은 처음으로 전략 개념을 기존의 '근해방어(近海防禦)'에서 '근해방어 및 원해호위(遠海護衛)'로 전환하고 있음을 보여주었다. 지금까지 중국 해군은 '근해적극방어전략'을 추구하는 것으로 알려졌다. 비록 2012년 『국방백서』에서 중국 해군은 원해에서의 '기동작전과 전략적 억제 및 반격 임무'를 수행해야 한다고 적시했지만 '근해적극방어'라는 개념은 여전히 유효한 것으로 제시되었다. 그런데 이번 『국방백서』는 '원해호위'를 공식 전략 개념에 포함시킴으로써 중국 해군의 활동영역을 처음으로 원해까지 확대하겠다는 의도를 드러냈다. 아울러 중국 해군의 군사력 건설은 통합적·다기능적·효과적 해상 작전 능력 체계를 구비하기 위해 전략적 억제와 반격, 해상기동작전, 해상합동작전, 종합방어작전 및 종합적 지원 능력을 강화하는데 역점을 두고 있다.[85]

중국 해군은 잠수함전력을 현대화하는 데 우선순위를 부여해 현재 4척의 핵탄도미사일잠수함(SSBN), 5척의 공격용핵잠수함(SSN), 그리고 53척의 공격용 잠수함을 보유하고 있다. 재래식 잠수함전력으로는 러시아에서 도입한 킬로급 잠수함 12척 외에 송급 잠수함 13척, 위안급 잠수함 13척, 상급 잠수함 2척을 도입해 기존의 노후화된 잠수함을 대체하고 있다. 또한 중국 해군은 2008년 이후 수상함전력을 강화하고 있는데, 최근에도 다양한 종류의 함정이 도입되었다. 2014년에는 뤄양 2급 구축함 2척이 취역함으로써 총 6척을 보유하게

---

84 Office of the Secretary of Defense, *Annual Report to Congress: Miltiary and Security Developments Involving the People's Republic of China 2016*, p.13.

85 中華人民共和國國務院新聞辦公室, 『中國的軍事戰略』.

되었으며, 처음으로 뤼양 3급 구축함이 취역했다. 뤼양 3급 구축함은 다목적 수직발사대가 탑재되어 대함, 대지, 대공, 대잠 미사일을 발사할 수 있는 능력을 구비하고 있다.[86]

중국 공군은 항공우주 능력 및 공방겸비 작전을 수행하는 데 역점을 두고 국토방위형에서 공방겸비형으로 전환하고 있다. 공군은 미래 전장에서 정보화된 작전 요구를 반영해 항공과 우주가 결합된 작전체계를 구비하는 데 주력하고 있다. 공군력 건설은 전략적 조기경보, 항공타격, 공중 및 미사일 방어, 대정보, 공정작전, 전략적 투사 및 종합적 지원 능력을 강화하는 데 주안을 두고 있다. 중국 공군은 제5세대 스텔스전투기 개발에 진력한 이후 시험비행을 완료하고 2017년 말부터 실전에 배치하기 시작했다. 한편으로 중국은 2015년 러시아에서 Su-35 전투기 24대를 도입하는 계약을 체결했으며, H-6 장거리 폭격기를 개량해 공중급유기로, 해군항공의 함정공격용으로, 공군의 지상공격용으로 활용함으로써 장거리 타격이 가능한 공세적 능력을 강화하고 있다.

중국 공군은 방공 능력을 강화하기 위해 러시아로부터 사거리 400km인 S-400 트라이엄프 방공시스템을 도입하기 위해 계약을 체결했다.[87] 현재 중국의 방공전력은 러시아에서 도입한 S-300PMU1/2로 구성된 부대와 함께 자체 생산한 HQ-9 부대를 보유하고 있으며, 적의 탄도미사일 위협에 대응할 수 있는 전략적 방공체계를 개선하기 위해 HQ-19 체계를 개발하고 있다. 현재 개발하고 있는 Y-20 대형수송기는 2016년에 취역해, 향후 공정작전, 지휘 및 통제, 군수지원, 공중급유, 정찰활동 등에 활용될 것이다.[88]

---

86 Office of the Secretary of Defense, *Annual Report to Congress: Miltiary and Security Developments Involving the People's Republic of China 2016*, p.9.

87 "'찰떡행보' 중국-러시아… 달 기기 공동건설도 검토", ≪연합뉴스≫, 2015.5.2.

88 Office of the Secretary of Defense, *Annual Report to Congress: Miltiary and Security Developments Involving the People's Republic of China 2016*, pp.12~13.

4) 중국의 국방예산

국방예산은 국방의 우선순위, 정책, 전략, 그리고 능력을 가늠하는 유용한 지표가 될 수 있다. 국방예산의 규모와 변화, 그리고 주요 사용내역은 국가의 전략적 의도와 미래 군사력 발전계획을 드러낼 수 있다.[89] 따라서 주변국들이 중국의 국방비에 대해 관심을 갖는 것은 당연한 일이다. 그럼에도 중국의 국방예산을 판단하는 데에는 많은 논란의 소지가 있는 것이 사실이다.

2015년 3월 전국인민대표대회 전체회의에서 중국은 국방비를 전년도 대비 10.1% 증가한 8869억 위안(약 1415억 달러)로 발표했다.[90] 이는 2014년 중국의 GDP 성장률 약 7%를 훨씬 웃도는 것으로 중국의 국방비는 이제 경제성장 속도와 관계없이 신성불가침의 영역으로 자리를 잡고 있다. 중국이 예년의 『국방백서』에서 제시해온 것처럼 21세기 중반을 목표로 한 국방 및 군 현대화를 달성하기까지 이 같은 국방비의 증액은 지속될 것으로 보인다.

현재 중국의 국방비는 전비를 제외한 미국의 국방비 5340억 달러와 비교할 때 큰 차이를 보이지만 중국의 실제 국방비는 공식 국방비보다 약 1.5배가 많다는 점을 지적하지 않을 수 없다.[91] 즉, 중국의 실제 국방비는 공식 국방비보

89 Richard A. Bitzinger, "Analyzing Chinese Military Expecditures," Stephen J. Flanagan and Michael E. Marti(ed.), *The People's Liberation Army and China in Transition* (Honolulu: University Press of the Pacific, 2004), p.177.

90 "年5年2位數擴張 中國2015軍費再增10.2%", 風傳媒, 2015.3.5.

91 중국의 실제 국방비는 정부가 발표하는 공식 국방비를 크게 상회하는 것으로 알려져 있다. 1989년 스톡홀름 국제평화연구소(SIPRI)의 연구에 의하면 중국이 공식적으로 발표하지 않은 예산을 감안할 경우 실제 국방비는 공식 국방비의 약 1.8배 정도가 된다. 중국이 발표하고 있는 공식 국방비에는 크게 병력유지비, 교육 훈련비가 포함되어 있다. 병력유지비는 장병들에 대한 봉급, 수당, 급식, 피복, 보험, 복리, 위로금이 포함된다. 교육 훈련비는 부대 훈련과 교육기관 운영, 그리고 건설사업이 포함된다. 장비비는 무기 장비의 연구, 개발, 시험, 구매, 수리 등의 비용을 충당한다. 그러나 공식 국방비에는 중앙 및 지역별 인민무장경찰 예산, 군 외 연구기관의 국방 관련 연구비, 민간 군수 관련 공장 등 건설부분, 퇴역군인에 대한 정부보

〈표 3-3〉 중국·미국·일본의 국방비 비교 (단위: 억 달러)

구분	2000	2005	2010	2015
중국	145	353	764	1,415
중국(실국방비)	218	530	1,146	2,123
미국	3,005	5,050	6,969	5,340
일본	456	411	528	420

다 훨씬 많은 약 2100억 달러로 추정할 수 있으며, 앞으로 더딘 증가율을 보일 것으로 예상되는 미국의 국방비를 따라잡을 수 있을 것이다. 한편 일본과의 격차는 매년 더 벌어지고 있다. 2015년의 경우 일본의 방위비는 사상 최대의 규모인 4조 9800억 엔, 즉 420억 달러로 책정되었으며, 중국의 공식 국방비와 비교하면 2014년 2.7배에서 2015년 3배로 격차는 더 커졌다.

중국의 국방비는 대부분 중국군이 추구하고 있는 군의 현대화와 정보화에 우선적으로 투입될 것이다. 리커창(李克强) 총리는 2015년 3월 전국인민대표대회에서 "군수의 현대화, 첨단기술 무기 및 장비의 연구개발, 방위산업 관련 과

조, 군수산업 관련 정부보조, 무기수입 비용, 군의 생산활동에 따른 수익, 무기수출에 따른 수익 등이 누락되어 있다. 2011년부터 SIPRI는 중국의 실제 국방비를 산정하는 데 공식 국방비의 1.5배를 적용하고 있다. Shaoguang Wang, "Appendix 7D. The Military Expenditure of China, 1989-1998," *SIPRI Yearbook 1999: Armaments, Disarmament and International Security* (Oxford: Oxford University Press, 1999), pp.334~349. 물론, 중국의 실제 국방비에 대해서는 학자들마다 다른 견해가 있는 것이 사실이다. 리처드 비징거(Richard Bitzinger)는 중국의 공식 국방비와 실제 국방비와 큰 차이가 없음을 주장한다. Richard Bitzinger, "Analyzing Chinese Military Expenditures," in Stephen J. Flanagan and Michael E. Marti(ed.), *The People's Liberation Army and China in Transition* (Honolulu: University Press of the Pacific, 2004), pp.177~192. 그러나 섐보는 약 2.2배, 미 국방부는 약 1.7배의 차이가 있는 것으로 보고 있다. David Shambaugh, *Modernizing China's Military: Progress, Problems, and Prospects* (Berkeley: University of California Press, 2002), p.223; Office of Secretary of Defense, *Annual Report to Congress: Miltiary and Security Developments Involving the People's Republic of China 2011*, p.41. 이 논문에서는 근거가 가장 명확하게 제시된 왕샤오광(Shaoguang Wang)의 논문을 참고했다.

〈그림 3-1〉 중국·미국·일본의 국방비 비교 (단위: 억 달러)

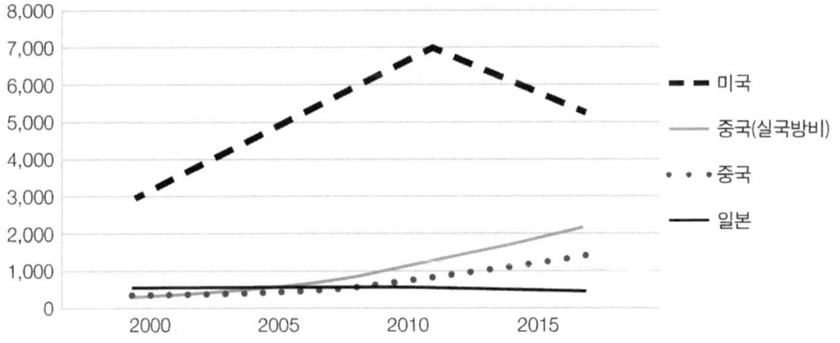

학기술산업을 강화해야 한다고 강조하고, 정부는 모든 노력을 다해 국방 및 군을 강화하도록 지원할 것"임을 밝힌 바 있다.[92] 중국군은 미래의 정보화된 전쟁에서 승리할 수 있는 능력을 구비하기 위해 매진하고 있는 만큼 중국의 국방비는 앞으로도 매년 10% 이상의 가파른 상승세를 보일 것으로 전망된다. 중국군이 첨단무기와 장비를 개발하고 우주를 포함한 영역에서 정보우세를 달성하기 위해 체계를 건설하기 위해서는 천문학적인 예산이 소요될 것이기 때문이다. 중국의 국방비는 GDP 대비 약 1.5%에 불과한 것으로 전 세계 국가들의 평균치인 2.6%에 비해 적다. 그러나 이는 아이러니하게도 중국이 다른 경쟁국가들에 비해 앞으로도 계속 국방비를 올릴 수 있는 여력이 충분하다는 것을 방증한다.

92 Franz-Stefan Gady, "Confirmed: China's Defense Budget Will Rise 10.1% in 2015," *The Diplomat* (2015.3.5).

6. 결론

중국의 군사전략은 21세기 급증하는 중국의 국가이익을 수호하기 위해 국제안보환경 변화와 전쟁 양상의 변화, 그리고 주변국의 군사 동향을 반영해 체계적으로 마련된 것으로 평가할 수 있다. 그럼에도 정보화전쟁에 대비한 중국의 군사전략에는 다음과 같은 한계와 문제점이 존재한다.

첫째, 중국의 군사전략이 개념적으로는 논리적이고 타당할 수 있으나 실행 가능성 측면에서는 한계가 있다. 중국이 정보화 조건하 국부전쟁 수행 능력을 구비하는 시점을 21세기 중반 정도로 예상하고 있다면 지금부터 상당한 기간은 공백기로서 첨단기술전쟁에 입각한 군사전략 수준에 머물러 있을 수밖에 없다. 더구나 유럽연합을 중심으로 서구 국가들이 1989년 이후 중국에 대한 무기기술 금수조치를 해제하지 않고 있음을 고려한다면 중국이 21세기 중반까지 서구의 정보화를 따라잡기는 어려울 것으로 예상된다. 그렇다면 중국의 적극방어 군사전략은 생각보다 오랜 기간 "장밋빛 청사진"에 머물러 있을 수밖에 없을 것이다.

둘째, 중국의 군사전략은 미국의 위협을 상정하고 대비한다는 점에서 잠재적 위험을 내포하고 있다. 중국이 정보화전쟁을 준비한다는 것은 결국 대만이나 주변국의 위협보다는 궁극적으로 미국 또는 미일동맹으로부터의 위협에 대비하는 것을 의미한다. 그러나 중국의 이 같은 전략은 스스로 미국과의 군사력 건설 경쟁에 말려들 수 있는 위험을 안고 있으며, 국제적으로 중국 위협론을 부채질함으로써 "화평굴기", 즉 중국이 평화롭게 부상하는 데 암초로 작용할 수 있다. 중국이 향후 정보화전쟁에서 승리할 수 있는 능력을 갖추는 시점을 '느긋하게' 설정한 것도 이러한 부정적 요인을 감안했던 것으로 이해할 수 있다. 그럼에도 중국의 적극방어 군사전략은 그 추진과정에서 미국과의 갈등과 충돌 가능성을 배제할 수 없으며, 따라서 정보화 조건에 부합한 군사전략을 현실화해나가는 데에는 보이지 않는 한계가 있다고 하겠다.

셋째, 중국이 약자의 입장에서 추구하는 비대칭전략은 나름대로의 유용성과 함께 위험성도 존재한다. 상대적으로 강한 적의 약점을 노리는 비대칭전략은 정보화전쟁을 수행할 능력을 갖추지 못한 중국으로서 최선의 전략적 대안이 될 수 있다. 그러나 중국의 비대칭적 접근은 한편으로 상대가 역비대칭전략을 추구하게 하는 압력으로 작용할 수 있으며, 이는 중국과의 기술적 격차를 더욱 확대하는 부정적 결과를 가져올 수 있다. 예를 들어 중국이 반위성 기술을 개발하고 있다는 사실을 인지한 미국은 그러한 기술을 무력화하기 위해 더욱 우주개발에 열을 올릴 뿐 아니라 중국의 군사기술 개발에 대한 견제를 강화할 수 있을 것이다. 군사전략·작전적 차원에서의 이득이 자칫 정치적·외교적·기술적 차원에서의 더 큰 손실로 귀결될 수 있는 셈이다.

넷째, 군사전략의 개념을 올바르게 설정했다고 해서 그것이 곧 군사적 능력을 극대화하는 것은 아닐 수 있다. 중국의 군사전략이 국제안보상황과 현대전의 변화, 그리고 주변국의 군사 동향을 반영해 논리적이고 체계적으로 마련된 것이라 하더라도 그것을 현실적으로 구현하는 것은 별개이다. 중국군이 적극방어 군사전략을 각 군별로 전략적·작전적 수준에서 구체화하고 있지만 그것을 구현하기까지는 상당한 시일을 요한다. 미군이 현재와 같은 정보화전쟁 시스템을 구비하는 데에도 약 40년이 걸린 것으로 평가되고 있다. 정보화전쟁에서 요구되는 합동성과 통합성, 원거리 작전 능력, 신속 전개 능력, 정밀 타격 능력, 선제 공격 능력 등은 듣기 좋은 구호로만 이루어지는 것이 아니라 수많은 훈련과 작전을 수행하면서 숱한 시행착오를 통해 구현될 수 있기 때문이다.

중국의 군사전략은 향후 동아시아 및 한반도 안보에 다음과 같은 영향을 줄 것으로 전망된다. 첫째, 중국의 군사전략은 불가피하게 역내 국가들과의 전략무기 개발 경쟁을 가속화할 것이다. 중국은 급속도로 성장하고 있는 경제력을 바탕으로 재래식 전력뿐 아니라 핵 및 미사일 등 전략무기 현대화, 그리고 우주무기를 비롯한 비대칭전력을 적극 개발하고 있다. 이러한 중국의 군사적 동향은 주변국들의 안보에 부정적인 영향을 줌으로써 이들과의 군비경쟁으로 확산될 가능성이 크다. 예를 들어, 미국과 일본에서 추진하고 있는 미사일 방어에 대해 중국은 이미 러시아와의 기술협력을 통해 반위성무기나 다탄두미사일(MIRV) 등을 개발하고 있으며, 이러한 상황은 양자 간의 전략무기 개발 경쟁으로 이어질 수 있다.

둘째, 중국의 적극적인 해양력 확대 움직임은 미국 및 일본의 영향권과 충돌함으로써 동아시아 지역의 안정을 저해하는 요인으로 작용할 수 있다. 공군력 및 해군력이 증강되면서 중국은 과거 연안에 머무르던 활동범위를 근해로까지 확대해나가고 있다. 중국은 2010년까지 항공모함을 도입할 계획을 갖고 있으며, 이는 2020년 이후 해양력을 원해로 확대할 계획을 갖고 있음을 의미한다. 중국의 해양력 강화노력은 미일동맹의 활동영역 확대로 인해 당장 동중국해와 남중국해에서 두 영향권이 충돌하는 결과를 가져오게 됨으로써 한반도 문제, 역내 영유권 분쟁, 일본의 유엔안보리 진출, 미사일 방어 등의 현안을 둘러싸고 긴장을 고조시킬 수 있을 것이다.[93]

셋째, 중국군의 현대화는 중국이 지역 내 안보현안과 관련해 좀 더 단호한 입장을 견지하도록 함으로써 역내 불안정의 원인으로 작용할 수 있다. 최근 중국은 암암리에 무력시위를 통해 국가이익을 추구하는 경향을 보이고 있다. 2001년 이후 지속되고 있는 SCO 회원국들과의 훈련, 그리고 2005년 8월 및 2007년 8월 각각 실시된 러시아와의 '평화의 사명(Peace Mission)' 훈련은 자국의 군사력 현대화를 대외에 과시함으로써 영유권 분쟁, 미국의 역내 군사력 강화, 대만 문제 등과 관련해 억제력을 제고하려는 의도가 다분히 포함되어 있

93 박창희, 「유라시아 지정학 변화와 중러관계: 기원과 발전, 그리고 동북아에 미치는 영향」, ≪국가전략≫, 제12권 3호(2006), 97쪽.

다.[94] 그리고 최근 중국은 동중국해 및 남중국해 영토분쟁과 관련해 그 어느 때보다 단호한 태도를 보이고 있다. 이러한 중국의 움직임은 최근 역내 안보현안에 대해 외교적으로 협력하려는 자세를 보이고 있으면서도, 자칫 군사적으로는 주변국과의 갈등과 대립 가능성을 높일 수도 있을 것으로 보인다.

중국은 21세기 전략 환경을 기초로 정보화전쟁을 수행하기 위한 군사전략을 마련하고 있다. 어쩌면 이는 세계적으로 거스를 수 없는 군사혁신의 물결을 따라가고 있는 것으로 볼 수 있다. 그러면서도 중국은 그들만의 특색을 갖춘 그 나름대로의 전략을 추구함으로써 더욱 현실에 부합된 전략을 모색하고 있다. 중국의 군사전략이 앞으로 어떻게 구현되고 효과적으로 작동할 것인지는 아직 알 수 없다. 다만 한국군으로서는 중국의 군사전략이 동북아 및 한반도에 미치는 영향을 냉철하게 판단하고 대비해나가야 할 것이며, 그 핵심은 한국의 특성에 부합된 군사전략 개념을 설정하고 발전시켜나가는 것에 있다고 할 수 있다.

94 Elizabeth Wishnick, "Russia and the CIS in 2005: Promoting East Asian Oil Diplomacy, Containing Change in Central Asia," *Asian Survey*, Vol.46, No.1(2006), p.76; Tai Wei Lim, "Implications of the People's Liberation Army's Technocratization for U.S. Power in East Asia," Asian Affairs, Vol.31, No.1(Spring 2004), p.32.

참고문헌

박병인. 2013.7.「미중 정상회담과 한반도 정세」. ≪한반도 포커스≫, 제24호(7/8).

박창희. 2006.「유라시아 지정학 변화와 중러관계: 기원과 발전, 그리고 동북아에 미치는 영향」. ≪국가전략≫, 제12권 3호.

______. 2007.6「중국인민해방군의 군사혁신(RMA)과 군현대화」. ≪국방연구≫, 제50권 1호.

유철종. 2006.『동아시아 국제관계와 영토분쟁』. 서울: 삼우사.

장완녠(張万年). 2002.『21세기 세계군사와 중국국방』. 이두형·이정훈 옮김. 서울: 평단문화사.

中國 國防大學. 2000.『中國 戰略論』. 박종원·김종운 옮김. 서울: 팔복원.

軍事科學院戰略硏究部. 2001.『戰略學』. 北京: 軍事科學出版社.

王保存. 2005.『世界新軍事變革新論』. 北京: 解放軍出版社.

中華人民共和國國務院新聞辦公室. 2004.『2004年 中國的國防』.

______. 2006.12『2006年 中國的國防』.

______. 2011.『2010年 中國的國防』.

______. 2011.『中國的平和發展』.

______. 2013.4.『中國武裝力量的多樣化運用』.

______. 2015.5.『中國的軍事戰略』.

彭光謙. 2006.『中國軍事戰略問題硏究』. 北京: 解放軍出版社.

Bitzinger, Richard A. 2004. "Analyzing Chinese Military Expecditures." in Stephen J. Flanagan and Michael E. Marti(ed.). *The People's Liberation Army and China in Transition*. Honolulu: University Press of the Pacific.

Baochun, Wang and James Mulvenon. 2000. "China and the RMA." *The Korean Journal of Defense Analysis*, Vol.12, No.2(Winter).

Chambers, Michael R. 2007. "Framing the Problem: China's Threat Environment and International Obligations." in Roy Kamphausen and Andrew Scobell(ed.). *Right Sizing the People's Liberation Army: Exploring the Contours of China's Military*. Carlisle: SSI.

Chang, Amy. 2014.12. *Warring State: China's Cybersecurity Strategy*. Center for New American Security.

Finkelstein, David M. 2005. "Thinking About the PLA's Revolution in Doctrinal Affairs." in James Mulvenon and David M. Finkelstein(ed.). *China's Revolution in Doctrinal Affairs:*

Emerging Trends in the Operational Art of the Chinese People's Liberation Army. Alexandria: CNA Corporation.

______. 2007. "China's National Military Strategy: An Overview of the Military Strategic Guidelines." in Roy Kamphausen and Andrew Scobell(ed.). *Right Sizing the People's Liberation Army: Exploring the Contours of China's Military*. Carlisle: Strategic Studies Institute.

Fravel, Taylor. 2005. "The Evolution of China's Military Strategy: Comparing the 1987 and 1999 Editions of Zhanlüexue." in James Mulvenon and David M. Finkelstein(eds.). *China's Revolution in Doctrinal Affairs: Emerging Trends in the Operational Art of the Chinese People's Liberation Army*. Alexandria: CNA Corporation.

Gady, Franz-Stefan. 2015.3.5. "Confirmed: China's Defense Budget Will Rise 10.1% in 2015." *The Diplomat*.

IISS. 2015. *The Military Balance 2014*. London: Routledge.

Jervis, Robert. 1978. "Cooperation Under the Security Dilemma." *World Politics*. Vol.30, No.2.

Ji, You. 1999. *The Armed Forces of China*. New York: I.B. Tauris.

Joint Chiefs of Staff. 2004. *The National Military Strategy of the United States of America*.

Kamphausen, Roy and Andrew Scobell(eds.). 2007. *Right Sizing the People's Liberation Army: Exploring the Contours of China's Military*. Carlisle: Strategic Studies Institute.

Kulacki, Gregory. 2011.10. "China's Nuclear Arsenal: Status and Evolution." *Union of Concerned Scientists*.

Lim, Tai Wei. 2004. "Implications of the People's Liberation Army's Technocratization for U.S. Power in East Asia." *Asian Affairs*. Vol.31, No.1(Spring).

Lo, Bobo. 2003. *Vladimir Putin and Evolution of Russian Foreign Policy*. London: Blackwell Publishing.

Medeiros, Evan S. and M. Taylor Fravel. 2003.11. "China's New Diplomacy." *Foreign Affairs*. Vol.82, Issue.6(11/12).

Ministry of Foreign Affais of Japan. 2015.4.27. *The Guidelines for Japan-U.S. Defense Cooperation*.

Mulvenon, James and David M. Finkelstein(eds.). 2005. *China's Revolution in Doctrinal Affairs: Emerging Trends in the Operational Art of the Chinese People's Liberation Army*. Alexandria: CNA Corporation.

Murray, Williamson and Macgregor Knox. 2001. "Thinking About Revolution in Warfare." *The Dynamics of Military Revolution, 1300-2050*. Cambridge: Cambrige University Press.

Office of the Secretary of Defense. 2007. *Military Power of the People's Republic of China 2007: Annual Report to the Congress.*

______. 2011. *Annual Report to Congress: Miltiary and Security Developments Involving the People's Republic of China 2011.*

______. 2016.5. *Annual Report to Congress: Miltiary Security Developments Involving the People's Republic of China 2016.*

Park, Changhee. 2004.6. "The Significance of Geopolitics in the US-China Rivalry." *KNDU Review.* Vol.9, No.1.

Pollack, Jonathan D. 2002. "Chinese Security in the Post-11 September World: Implications for Asia and the Pacific." *Asia-Pacific Review.* Vol.9, No.2.

Saunders, Phillip C. and Joel Wuthnow. 2016.4. "China's Goldwater-Nichols?: Assessing PLA Organizational Reforms." *Strategic Forum.*

Shambaugh, David. 2002. *Modernizing China's Military: Progress, Problems, and Prospects.* Berkeley: University of California Press.

Sutter, Robert. 2003/2004. "Why Does China Matter?" *The Washington Quarterly.* Vol.27, No.1(Winter).

Wang, Baochun and James Mulvenon. 2000. "China and the RMA." *The Korean Journal of Defense Analysis.* Vol.7, No.2(Winter).

Wang, Shaoguang. 1999. "Appendix 7D. The Military Expenditure of China, 1989-1998." *SIPRI Yearbook 1999: Armaments, Disarmament and International Security.* Oxford: Oxford University Press.

Wang, Vincent Wei-cheng and Gwendolyn Stamper. 2002. "Asymmetric War?: Implications for China's Information Warfare Strategies." *American Asian Review.* Vol.20, No.4(Winter).

Wishnick, Elizabeth. 2006. "Russia and the CIS in 2005: Promoting East Asian Oil Diplomacy, Containing Change in Central Asia." *Asian Survey.* Vol.46, No.1.

Zhang, Biwu. 2005.9/10. "Chinese Perceptions of American Power, 1991-2004." *Asian Survey.* Vol.XLV, No.5.

기사

≪연합뉴스≫. 2015.5.2."'찰떡행보' 중국-러시아… 달 기기 공동건설도 검토".

______. 2013.6.9.

≪조선일보≫. 2013.12.2.

≪新華網≫. 2014.6.21. “‘習近平一週三提國安委正式運轉”.

______. 2012.11.8. “繼續促進人類和平與發展崇高事業”.

______. 2013.1.29. “習近平: 更好統籌國內國際兩個大國 夯實走和平發展道路的基礎”.

______. 2013.7.31. “習近平: 進一步關心海洋認識海洋經略海洋 推動海洋强國建設下斷取得新成就”.

≪新華社≫. 2003.3.10. “江澤民强調: 全面貫徹三个代表重要思想和十六大情神積極推進中國特色軍事變革”.

______. 2003.5.24. “胡錦濤强調密接關注世界新[illegible]事變革的發展態勢積極關心支持國防和軍隊現代化建設”.

風傳媒. 2015.3.5. “年5年2位數擴張 中國2015軍[illegible]再增10.2%”.

國防報. 2004.3.2. “新軍事變革旣需要‘信息優勢’[illegible]要‘決策優勢’”. ≪新華网≫.

≪人民網≫. 2012.11.8. “中國共産黨第十八次[illegible]代表大會開幕 胡錦濤作報告”.

≪星島日報≫. 2014.6.21. “習近平一週三提[illegible]委正式運轉”.

林保華. “中國正在揚棄 ‘韜光養晦’策略”. [illegible]時事評論≫. http://www.epochtimes.com.hk/b5/5/8/18/6193p.htm

Ford, Peter. 2013.7.26 “Decodi[illegible] Jinping's ‘China Dream’.” *The Christian Science Monitor.* *People's Daily.* 2009.11[illegible]

Wen, Philip. 2015.5.26. “[illegible]ina Releases ‘Active Defense’ Military Strategy, Warns Those ‘Meddling’ in the [illegible]uth China Sea.” *The Southern Morning Herald.*

Yang, Jiechi. 2013[illegible]. “Innovations in China's Diplomatic Theory and Practice under New Conditions[illegible] *[illegible]eople's Daily Online.* http://english.peopledaily.com.cn/90883/8366861.html

제4장

러시아의 군사전략

김영준

1. 서론

러시아는 2014년의 우크라이나 사태와 2015년 시리아 내전 개입을 중심으로 탈냉전 이후 국제질서 수립에 중요한 강대국으로 다시 주목받게 되었다. 이는 2000년 푸틴 집권 이후 주로 체첸 테러 대응이나 2008년 조지아 전쟁 등 주로 구소련 지역의 영향력 유지에 제한되어 있던 유라시아권의 지역 강국으로서의 러시아의 모습과 구별되는 것이었다. 이는 기존의 NATO 회원국 확장이나 이라크 전쟁, MD 체제 확장 등 미국의 일방주의에 반대하던 수동적인 국제 행위자였던 러시아의 모습을 훨씬 뛰어넘어서, 주변국에 영향을 미치고 주요 국제 질서를 적극적으로 수립하는 냉전기 시절 강대국 러시아의 모습이었기 때문에 많은 학자와 전문가, 언론인은 이러한 국제질서의 변화를 '신냉전(The New Cold War)'이라고 설명해왔다.[1]

1 Edward Lucas, *The New Cold War: Putin's Russia and the Threat to the West* (London: Palgrave Macmillan, 2008); Agnia Grigas, *Beyond Crimea: The New Russian Empire* (New Haven and London: Yale University Press, 2016).

이 장에서는 국제사회의 주요 행위자로 다시 주목받고 있는 러시아의 군사전략에 대해 살펴볼 것이다. 러시아의 군사전략도 다른 국가의 군사전략처럼 국가의 목표와 이익을 달성하기 위한 수단으로써, 한 국가와 국민이 겪어온 독특한 역사와 문화, 지정학적 환경, 국내외 정치·경제적 상황에 영향을 받아 형성된다.[2] 이러한 점에서 이 장은 다음의 순서로 구성될 것이다.

서론에 이은 두 번째 절에서는 러시아의 군사전략 형성에 중요한 영향을 미치는 요인을 살펴본다. 러시아 군사전략 형성에 가장 큰 영향을 미치는 요인으로 역사적 요인, 지정학적 요인, 정치 경제를 중심으로 한 국내적 요인 즉 세 가지 요인을 살펴볼 것이다. 먼저 역사적 요인에서는 러시아의 외교안보 군사전략을 공격적 팽창주의(Aggressive Expansionism)로 보는 관점과 침략을 받아온 희생자 공동체 의식(Community Spirit of Victimization)을 바탕으로 한 방어적인 수세 전략으로 보는 관점을 소개하고, 이 두 관점에서 볼 때 러시아인들의 역사적 경험이 어떻게 러시아 군사전략 형성에 영향을 미쳤는지 알아볼 것이다. 두 번째로는 지정학적 요인을 들여다볼 것이다. 유라시아 대륙에 걸쳐 광대한 영토를 가진 러시아의 지정학적 특징을 설명한 후 이러한 점이 러시아 군사전략 형성에 어떻게 영향을 미쳤으며, 러시아 전략 사상 발전과는 어떻게 밀접하게 연관되었는지를 알아본다. 마지막으로는 국내적 요인을 살펴본다. 특히 최근의 러시아 정치 경제 상황에 주목해, 이러한 정치 경제 여건이 러시아 외교안보 군사전략의 방향과 성격에 어떻게 영향을 주었으며, 반대로 러시아의 외교안보 군사전략이 다시 러시아 정치 상황에 영향을 주었는지 살펴볼 것

---

2 Youngjun Kim, "Russo-Japanese War Complex: A New Interpretation of Russia's Foreign Policy toward Korea," *The Korean Journal of International Studies*, Vol.13, No.3(2015.12), pp.555~575; 김영준, 「푸틴의 전쟁과 러시아 전략사상」, ≪국가전략≫, 22권 4호(2016), 153~182쪽; 김영준, 「러시아 외교·안보 정책의 역사적 기원과 푸틴의 동북아시아 정책」, ≪국방대학교 교수논총≫, 24권 2호(2016), 43~68쪽.

이다. 즉, 국내 정치 경제 상황과 러시아 외교안보 군사전략 간 상호 어떠한 영향을 주었는지를 알아볼 것이다.

세 번째 절에서는 탈냉전 이후 러시아 전략 환경 변화에 대해 살펴본다. 특히 2000년 푸틴 집권기 이후 푸틴의 외교안보전략이 어떠한 전략 상황에 변화에 맞추어 어떤 형태로 변화했는지에 주목한다. 나아가 이러한 전략 상황의 변화에 따른 러시아의 대응 방향의 변화는 군사전략의 발전 양상에 직접적인 영향을 미쳐왔기 때문에, 구체적으로 어떠한 전략 환경의 변화가 군사전략 발전 양상에 큰 영향을 주었는지도 분석할 것이다.

네 번째 절에서는 앞 절에서 알아본 러시아 안보 환경의 특징과 변화를 바탕으로, 최근 어떠한 군사전략이 형성되고 발전되어왔는지 살펴볼 것이다. 본 절에서는 하이브리드 전쟁(Hybrid Warfare)으로 알려진 러시아 군사전략에 관해 최근의 독트린과 러시아 지도층의 인식과 실행한 정책을 중심으로 심도 있게 살펴볼 것이다. 먼저 2014년에 발표된 러시아 군사독트린(Military Doctrine)과 2015년에 발표된 러시아 국가안보전략독트린(National Security Strategy Doctrine)에 대한 분석을 통해, 러시아가 어떠한 요소를 위협과 위험으로 인식하고 있으며, 이에 대해 어떠한 방식으로 대응하고자 하는지 설명할 것이다. 이어서 러시아 군사전략의 주요 집행자인 러시아 대통령 블라디미르 푸틴(Vladimir Putin)과 국방장관 세르게이 쇼구(Sergey Shoygu), 총참모장 발레리 제라시모프(Valery Gerasimov)의 연설과 기고 내용에 대한 분석을 토대로, 러시아 지도층의 군사전략 개념을 짚어본다. 이를 바탕으로 최근 우크라이나 사태와 크림반도 합병, 미국 대통령 선거와 시리아 내전 동안 현장에서 구현되고 실시된 러시아 군사전략의 특징을 분석할 것이다.

다섯 번째 절에서는 앞 절에서 다룬 러시아 군사전략을 달성하기 위해 2008년부터 시행되고 있는 러시아 국방개혁을 살펴볼 것이다. 이 과정에서 강한 국가 건설이라는 러시아 국가목표 달성을 위해 강력히 추진되어온 러시아 국방개혁의 배경과 현황 그리고 한계점을 알아볼 것이다.

마지막 절은 결론으로 앞으로 발전하게 될 러시아 군사전략의 방향에 관해 알아보고, 한반도를 비롯한 동북아시아에 대한 영향에 대해 전망할 것이다.

2. 러시아 군사의 영향 요인

러시아의 군사전략과 국방정책은 다른 여러 나라와 마찬가지로 지정학적 특성과 국내외의 정치 경제의 상황에 영향을 받아왔다. 한 국가의 외교안보전략이 해당 국민들이 겪어온 역사적 경험과 지정학적 특성, 그로 인해 오랫동안 형성된 안보관의 영향을 받아 형성되고 집행된다는 점에서, 러시아의 군사전략도 러시아가 위치한 독특한 지정학적 환경 속에서 러시아 국민들이 겪어온 역사적 경험과 그로 인해 형성된 러시아인들의 안보관의 영향을 받아왔다는 것은 자명한 일이다. 이 절에서는 현재의 러시아 군사전략을 형성시키고 발전시키는 데 가장 많은 영향을 끼친 요인인 세 가지 요인을 살펴본다. 역사적 요인, 지정학적 요인 그리고 국내적 요인이 그것이다. 그중 특히 중요한 역사적 요인과 지정학적 요인에 대해 더욱 구체적으로 검토할 것이다.

1) 역사적 요인

러시아는 광대한 영토와 오랜 역사를 지닌 국가이다. 더불어 세계 최대의 면적을 보유한 국가로 주변 국가들에게 많은 영향력을 끼쳐왔던 패권국이었다. 흥미로운 점은 러시아인들에게는 패권국가로서의 러시아에 대해 자부심과 우월감이 존재하는 동시에, 정반대로 오랜 기간 외세의 침략에 피해를 받아왔다는 인식에서 비롯된 희생자 공동체 의식(Community Feeling of

Victimization)이 존재한다는 것이다. 이러한 모순되는 역사 인식은 러시아 역사를 살펴보면 이해할 수 있게 된다. 러시아는 수 세기 동안 광대한 영토를 차지했다. 때로는 국가 주도 아래에서, 또 때로는 무역 통로 확보를 위해 우연히 진행된 영토 확장이었다. 서방세계에서는 이를 러시아의 공격적 팽창주의이라고 비난해왔고, 이러한 러시아의 공격적이고 패권적인 이미지는 냉전기를 거치며 반대 진영인 서방 세계에 의해 강화되었다. 실제로 현재도 많은 역사학자는 러시아 혹은 소련이 공격적인 패권주의로 인해 주변국에 얼마나 많은 희생을 불러오고 강요해왔는지 연구하고 있다.

대표적인 최신 연구로 예일대학교의 티머시 스나이더(Timothy Snyder)의 『블러드랜드: 히틀러와 스탈린 사이의 유럽(Bloodlands: Europe between Hitler and Stalin)』이 있다. 스나이더는 역사적 고증을 통해 우크라이나, 벨라루스, 발트 3국 일대부터 동유럽 지역 전역에서 광범위하게 이루어진 조세프 스탈린(Joseph Vissarionovich Stalin)과 히틀러에 의해 자행된 1400만 명이 넘는 이 지역 주민들에 대한 학살을 다루고 있다.[3] 한국전쟁 기간 소련의 패권적이고 침략적인 전략을 비판한 대표적인 연구자는 우드로 윌슨 국제 센터(Woodrow Wilson International Center for Scholar)에서 국제냉전사프로젝트(Cold War International History Project) 책임연구원이었던 캐스린 웨더스비(Kathryn Weathersby)와 조지워싱턴대학교의 리처드 C. 손턴(Richard C. Thornton) 교수가 있다. 한국전쟁 기간 소련의 패권적인 정책에 대한 비난이 1950년대 전통주의자 사이에서 두드러졌다는 것은 새롭지 않은 사실이지만, 소련, 중국 및 동유럽 등의 공산권 1차 사료가 해제된 탈냉전기에 소련의 침략주의적인 대외정책을 비난한 것은 위 두 연구자가 대표적이다. 캐스린 웨더스비는 크렘린과 평양, 베이징 간의

3 Timothy Snyder, *Bloodlands: Europe between Hitler and Stalin* (New York: Basic Books, 2010).

서신과 편지, 회의록 등의 러시아 1차 사료를 바탕으로 스탈린이 김일성의 한국전쟁 준비에 오랫동안 깊숙이 개입해왔음을 밝혀내면서, 스탈린의 한국전쟁 역할을 재조명했다.[4] 리처드 C. 손턴 교수는 저서 『오드맨 아웃: 트루먼, 스탈린, 마오와 한국전쟁의 기원(Odd Man Out: Truman, Stalin, Mao and the Origins of the Korean War)』에서 스탈린이 새로운 공산권의 경쟁자인 마오쩌둥을 국제적으로 고립시키기 위해 한국전쟁을 이용했다는 주장을 펼치면서, 스탈린의 교활성에 주목했다.[5] 소련의 공격적인 대외정책에 관한 냉전기 관련 연구로는 예일대 교수인 존 루이스 개디스(John Lewis Gaddis)의 연구가 있다. 개디스는 냉전 종식 이후 공산권 진영의 1차 사료를 바탕으로 냉전의 기원은 침략적이고 패권적이던 소련 지도자 스탈린의 책임이라고 저서 『위 나우 노: 냉전사 재해석하기(We Now Know: Rethinking Cold War History)』와 『냉전사: 새로운 해석(The Cold War: A New History)』에서 밝힌 적이 있다.[6] 개디스는 냉전기 동안에는 저서 『봉쇄 전략: 냉전기간 미국 국가 안보 정책 분석(Strategy of Containment: A

---

4 Kathryn Weathersby, "Soviet Aims in Korea and the Origins of the Korean War, 1945-1950: New Evidence from Russian Archives," *Cold War International History Project Working Paper*, No.8(1993); Kathryn Weathersby, "New Evidence on the Korean War," *Cold War International History Project Bulletin* 6/7, pp.30~125(1995a); Kathryn Weathersby, "To Attack or Not Attack? Stalin, Kim Il Sung, and Prelude to War," *Cold War International History Project Bulletin*, Vol.5(1995b); Kathryn Weathersby, "New Evidence on the Korean War," *Cold War International History Project Bulletin*, No.11(1998), pp.176~199; Kathryn Weathersby, "Should We Fear This? Stalin and the Danger of War with America," *Cold War International History Project Working Paper*, No.39(2002); Kathryn Weathersby, "New Evidence on North Korea," *Cold War International History Project Bulletin*, No.14/15(2003), pp.5~138.

5 Richard C. Thornton, *Odd Man Out: Truman, Stalin, Mao, and the Origins of the Korean War*(Washington DC: Brassey's, 2001).

6 John Lewis Gaddis, *We Now Know: Rethinking Cold War History*(Oxford and New York: Oxford University Press, 1997); John Lewis Gaddis, *The Cold War: A New History*(New York: Penguin Books, 2005).

Critical Appraisal of American National Security Policy During the Cold War)』에서 냉전의 기원은 미소 양국 모두에게 책임이 있다는 탈수정주의자의 입장을 유지했었지만, 냉전 종식 이후에는 공산권 1차 사료를 바탕으로 냉전의 기원이 소련과 스탈린에 더 책임이 있다는 쪽으로 입장을 변화하면서 소련의 대외정책은 패권주의적이고 침략적인 것이라고 비난했다.[7] 스나이더나 웨더스비, 손턴, 개디스가 2차 세계대전과 한국전쟁, 냉전 동안의 소련의 패권적이고 공격적인 대외 정책을 비난한 것이라면, 최근의 러시아의 공격적인 대외정책을 비난하는 학자도 많다. 특히 최근의 우크라이나 사태와 크림반도 합병은 이러한 기류의 기폭점이 되었다. ≪이코노미스트(The Economist)≫의 모스크바 지부장을 지낸 유명 언론인 에드워드 루커스(Edward Lucas)는 저서 『신냉전: 푸틴의 러시아와 서방에의 위협(The New Cold War: Putin's Russia and the Threat to the West)』에서 푸틴의 공격적인 대외정책을 비난하면서, 이러한 푸틴의 리더십이 신냉전을 불러일으켰다고 분석했다.[8] 애틀랜틱 카운실(The Atlantic Council)의 아그니아 그리개스(Agnia Grigas)는 저서 『크림반도를 넘어서: 신 러시아 제국(Beyond Crimea: The New Russian Empire)』에서 크림반도 합병은 러시아 제국 부활이라는 푸틴 대외정책의 시작일뿐이라며 러시아의 제국주의적 대외정책을 비판했다.[9] 이렇듯 스탈린이라는 지도자의 패권주의적 대외정책을 비난했던 여러 연구들처럼 최근에는 푸틴의 제국주의적 대외정책을 비난하는 연구도 매우 많다. 브루킹스 연구소의 피오나 힐(Fiona Hill)이 쓴 『미스터 푸틴: 크램린의 정보원(Mr. Putin: Operative in the Kremlin)』에서는 푸틴 개인에 대한 연구를 통해

---

7 John Lewis Gaddis, *Strategies of Containment: A Critical Appraisal of American National Security Policy during the Cold War* (Oxford and New York: Oxford University Press, 2005).

8 Edward Lucas, *The New Cold War*.

9 Agnia Grigas, *Beyond Crimea*.

러시아의 국내외정책을 이해하고자 했다. 그녀는 푸틴이 러시아의 안보와 그의 세력의 권력 유지를 위해 지속적으로 서방 세계 안보를 약화시킬 것이라고 분석했다.[10] 또한 ≪뉴욕타임스(The New York Times)≫ 기자였던 스티븐 리 마이어스(Steven Lee Myers)는 저서 『신 차르: 블라디미르 푸틴의 부상과 통치(The New Tsar: The Rise and Reign of Vladimir Putin)』에서 푸틴을 새로운 차르라고 정의하면서, 푸틴의 팽창주의적 대외정책을 차르식 리더십의 특성으로 살펴보았다.[11] 유럽 외교협의회(European Council on Foreign Relations)의 벤 주다(Ben Judah)는 로이터 통신 기자였던 시절 러시아와 구소련 지역 탐사보도를 통해 저서 『취약한 제국: 어떻게 러시아는 블라디미르 푸틴을 사랑하고 떠났는가(Fragile Empire: How Russia Fell In and Out of Love with Vladimir Putin)』에서 푸틴이 만든 러시아 정치의 범죄성과 부패 문화 등을 묘사하면서 여론을 만들고 주도해나가는 푸틴의 리더십을 분석하면서, 이렇게 만들어진 여론을 바탕으로 푸틴의 공격적인 국내외 정책이 추진된다고 주장했다.[12] 기자이자 반푸틴 사회활동가 마샤 게센(Masha Gessen)은 저서 『얼굴 없는 사나이: 블라디미르 푸틴의 예상치 못한 부상(The Man Without a Face: The Unlikely Rise of Vladimir Putin)』에서 푸틴이 KGB 기간의 경험을 바탕으로 독재적 리더십을 확고히 다졌으며 강력한 국가 건설이라는 국가 목표를 그의 독재 체제 유지에 어떻게 활용했는지 밝혀냈다.[13] 마이애미대학교의 캐런 도이샤(Karen Dawisha) 교수도 그

---

10 Fiona Hill and Clifford G. Gaddy, *Mr. Putin: Operative in the Kremlin* (Washington DC: Brooking Institution Press, 2015).

11 Steve Lee Myers, *The New Tsar: The Rise and Reign of Vladimir Putin* (New York: Vintage Books, 2015).

12 Ben Judah, *Fragile Empire: How Russia Fell In and Out of Love with Vladimir Putin* (New Haven and London: Yale University Press).

13 Masha Gessen, *The Man without a Face: The Unlikely Rise of Vladimir Putin* (New York: Riverhead Books, 2012).

녀의 저서 『푸틴의 조폭 정치: 누가 러시아를 소유했는가?(Putin's Kleptocracy: Who Owns Russia?)』에서 푸틴이 구축한 정치 부패 세력의 형성과정에 관해 분석하면서 이러한 세력이 푸틴의 권위주의 정치 문화의 근원이며 이들이 러시아의 공격적이고 패권적인 대외정책을 결정하는 요소라고 설명했다.[14]

이렇듯 많은 학자들과 언론인들은 소련과 러시아의 대외정책을 공격적이고 패권적인 성격으로 평가하며 당시 소련과 러시아 지도자들의 리더십과 러시아의 공격적 팽창주의를 비난했다. 그러나 러시아 군사전략의 근원이 되는 러시아 대외정책의 전통과 특징을 패권적·제국주의적 침략성에만 주목하기는 어렵다. 정반대의 성격이 혼재하고 있기 때문이다. 러시아인 스스로 감각하고 다른 많은 연구자들이 주목하고 있는 러시아인들의 희생자 공동체 의식이 그것이다.

소련과 러시아의 외교안보전략의 특성을 역사적인 침략에 의한 방어적 전략이라고 보는 관점은 러시아 역사에 관한 전문가와 학자들 사이에서 주로 존재한다. 몽골의 침공과 점령 기간을 제외하고도, 나폴레옹과 히틀러의 러시아 침공은 대표적인 역사적 사건이라 볼 수 있다. 이러한 점에서 많은 전문가는 소련과 러시아는 역사적으로 많은 침략에 대한 두려움(fear), 안보에 대한 불안감(insecurity), 외세 침략으로 인한 모욕감(humiliation), 그러한 역사적 경험들로 인한 후유증(complex, trauma)이 강했기 때문에 안보취약성을 극복하기 위해 강력한 지도자와 강한 국가를 원했다는 것이다. 이러한 관점에서 대표적인 것이 소련이 어떻게 인류 최대의 병영 국가가 되었는지에 관한 연구다. 해당 연구로는 데이비드 R. 스톤(David R. Stone)의 『해머와 총: 소련의 군사화, 1926-1933(Hammer & Rifle: Militarization of the Soviet Union, 1926-1933)』, 샐리 W. 스토에커(Sally W. Stoeker)의 『스탈린 군대 만들기: 투하체프스키 장군과

---

14 Karen Dawisha, *Putin's Kreptocracy: Who Owns Russia?*(New York and London: Simon & Schuster, 2014).

군사혁신의 정치(Forging Stalin's Army: Marshal Tukhachevsky and the Politics of Military Innovation)』 그리고 렌나르트 새뮤얼슨(Lennart Samuelson)의 『스탈린의 전쟁 기계 계획: 투하체프스키와 군사-경제 계획, 1925-1941(Plans for Stalin's War Machine: Tukhachevskii and Military-Economic Planning, 1925-1941)』 등이 있다.[15] 이들은 소련 초창기, 특히 러시아 내전 이후 국가 경제를 전쟁의 폐허로부터 회복하기 위해 국가 주도의 경제정책을 주도해오던 국가 정책 방향이 1931년 일본군의 만주 점령으로 완전히 변했다고 밝히고 있다. 서유럽에서의 독일 위협은 물론이고 안보적으로 매우 취약한 지역인 극동 지역에서의 강력해진 일본군의 대규모 침공과 점령은 러일전쟁과 러시아 내전으로 외세침략에 매우 민감해 있던 소련의 안보취약성을 다시 일깨운 계기가 된 것이다. 이후 소련은 경제 개발에 주력하던 국가에서 1931년 이후 국방예산을 대폭 증강시키고 이후 지속적으로 병영 국가의 발전으로 이어지게 되는 과정을 겪게 된다.[16] 이런 역사적 관점을 통해 소련(현재의 러시아)은 국경을 접한 외세가 강력해짐으로 본인들의 안보가 취약해지는 것에 매우 민감하게 반응해왔으며, 이러한 개념에서 냉전 초기의 완충지대(Buffer Zone) 개념도 발전되어왔다는 것을 알 수 있다.

이러한 러시아의 안보취약성을 결정적으로 증폭시킨 역사적 사건에는 2차 세계대전 시 독일의 소련 침공을 꼽을 수 있다. 2차 세계대전 동안 소련은 현

---

15 David R. Stone, *Hammer & Rifle: Militarization of the Soviet Union, 1926-1933* (Lawrence, KS: University Press of Kansas, 2000); Sally W. Stoecker, *Forging Stalin's Army: Marshal Tukhachevsky and the Politics of Military Innovation* (Boulder, Colorado: Westview Press, 1998); Lennart Samuelson and Vitaly Shlykov, *Plans for Stalin's War Machine: Tukhachevskii and Military-Economic Planning, 1925-1941* (New York: St. Martin Press, 2000).

16 Youngjun Kim, "Russo-Japanese War Complex: A New Interpretation of Russia's Foreign Policy towards Korea," pp.555~575; David R. Stone, *Hammer & Rifle*; Sally W. Stoecker, *Forging Stalin's Army*; Lennart Samuelson and Vitaly Shlykov, *Plans for Stalin's War Machine*.

재까지 추산된 것만으로도 2500만에서 3000만 명이 전쟁으로 인해 희생되었다. 이는 영국과 미국 군인 각각 40만 명이 전쟁 기간 희생된 것에 비해 압도적인 규모였으며, 이를 환산하면 1명의 영국군 혹은 미국군이 희생되었을 때 20명의 소련군이 희생되었다는 것, 전쟁 기간인 1941년 6월부터 1945년 5월까지 매시간 1000명의 소련 사람이 희생되었다는 것을 알 수 있다.[17] 이러한 엄청난 피해를 입힌 독일의 침공, 특히 슬라브 인종을 박멸시킨다는 독일의 초토화 전쟁(War of Extermination)전략은 점령된 소련 지역의 주민 학살과 강간, 모든 가옥과 산업 시설에 대한 방화와 파괴로 이어졌다. 소련도 이에 대응해 독일 점령 시 유사한 보복을 했음은 자명한 사실이다. 이러한 전쟁의 상처와 트라우마는 오늘날 러시아에서 2차 세계대전 당시의 침략과 모국을 지키고자 희생했던 이들을 기리는 대규모 애국주의 사회 문화 운동으로 이어지고 있다. 이러한 애국주의 사회 문화 운동은 독일에게 승리한 기념일인 2차 세계대전 전승기념일(Victory Day)마다 러시아인들의 자신의 가족 중 희생된 가족의 사진을 들고 당시 소련군 군가를 부르며 자발적인 대규모 행진을 하는 불멸의 연대(Immortal Regiment) 행사로 확산되고 있다.[18]

전쟁사 학계에서 스탈린이 히틀러의 침공 전 이미 유럽에 대한 침공 준비를 했었고, 단지 히틀러가 먼저 공격했다고 빅토르 수보로프(Victor Suvorov)란 학자가 『아이스 브레이커: 누가 2차 세계대전을 시작했나?(Icebreaker: Who Started the Second World War?)』에서 주장했다.[19] 수보로프는 전통적인 입장에서 스탈

---

17 David R. Stone(ed.), *The Soviet Union at War, 1941-1945*(New York: Pen & Sword Books, 2010).

18 "Immortal Regiment: Thousands March to Remember WW2 relatives," *BBC News* (2016.5.9). http://www.bbc.com/news/in-pictures-36249817(검색일: 2017.4.11); "Putin joins the 'Immortal Regiment' march in Moscow," *Russia Beyond the Headlines*(2016.5.9). http://rbth.com/news/2016/05/09/putin-joins-the-immortal-regiment-march-in-moscow_591541(검색일: 2017.4.11)

린의 외교안보전략을 공세 팽창주의로 보고 해석을 시도한 것이다. 그러나 이러한 논쟁은 데이비드 M. 글랜츠(David M. Glantz)란 소련 전쟁사 학자가 『비틀거리는 거인: 2차 세계대전 직전의 소련군대(Stumbling Colossus: The Red Army on the Eve of World War)』에서 소련군은 독일군 침공 당시 제도적으로 군사적으로 일대 전환기에 있었기 때문에 유럽을 침공할 준비태세와 전혀 다른 상황이었다고 반박하면서 일단락되었다.[20] 이처럼 수보로프는 전통적인 소련의 팽창주의적 공세안보전략에 집중한 반면 글랜츠는 이는 올바른 역사적 해석이 아니며 소련은 유사시 독일 침공에 대비한 방어적 군사력 전환 배치에 주력했다고 반박하면서 논쟁은 마무리되었다. 결국 독소전쟁은 많은 이들이 기억하듯이 독일의 선제공격으로 수많은 소련인들이 희생되었던 사건으로 러시아인들에게 기억되고 있으며 이는 러시아인들 사이에서 희생자 공동체 의식(Community Feeling of Victimization)을 강화시키는 결정적인 역사적 경험으로 남아 있다.[21]

냉전기 동안 소련의 외교안보전략은 1991년 소련 문서가 공개되기 전까지 세계 공산화라는 공격적인 외교안보전략으로 해석되어왔다. 이러한 공세적 전략에서 핵폭탄과 수소폭탄이 증강 개발되었으며 ICBM, SLBM 등의 운반수단도 발전되며 병영국가로서의 종말 한계점에 봉착했다는 것이 냉전기 소련 외교안보전략에 대한 주요 해석이었다. 위스콘신(Wisconsin) 학파를 중심으로 윌리엄 애플맨 윌리엄스(William Appleman Williams), 월터 라페버(Walter LaFeber), 로이드 C. 가드너(Lloyd C. Gardner), 토머스 J. 매코믹(Thomas J.

---

19 Viktor Suvorov, *Icebreaker: Who Started the Second World War?* (London: Hammish-Hammilton, 1990).

20 David M. Glantz, *Stumbling Colossus: The Red Army on the Eve of World War* (Lawrence, Kansas: University Press of Kansas, 1998).

21 Youngjun Kim, “Russo-Japanese War Complex: A New Interpretation of Russia's Foreign Policy towards Korea,” pp.555~575; 김영준, 「푸틴의 전쟁과 러시아 전략사상」, 153~182쪽; 김영준, 「러시아 외교·안보 정책의 역사적 기원과 푸틴의 동북아시아 정책」, 43~68쪽.

McCormick) 등의 수정주의 역사학자들이 미국의 제국주의적 팽창전략을 비판하면서 해석의 다양성을 가져오는 계기가 있었지만, 1991년 이후 소련 문서 공개 전까지 이러한 해석은 소련 측 1차 사료가 제한된 탓에 많은 논쟁적 한계가 있었다.[22] 냉전 이후 소련과 다른 공산권 국가들의 사료가 공개되면서 소련의 외교안보전략이 방어적 수세전략이라고 주장하는 학자들이 많아졌다. 대표적으로 보이테흐 매스니(Vojtech Mastny)의 『냉전과 소련의 안보불안감: 스탈린 시대(The Cold War and Soviet Insecurity: The Stalin Years)』와 요람 고리츠키(Yoram Gorlizki)와 올레크 흘레브뉴크(Oleg Khlevniuk)의 『콜드 피스: 스탈린과 소비에트 지배 서클, 1945-1953(Cold Peace: Stalin and the Soviet Ruling Circle, 1945-1953)』이 있다. 이들은 냉전기 질서가 확립되던 초창기, 이러한 소련의 안보불안증과 서방측으로부터의 공격에 대한 우려에 의해 소련의 대규모전력 증강과 공세적 군사전략이 발전되었다고 해석한다.[23] 블라디슬라브 주보크(Vladislave Zubok)는 저서 『실패한 제국: 스탈린부터 고르바초프까지 냉전기 소련(A Failed Empire: The Soviet Union in the Cold War from Stalin to Gorbachev)』와 『크렘린의 냉전사: 스탈린부터 흐루시초프까지(Inside the Kremlin's Cold War: From Stalin to Khrushchev)』에서 냉전 당시 소련의 리더, 엘리트, 국민들이 갖고 있던 메시아적인 이데올로기와 2차 세계대전에서의 경험들을 토대로 전쟁 경험이 소련 제국 팽창에 직접 영향을 주게 되었는지 증명했다.[24] 이러한

---

22 William Appleman Willliams, *Tragedy of America Diplomacy* (New York: Delta, 1962); Walter LaFeber, *The New Empire: An Interpretation of American Expansionism, 1860-1890* (Ithaca: Cornell University Press, 2013); Thomas J. McCormick, *America's Half-Century: United States Foreign Policy in the Cold War* (Baltimore, MD: John's Hopkins University Press, 1990).

23 Vojtech Mastny, *The Cold War and Soviet Insecurity: The Stalin Years* (New York and Oxford: Oxford University Press, 1996); Yoram Gorlizki and Oleg Khlevniuk, *Cold Peace: Stalin and the Soviet Ruling Circle, 1945-1953* (New York and Oxford: Oxford University Press, 2004).

해석들은 탈냉전 시기 소련 및 공산권 국가들의 사료를 토대로 2차 세계대전 동안 소련이 겪은 전쟁의 참상과 다시 침공받지 않기 위해 강력한 제국과 동맹국을 염두에 둔 소련 외교안보전략 동기를 2차 세계대전의 경험과 연계하며 소련인들의 불안감, 두려움에 주목했다.

냉전기 이후에는 스티븐 F. 코헨(Stephen F. Cohen)이라는 학자를 중심으로 푸틴의 강력한 외교안보전략을 만든 책임은 미국에 있다는 해석이 소수이지만 존재하고 있다. 코헨은 저서 『소비에트 실험 재해석하기: 1917년부터의 정치와 역사(Rethinking the Soviet Experience: Politics and History Since 1917)』, 『소비에트 운명과 잃어버린 기회: 스탈린주의부터 신냉전까지(Soviet Fates and Lost Alternatives: From Stalinism to the New Cold War)』 그리고 『실패한 십자군: 미국과 탈공산주의 러시아의 비극(Failed Crusade: America and the Tragedy of Post-Communist Russia)』에서 현재 러시아의 강경한 외교안보전략은 서방의 실패한 대러시아 정책의 결과라고 지적했다. 코헨은 소비에트 연방 해체 이후 미국을 중심으로 한 서방 세계는 러시아의 자본주의와 시장경제체제의 정착에 대한 지원과 협조를 방기하고, 러시아에게 굴욕감과 상처를 주는 시기를 경험하게 함으로써, 러시아인들이 서방에 대한 배신감과 모욕감을 가진 채로 강성대국에 대한 집착으로 회귀하게 만들었다고 주장한다. 그는 이러한 기원 때문에 최근 우크라이나 사태와 크림반도 합병에 이르는 러시아의 공격적인 외교안보전략은 방어적이고 수세적인 성격이며, 이에 대한 책임은 미국과 서방 세계에 있다고 주장했다.[25] 코헨의 주장은 정치학자들을 비롯한 주류 학계에서 급

24 Vladislav M. Zubok, *A Failed Empire: The Soviet Union in the Cold War from Stalin to Gorbachev* (Chapel Hill, NC: The University of North Carolina Press, 2007); Vladislav Zubok and Constantine Pleshakov, *Inside the Kremlin's Cold War: From Stalin to Khrushchev* (Cambridge and London: Harvard University Press, 1996).

25 Stephen F. Cohen, *Rethinking the Soviet Experience: Politics and History Since 1917* (New York and Oxford: Oxford University Press, 1985); Stephen F. Cohen, *Failed*

진적인 좌파 주장이라고 비판받고 있다. 그럼에도 공격적인 현실주의(Offensive Realism) 학자로 알려진 존 J. 미어샤이머 시카고대학교 교수조차도 코헨과 비슷한 관점에서 우크라이나 사태의 책임은 미국에 있다고 주장한 적이 있다.[26]

앞서 살펴본 관점들은 소련 초창기, 2차 세계대전기, 냉전기, 탈냉전기 기간 소련 및 러시아의 외교안보전략을 공격적 팽창주의가 아닌 러시아인들이 역사적 경험을 통해 얻게 된 안보에 대한 불안감, 두려움, 모욕감, 희생자로서의 공동체 의식 그리고 이를 통해 구현하고 싶은 인지 욕망(desire of recognition)을 바탕으로 한, 근본적으로 방어적인 외세대응전략이라고 보고 있다.

이 장에서 설명할 러시아 군사전략에 영향을 미치는 가장 중요한 요소 중의 하나인 역사적 요인은 이렇듯 상이한 두 가지 관점을 모두 반영하고 있다. 현재 러시아의 군사전략은 역사적 경험을 통해 기본적으로 외세의 위협으로부터 방어하려는 전략인 동시에, 초강대국의 지위를 상실한 이후 국제무대에서 최소 지역 패권국가에서 세계 최대 초강대국으로의 영향력을 인정받고 싶은 욕망의 발현인 것이다. 이러한 관점에서 러시아 군사전략은 공격적인 동시에 방어적인 성격을 갖고 있다고 볼 수 있다.

2) 지정학적 요인

러시아는 세계 최대의 영토를 지닌 국가다. 유라시아라는 표현처럼 유럽과 아시아에 걸친 광활한 영토는 세계사 속에서 오랫동안 제국으로서 러시아의

Crusade: America and the Tragedy of Post-Communist Russia (New York and London: Norton & Company, 2001); Stephen F. Cohen, *Soviet Fates and Lost Alternatives: From Stalin to the New Cold War* (New York: Columbia University Press, 2009).

26 John J. Mearsheimer, "Why the Ukraine Crisis is the West's Falt: The Liberal Delusions that Provoked Putin," *Foreign Affairs*, Vol.93, No.5(2014), pp.1~12.

위상을 뒷받침했다. 하지만 이러한 광대한 영토는 분명히 러시아의 많은 자원을 확보하게 해주는 좋은 여건이지만, 동시에 광대한 영토를 실질적으로 모두 방어할 수 없기 때문에 언제 어디서든 외부 세력의 침공에 취약할 수 있다는 단점을 제공하기도 한다. 또한 외부 진출이 어려운 대륙 국가의 성격을 지녀, 학계에서는 영국, 미국, 일본 등이 해양을 중심으로 한 해양 강대국(Sea Power)으로 분류하는 반면 러시아는 독일 등과 함께 대륙 강대국(Continental Power)으로 분류해왔다. 더욱이 시베리아 등의 광대한 지역은 춥고 척박하고 인구도 부족한 지역이기 때문에 부동항(Ice Free Port)은 러시아에게 매우 중요한 전략적 요충지였다. 러시아는 겨울에 항구가 얼어서 많은 경우, 이동에 제약이 생겼기 때문이다. 최근의 크림반도 합병도 대서양 진출의 교두보인 크림반도를 경제적인 불이익을 감소하고서라도 확보하기 위한 러시아의 열망이 표현된 결과였다.

지정학 전문가로 유명한 팀 마셜(Tim Marshall)은 ≪애틀랜틱(The Atlantic)≫에 기고한 「러시아와 지정학의 저주(Russia and the Curse of Geography)」라는 글에서 러시아의 우크라이나, 크림반도에 대한 공격적인 외교안보 군사전략을 지정학적 측면에서 분석했다. 그는 유럽 대평원이라 불리는 동유럽부터 러시아 서부 지역은 험악한 산지가 없는 광대한 대평원이기 때문에, 폴란드부터 러시아의 수도인 모스크바까지 외국군은 수없이 러시아를 침략할 수 있었다고 설명하면서, 이러한 수많은 지정학적 취약성이 오늘날 러시아의 공격적인 외교안보전략의 근본 원인이라고 설명했다.[27]

실제로 러시아는 유럽방면뿐만 아니라 시베리아를 지나 동아시아 지역까지 광대한 평원을 보유하고 있다. 우랄산맥이라는 거대한 자연 장애물이 러시아를 유럽 지역과 아시아 지역으로 나누며 침략으로부터 보호해주고 있다. 그럼

27 Tim Marshall, "Russia and the Curse of Geography: Want to understand why Putin does what he does? Look at a map," *The Atlantic* (2015.10.31).

에도 몽골은 기병을 토대로 한 속도전 중심의 공격 전술로 유라시아 지역을 짓밟았고, 오랫동안 러시아를 점령했다. 유럽 지역에서도 마찬가지였다. 지난 500년간 러시아는 1605년의 폴란드군 침략부터 1707년의 스웨덴군, 1812년의 나폴레옹 프랑스 군대와 1914년과 1941년 독일군에 의한 두 번의 세계 대전까지 대평원을 통해 많은 침략을 받아왔다. 종종 이러한 자연환경 조건을 유럽 공격의 기회로 활용하기도 했지만, 러시아인들은 오랫동안 이러한 자연 조건으로 수없이 외침을 받아왔다는 트라우마를 깊숙이 간직해왔다. 시리아 내전에 러시아가 개입한 까닭도 오랫동안 사용해오던 시리아 타르투스(Tartus) 지역의 해군 기지를 잃을 수 있는 절박함이 주요 원인으로 판단된다.

보보 로(Bobo Lo)는 저서 『블라디미르 푸틴과 러시아 외교정책의 진화(Vladimir Putin and Evolution of Russian Foreign Policy)』에서 러시아 지정학을 분석하는 틀로 세력 균형, 영향권, 제로섬 게임의 개념을 활용했다. 그의 분석 틀은 러시아 외교안보 군사전략이 주변국과의 세력 균형이나 주변국에 대한 영향력을 중심으로 형성된다고 주장했다.[28] 즈비그뉴 브레진스키(Zibigniew Brezinski)는 저서 『거대한 체스판: 미국 패권과 지정학적 환경(The Grand Chessboard: America Primacy and its Geostrategic Imperatives)』에서 유라시아 대륙을 강대국 패권을 결정하는 핵심 요충지로 정의하면서, 21세기에도 여전히 유라시아 대륙에 대한 영향력을 유지하는 국가가 패권국의 지위를 유지할 것이라고 전망했다. 그는 유라시아 대륙 가운데 유럽과 중동, 동북아시아 지역도 긴장이 증대된 지역으로 꼽았지만, 러시아 본토와 중앙아시아도 여전히 중요한 전략적 요충지임을 분명히 했다.[29] 그는 저서 『전략적 비전: 미국과 세계 패권의 위기

28 Bobo Lo, *Vladimir Putin and Evolution of Russian Foreign Policy* (London: Blackwell Publishing, 2003).

29 Zibigniew Brezezinski, *The Grand Chessboard: American Primacy and its Geostrategic Imperatives* (New York: Basic Books, 1997).

(Strategic Vision: America and the Crisis of Global Power)』에서 미국-유럽 - 러시아를 잇는 지역을 대서방(Larger West)이라고 정의하면서, 이 지역을 2025년 이후 국제질서 안정을 위한 핵심 지역이라고 주장했고, 동북아시아와 중동 지역을 불안정 지역으로 구분했다. 브레진스키는 냉전 이후에도 여전히 러시아를 중심으로 한 유라시아 대륙을 국제질서 변화의 핵심 요충지로 정의한 것이다.[30] 러시아는 이런 점에서 앞으로도 끊임없이 주변 강대국 및 강소국들과 세력 균형 및 경쟁 구도에 노출될 수밖에 없으며, 이는 러시아가 외교안보 군사전략에 집중하지 않을 수 없는 지정학적 구조를 지닌 곳임을 설명한다.

이러한 지정학적 요인은 러시아 외교안보전략의 중요성을 증대시키는 것은 물론 러시아 군사전략의 발전 양상과 밀접하게 연결되어왔다. 바로 러시아 전략 사상의 발전이 그것인데 전통적인 공격전략(Offensive Strategy)과 방어전략(Defensive Strategy)의 논쟁이 그것이다. 러시아 전략 사상계에서는 이러한 논쟁이 전형적인 형태인데 두 전략의 태동 배경은 지정학적 요소 때문이다. 1920년대 소련의 전략 사상가인 미하일 투하체프스키(Mikhail Tukhachevsky)는 미래전쟁을 대량 산업 전쟁으로 예견하면서 앞으로의 전쟁은 결정적인 지역에서 적의 핵심을 신속하게 격멸하는 공세전략이 중요하다고 판단했고, 이를 위한 대대적인 전력 증강을 주장했다. 그는 이러한 공세전략을 뒷받침하기 위한 작전술로, 모스크바 서쪽의 유럽 대평원에서 대규모 전쟁 시 신속하게 돌진해 적의 핵심 지휘부와 요충지를 제압하려는 종심작전(Deep Operation)을 주장했고, 이를 위한 대규모 기갑 부대 증강을 요구했다. 이는 유럽 동부 지역의 대평원이라는 러시아의 전통적인 안보취약성을 장점으로 전환하려는 시도였고, 이러한 전략사상의 전통은 이후 냉전기와 탈냉전기까지 다양한 전술로 발전되어왔다.[31]

---

30 Zibigniew Brezezinski, *Strategic Vision: America and the Crisis of Global Power* (New York: Basic Books, 2012).

31 Andrei Kokoshin, *Soviet Strategic Thoughts, 1917-1991* (Cambridge, MA: The MIT Press,

한편, 반대 진영에서는 1920년대 알렉산드르 스베친(Alexander Svechin)의 방어전략이 있었다. 스베친도 미래전은 대규모 지역에서 벌어지는 대규모 총력전이 될 것이라고 예견하면서 소련은 광대한 영토와 자원의 이점을 살리기 위해 적을 종심으로 유도해 지연전을 치르고, 유인된 적을 향해 일격에 공격해야 한다고 주장했다. 그는 방어전략을 구현하기 위해서 지연전(War of Attrition)을 주요한 작전형태로 제안했다. 이는 결국 나폴레옹의 러시아 정복 실패와 나치 독일군의 독소 전쟁 패배에서 결정적으로 확인되는 전쟁 형태였다.[32] 스베친도 모스크바 서부 지역의 광대한 평원이라는 지정학적 요인을 지연전을 성공시키기 위한 전장 환경으로 활용하고자 했으며, 이러한 시도는 안보적 취약요소를 강점으로 활용하려고 했다는 측면에서 투하체프스키의 시도와 유사한 면이 있었다. 비록 지금 러시아가 우크라이나와 크림반도, 미국 대선에서 보여주는 전쟁 양상은 비살상 방법을 주로 사용하는 하이브리드 전쟁 양상의 특징을 보여주고 있으나, 재래식 전술 방식에서는 여전히 러시아군도 지정학적 요인에 강한 영향을 받은 군사전략을 수립하고 있다는 점은 부인할 수 없다. 이러한 점에서 지정학적 요인 그리고 지정학적 요인에 영향을 받은 전략사상의 전통은 러시아 군사전략 형성에 매우 중요한 결정요소라 할 수 있다.

1998); Sally W. Stoecker, *Forging Stalin's Army*; Lennart Samuelson and Vitaly Shlykov, *Plans for Stalin's War Machine: Tukhachevskii and Military-Economic Planning, 1925-1941*; Condoleezza Rice, "The Making of Soviet Strategy," in Peter Paret(ed.), *Makers of Modern Strategy: from Machiavelli to the Nuclear Age* (Princeton, NJ: Princeton University Press, 1986), pp.648~676.

32 Andrei Kokoshin, *Soviet Strategic Thoughts, 1917-1991*; Alexander A. Svechin, *Strategy* (Moscow: Voennyi Vestnik, 1927); Condoleezza Rice, "The Making of Soviet Strategy," pp.648~676.

3) 국내적 요인

러시아 군사전략은 어느 나라의 군사전략과 마찬가지로 국내 정치·경제·사회·문화 요인의 영향을 받아 형성되고 발전된다. 그중 정치·경제 요인은 특히나 직접적인 영향을 미친다고 할 수 있다. 국방정책과 전력 증강에 영향을 미치는 국방예신은 국내의 정치적·경제적 요인에서 자유로울 수 없으며, 군사전략의 발전 방향도 국내 정치적 요인의 영향을 받게 된다. 일반적으로 경제가 호황이고 GDP가 상승할수록 국방예산은 증가되나, GDP 대비 국방예산의 비율은 다양한 국내외 요인의 영향을 받은 국민과 정치권의 위협 인식에 따른 영향을 받는다. 이런 점에서 최근의 러시아 정치 경제적 상황을 살펴보고, 이러한 상황이 러시아 군사전략에 어떠한 영향을 끼치는지 이해하는 것은 매우 중요하다고 볼 수 있다.

러시아 경제는 최근 유가 하락과 함께 지속적인 침체를 겪어왔다. 대량 청년 실업률과 경기 침체는 심각한 수준이어서, IMF의 발표에 따르면 BRICs 국가 중 국제성장률(Global Output)은 최저치를 기록해오고 있었다.[33] 셰일 가스 등장으로 인한 유가 하락과 러시아 경제의 부패와 미래 산업 부족의 구조적인 문제로 인해 러시아 연평균 GDP 성장률은 2.25%로 매우 낮게 전망되어왔다.[34] 푸틴 집권 3기 초기에는 이러한 경기 침체로 무너지지 않을 것 같았던 집권 여당에 대한 지지율도 하락세가 뚜렷했다. 2013년 초 우크라이나 사태 직전에는 최저치인 30% 후반대까지 하락세였다. 그러던 집권여당에 대한 지지

---

33 Keir Giles et al., "The Russian Challenge," *Chatham House Report* (London: Chatham House, 2015).

34 Sergei Guriev and Al eh Tsyvinski, "Challenges Facing the Russian Economy after the Crisis," in Andres Aslund, Serigei Gueriev and Andrew C. Kuchins(eds.), *Russia After the Global Economic Crisis* (Washington D.C.: Peterson Institute for International Economics, 2010).

율이 이어진 우크라이나 사태에 대한 강력한 러시아의 외교안보 군사전략과 크림반도 합병 사태와 시리아 내전 개입까지 이어지면서, 집권 여당인 통합러시아당(United Russia)은 최근 2016년 9월에 치룬 총선에서 105석을 더 얻은 343석을 의회에서 확보함으로써, 제1야당인 공산당(Communist Party)의 42석, 민주자유당(Liberal Democratic Party)의 39석, 정의러시아당(A Just Russia)의 23석에 비교도 안 되는 거대 여당으로 돌아왔다. 이는 우크라이나 사태와 크림반도 합병에서 보여준 푸틴 행정부의 강력한 외교안보 군사전략에 대한 지지였으며, 경기 침체 속에서도 높은 국방예산을 유지해온 집권 행정부에 대한 지지였다. 경기 침체 속에서도 푸틴 행정부는 2011년부터 오히려 꾸준히 GDP 대비 국방예산 비율을 높여왔다. 결국 국내의 정치적·경제적 위기 속에서 강력한 외교안보 군사전략을 통해 정치적 재신임을 얻게 된 것이다. 푸틴 4기는 2018년 초 예상대로 무난하게 4기 집권을 이룩했다. 이러한 것처럼 국내의 정치 경제 상황은 군사전략의 성격과 방향에 영향을 주고, 또한 군사전략의 양상과 성격은 국내 정치 상황 타개를 위한 도구로 활용되기도 했다. 이러한 점에서 러시아도 다른 여러 나라들과 마찬가지로 정치 경제 등의 국내적 요인이 러시아 군사전략의 양상과 발전에 상호 영향을 주는 관계로 중요하게 작용한다고 볼 수 있다.

이 절에서는 러시아 군사전략 형성과 발전에 가장 중요한 영향을 미치는 역사적 요인, 지정학적 요인, 국내적 요인을 살펴보았다. 앞서 설명한대로 러시아인들은 그들이 역사적으로 겪은 다양한 경험과 기억, 그로부터 형성된 정체성과 세계관을 바탕으로 국제 사회를 이해하고 그들의 외교안보 군사전략을 수립해나갔다. 러시아의 외교안보 군사전략이 주변국에 영향력을 유지하려는 패권적 시도였든 주변국으로부터 자신을 보호하려는 방어적 기제였든, 러시아인들의 역사적 경험과 인식이 러시아 군사전략의 형성과 발전에 결정적인 영향을 끼쳤다는 점은 부인할 수 없는 사실이라는 점도 살펴보았다. 이에 더해 지정학적인 요인도 러시아 전략사상 발전에 직접적인 영향을 주는 중요한 요소임을 알 수 있었다. 지정학적 요소는 러시아 전략사상의 발전과 그 궤를 같이 해오면서, 지속적으로 러시아 군사전략의 발전 방향에 영향을 주었다. 마지막으로 국내 정치적·경제적인 요인도 러시아 군사전략과 상호 영향을 미치는 관계임을 확인했다. 다음 절에서는 러시아 군사전략의 배경이 되는 러시아 전략 환경 변화를 분석할 것이다.

3. 러시아의 전략 환경 분석

1) 국내 환경의 변화

푸틴이 집권할 당시 러시아 경제는 매우 힘든 상황이었다. 1990년대 말 모라토리엄을 선포하고, 러시아인들은 극도의 경기침체와 대량 실업 속에서, 공산주의 시대 보장되던 연금 등 여러 복지혜택조차 줄어드는 위기를 겪었다. 이보다 더욱 힘들었던 것은 국가 핵심 산업의 민영화로 빈부격차가 극심해진 것이다. 공산주의 시대 비록 고위급 공산당원들이 부유한 생활을 했을지 모르지만, 낯선 자유시장경제에서 노골적으로 경험하게 된 빈부격차의 실상은 러시아인들을 더욱 힘든 생활로 몰아넣었다. 푸틴이 상트페테르부르크(St. Petersburg) 대학교의 대학원 재학 시절 썼던 논문은 러시아의 에너지 핵심 사업의 수출을 통해 러시아의 부를 축적하는 것에 관한 내용이었다. 푸틴은 집권과 함께 그의 논문에서 구상한 그의 아이디어를 실천에 옮겼다. 러시아는 에너지 자원의 수출로 푸틴 집권 초기 경제 호황을 누리면서, BRICs의 한 축으로서 신흥 성장시장(Emerging Market)으로 세계 투자자들의 주목을 받았다. 이러한 경제 성장은 푸틴의 정치적 인기에 직접적인 요인이 되었고, 푸틴은 계속해 서방과의 우호적인 관계를 유지하며 경제성장에 집중하는 실용주의적인 노선을 견지했다.

그러나 경제가 어느 정도 성장된 2000년대 후반 부시 행정부의 여러 일방주의적인 외교안보 정책에 푸틴은 제동을 걸기 시작했다. 이는 에너지 수출을 기반으로 한 경제성장의 자신감에서 비롯된 것이었다.

그러나 석유 가격의 하락과 셰일 가스의 등장은 러시아 경제를 더욱 힘들게 만들었고, 푸틴의 3기 집권 시기인 2010년대 초반 러시아 경제는 매우 힘든 상황이 되었다. 대량 청년 실업과 높은 물가 등은 러시아 산업의 구조적인 비효율성과 미래 첨단 사업 부재, 일상의 부패 문제와 만나 러시아 경제는 매우 힘든 상황에 처했다. 1999년부터 지속적으로 성장해온 러시아 GDP는 2008년 금융 위기 등을 시작으로 큰 폭으로 하락하게 되었고, 이는 G20 국가들 중 가장 큰 하락세로 2009년에는 -8%를 기록했다. 이후 회복기를 거쳤지만 2012년과 2017년 사이 GDP 성장률은 지속적으로 2% 미만을 기록했다.[35] 이는 BRICs 국가들 중 최저치로 많은 경제전문가들은 러시아는 부패와 첨산 산업 부재, 셰일 가스 등장 등으로 더 이상 지속 가능한 성장이 힘들 것이며, 현재 추세로는 GDP 성장률은 2.25% 미만의 낮은 성장률에 머물 것으로 전망하고 있다.[36]

하지만 이러한 러시아 경제의 위기가 푸틴의 정치적 인기를 떨어뜨리진 못했다. 러시아 경제가 좋지 않았기 때문에 푸틴 3기 집권 이후 한동안 여당인 통합 러시아당에 대한 지지는 지속적으로 하락세였다. 그러나 우크라이나 사태와 이어진 크림반도 합병 이후 이러한 경제적 요인은 푸틴 행정부와 통합러시아당의 정치적 인기에 영향을 주지 못했다. 우크라이나 사태 이후 여당과 푸틴의 정치적 지지는 급상승했으며, 2016년 9월에 치룬 총선에서 러시아는 지속되는 경기 침체에도 집권 여당에게 국회의원 총원 450석 중에 지난 번 총선보다 105석 늘어난 343석을 차지하게 해주었다. 이는 제1야당인 공산당이 50

35 Keir Giles et al., "The Russian Challenge," p.14.

36 Sergei Guriev and Al eh Tsyvinski, "Challenges Facing the Russian Economy after the Crisis," pp.9~38.

석을 잃어 42석에 머무르고, 제2야당인 자유민주당도 17석을 잃어 39석이 되고, 정의러시아당이 41석을 잃어 23석이 된 것과 비교하면 완전한 승리였다.

2018년 대선에서 푸틴은 성공적으로 4기 집권에 성공했다. 현재 러시아는 우크라이나 사태 이후 국제 경제 재재를 벗어나 경제 회복을 위한 출구전략을 모색하고 있다. 그럼에도 미러관계는 예상보다 회복속도가 늦춰지고 있다. 경제 회복이 푸틴의 압도적인 정치적 인기에 장애물이 되지는 않겠지만, 푸틴의 강력한 외교안보전략을 지속적으로 추진하기 위해서는, 경제침체 극복은 필수적으로 보인다. 최근 상트페테르부르크의 테러 사건도 푸틴의 집권 분위기에는 호재로 작용할 것이고, 당분간 IS 및 체첸 지역 등의 테러가 완전히 사라지지 않는다고 가정할 때, 푸틴의 강력한 리더십은 큰 문제없이 지속될 것으로 보인다. 푸틴은 경제가 힘들어져 정치적 위기에 몰렸을 때 이에 대한 돌파구로 강력한 외교안보전략을 구사할 것으로 보이며, 역으로 경제가 회복되어 정치적 인기가 높아진 경우에도 이를 바탕으로 유라시아 유니온(Eurasian Union)과 러시아의 강대국으로서의 지위 회복을 추진하기 위한 강력한 외교안보전략을 구사할 것으로 전망된다. 그러나 최근 드미트리 메드베데프(Dmitry Medvedev)의 부패 스캔들에 대한 대규모 반정부 시위에서 보듯이, 반푸틴 시위는 대선 이후에도 다시 대규모로 발생할 것으로 예상된다. 야당 3당이 2016총선에서 최악의 성적을 거두어 푸틴 행정부에 대한 여론의 압도적 지지가 확인되었지만, 푸틴의 오랜 집권에 대한 피로증과 만연해 있는 부패 문제 등으로 대선 이후에도 반푸틴 시위의 발생가능성은 높은데, 이는 푸틴 행정부가 봉착할 주요 위기 요인이 될 가능성이 높다. 트럼프 행정부가 러시아스캔들 등의 위기를 극복하고 재집권에 성공한다면 미러관계가 긍정적인 관계로 획기적으로 변할 가능성이 존재한다. 그전까지 영국에서의 러시아 스파이 독살과 시리아 화학 무기 사용 등으로 경색된 러시아와 서방 사이의 관계와 러시아 국제 재재는 완화될 가능성이 매우 적다. 푸틴은 이런 점을 예상한듯 대선 기간 러시아가 미국의 D체계를 무력화할 수 있는 무기 개발에 성공했다고 장시간 공개 발표했다. 이러한 상황들 때문에 푸틴의 공격적인 외교안보 기조는 지속될 것이다. 이러한 점 이외에 경제 및 실업률 등 다른 국내 환경적인 요인은 당분간 푸틴의 공세적 외교안보전략의 기조에는 큰 영향을 주지 않을 것으로 평가된다.

2) 대외환경의 변화

러시아의 대외환경 변화에 가장 중요한 것은 미국 행정부의 외교안보 정책이다. 푸틴 집권 초기 9·11테러 사태로 인한 부시 행정부의 테러와의 전쟁은 체첸 테러 등으로 테러와 전쟁 중이던 러시아가 적극적으로 협력할만한 상황이었다. 그러나 미국이 아프가니스탄에 이어 UN의 동의 없이 이라크 전쟁을 강행하면서, 러시아의 대미 정책도 변화를 맞이하게 된다. 이어진 미국의 미사일 방어 계획, ABM 조약에서의 탈퇴, 동유럽 국가와 구소련국가들의 NATO 회원 가입 확대 등은 러시아가 미국의 외교안보 정책을 매우 공격적으로 받아들일 수 있는 상황의 연속이었다. 결국 오렌지혁명(Orange Revolution)으로 우크라이나 민족주의 후보가 친러시아 후보를 패배시키며 우크라이나가 친미 성향의 정권이 창출되고, 부시 행정부가 우크라이나의 NATO 가입을 지지하면서, 러시아의 미국 세력 확장에 대한 우려는 급증하게 되었다. 이어서 또 다른 색깔혁명을 성공시킨 조지아에서 NATO 가입의지를 피력하고, 콘돌리자 라이스 국무부 장관이 조지아를 방문해 이를 공개 지지하면서, 러시아는 구소련 지역의 미국의 영향력 확대에 대한 강력한 대응에 나서게 되었다. 바로 2008년 조지아 전쟁이 러시아가 미국에게 구소련 지역의 영향력 확대에 관한 한 군사적 대응도 불사하겠다는 강력한 메시지를 보낸 사건이었다. 미국은 조지아 전쟁에서 러시아군에 대한 군사적 대응을 하지 않고, 미러관계는 최악의 상태에서 오바마 행정부를 맞이하게 된다.

오바마 행정부 초창기 힐러리 국무부 장관은 미러관계의 새로운 시작을 주장하며, 리셋(Reset) 정책을 추진했다. 그러나 러시아가 반대한 리비아에 대한 NATO의 공습 등이 이어지고, 푸틴 3기 대선을 앞두고 대규모 반정부/반푸틴 시위의 배후를 푸틴이 미국의 CIA와 대사관이라고 비난하면서 미러관계는 다시 악화되게 되었다. 그러던 중 우크라이나 사태와 크림반도 합병 등으로 인해, 미국은 서방 국가들과 러시아에 대한 국제 경제 재재까지 나서게 된다. 그러나 한편으로 미러관계는 부분적인 화해 무드도 시도되었다. 이란 핵 협상 타결에 러시아가 고무적인 역할을 한 것이다. 미국도 이란과 협상을 이루어내고, 쿠바와 외교 정상화를 이룩했다. 시리아 내전이 장기화되던 중 시리아 화학 무기 사용 문제와 관련해, 러시아가 미국과 시리아간 외교 협상의 돌파구를 마련하면서, 미러 간에는 또다시 부분적인 해빙 무드가 있었다. 이어서 푸틴 대통령은 유엔 연설에서 미국에게 IS에 대한 공동전선 구축을 제안하며 시리아 반군을 격멸하고 아사드 정권을 지속시켜 이 지역의 안정화를 추구하자고 제안하기도 했다. 그러나 미국은 IS에 대한 공동전선에는 동의하지만 아사드 정권의 연장에는 결사반대 하면서 시리아 내전과 IS 격퇴를 둘러싼 미러 간의 공동전선 구축은 무기한 지연되었다.

러시아는 이러한 대외환경에 변화와 함께 그들의 국방정책과 군사전략을 변화해왔다. 2008년 조지아 전쟁 시 러시아군의 허술한 지휘 통제 등 여러 문제점들이 드러나자, 국방개혁을 과감하게 지속해나갔고, 색깔혁명이 확대되고 대규모 반푸틴 시위가 격화되자, 세르게이 쇼구 국방장관과 발레리 게라시모프 총참모장은 비군사적 수단이 전통적인 군사적 수단보다 더욱 효과적이라고 주장하며 새로운 전쟁 방식에 관해 수차례 강조했다. 이는 우크라이나 사태와 크림반도 합병을 거치며 진행된 러시아의 전쟁 양상 방식을 통해 구체화되면서 서방 학계는 이를 하이브리드 전쟁이라고 정의내리기도 했다.

푸틴 행정부는 대외 환경의 변화에 신속하게 대응하면서 국내적으로는 러시아의 강대국 위상 회복의 청사진을 마련하며 정치적 지지를 불러오는 한편, 국제사회에서도 영향력 있는 강대국으로서의 지위를 회복해오고 있다. 미국과 NATO, IS에 대한 러시아의 위협 인식이 단기간 내에 변화하지 않을 것으로 보이기 때문에 대외환경의 변화는 지속적으로 푸틴의 공세적인 국가안보전략과 국방정책·군사전략에 강력한 동인이 될 것으로 전망된다.

4. 러시아의 군사전략

1) 러시아의 『국가안보 전략서』와 군사독트린 및 『외교정책 개념서』

러시아의 국방정책 및 군사전략은 정기적으로 발표되는 독트린을 통해 확인할 수 있다. 최근의 러시아 국방정책과 군사전략을 확인하기 위한 러시아 정부의 공식문서로는 2015년 『국가안보 전략서(National Security Strategy)』와 2014년 군사독트린이 있다. 두 문서는 기존에 발표된 독트린과 큰 차이는 없고, 지속적으로 힘을 쏟았던 분야를 다시금 강조하는 특징을 지녔다. 기존 독트린에서 러시아 국가안보를 저해하는 위협으로 계속해서 지목되어온 NATO의 확장과 미국의 미사일 방어 시스템 등은 이번 독트린들에서도 여전히 그 위험성이 강조되었다.[37] 포괄안보라는 차원의 『국가안보 전략서』에서는 군사·

37 Dmitri Trenin, "2014 Russia's New Military Doctrine Tells It All," *Carnegie Moscow Center Commentary* (Carnegie Moscow Center, 2014.12.29); Olga Olikar, "Unpacking Russia's New National Security Strategy," *Center for Strategic & International Studies Commentary* (2016.1.7); Pavel Felgenhaur, "Putin Signs a National Security Strategy of Defiance and Pushback," *Eurasia Daily Monitor*, Vol.13, No.4(2016.1.7); Polina Sinovets and Bettina Renz, "Russia's 2014 Military Doctrine and Beyond: Threat Perceptions, Capabilities and Ambitions," *Research Paper* No.117(Rome, Italy: The Research Division of the NATO Defence College, 2015).

국방을 넘어선 경제·사회·과학·위생·환경 안보에 관한 내용들도 포함되어 있다.[38] 군사독트린에서도 지속적으로 NATO의 확장과 미국의 위협을 강조하고 있다. 우크라이나 사태에 관해서는 주변국이 합법 정부의 전복을 통해 러시아를 위협한다고 기술하고 있으며, 북극에서는 러시아 국익 수호를 위한 수단을 강구할 것을 강조했다.[39] 2016년 말에는 『러시아 외교정책 개념서(Russian Foreign Policy Concept)』가 발행되었고, 이는 2013년 이후 3년 만에 발간되었다. 이 독트린에서는 테러의 위협을 가장 크게 강조했고, 시리아 내전과 IS에 대한 공동 대처를 위해 미국과 지속적인 협력이 필요함을 강조했다. 또한 북극의 전략적 중요성을 강조하고, 주변국과의 협력을 지속할 것을 강조했다.[40]

러시아에는 공식 독트린을 제외하고도 러시아 국방정책 기조를 확인할 수 있는 중요한 정부보고서들이 있다. 2015년 11월에 작성된 국가국방계획(State Defense Plan for 2016~2020)이 그것이다. 이는 아직 공개되지 않았지만(Classified)

---

38 "Вызов принят: Николай Патрушев: подготовлена обновленная Стратегия национальной безопасности РФ," *Rossiyskaya Gazeta* (2015.12.22). https://rg.ru/2015/12/22/patrushev-site.html(검색일: 2017.7.27); "Утверждена Стратегия национальной безопасности России," *Kremlin.ru* (2015.12.31). http://kremlin.ru/acts/news/51129(검색일: 2017.7.27.); "Президент России утвердил стратегию национальной бе опасности страны: Москва заинтересована в партнерстве с Вашингтоном, но США оказывают давление на Россию," *Vedomosti* (2015.12.31).

39 International Institute for Strategic Studies, *The Military Balance: The Annual Assessment of Global Military Capabilities and Defence Economics 2016* (London: Routledge, 2016), p.164.

40 The Ministry of Foreign Affairs of the Russian Federation, *Foreign Policy Concept of the Russian Federation* (2016.12.1). http://www.mid.ru/en/foreign_policy/official_documents/-/asset_publisher/CptICkB6BZ29/content/id/2542248(검색일: 2017.7.26); Anna Maria Dyner, "The Russian Federation's New Foreign Policy Concept," *PISM Bulletin*, No.1 The Polish Institute of International Affairs(2017.1.3); Indrani Talukdar, "Russia's New Foreign Policy 2016," *Viewpoint*, Indian Council of World Affairs(2017.2.16); Andrew Monaghan, "The New Russian Foreign Policy Concept: Evolving Continuity," Chatham House(2013.4).

최근 반복적으로 강조한 서부 군관사령부(Western Military District)의 군 구조 개편 내용과 전략 사령부(Strategic Nuclear Forces), 북극 군사기지 등의 내용이 포함될 것으로 보인다. 또한 2015년 말 국회 국방위원회(Defense Ministry Board)는 여러 국방 현안들을 강조한 바 있다. 군 구조 개편을 지속적으로 강조하는 한편 국방예산 증액이 불가능함을 언급했고, 핵과 우주군을 강조하며 불시 검열(Snap Inspection) 등의 실전적인 교육 훈련 강화를 강조했다.[41]

2) 러시아 전략사상의 연속성과 변화

러시아는 앞서 살펴본 대로 오랜 역사를 거치면서 광활한 지정학적 특성에 맞게 생존을 보장하는 다양한 전략 사상들이 발전되어왔다. 전략 사상은 앞서 살펴본 독트린에 명시되는 내용들이 아니라 그러한 독특한 내용은 국가 안보

---

41 International Institute for Strategic Studies, *The Military Balance: The Annual Assessment of Global Military Capabilities and Defence Economics 2017* (London: Routledge, 2017), pp.183~184; Roger N. McDermott, "Russia's 2015 National Security Strategy," *Eurasian Daily Monitor*, Vol.13, No.7(2016.1.12); "Вызов принят: Николай Патрушев: подготовлена обновленная Стратегия национальной безопасности РФ," *Rossiyskaya Gazeta* (2015.12.22). https://rg.ru/2015/12/22/patrushev-site.html(검색일: 2017.7.27); "Утверждена Стратегия национальной безопасности России," *Kremlin.ru* (2015.12.31). http://kremlin.ru/acts/news/51129(검색일: 2017.7.27); "Президент России утвердил стратегию национальной безопасности страны: Москва заинтересована в партнерстве с Вашингтоном, но США оказывают давление на Россию," *Vedomosti* (2015.12.31). https://www.vedomosti.ru/politics/articles/2015/12/31/623046-prezident-rossii(검색일: 2017.7.27); Elbridge Colby, "Russia's Evolving Nuclear Doctrine and its Implications," *Foundation pourla Recherche Strategique* (2016.1.12); Olga Oliker, "Russia's Nuclear Doctrine: What We Know, What We Don't, and What That Means," CSIS(2016.5); Jacek Durkalec, "Russia's Evolving Nuclear Strategy and What it means for Europe," European Council on Foreign Relations(2016.7.5).

개념과 군사전략을 도출하게 하는 사상적·문화적 요인이라는 점에서, 군사전략을 이해하기 위해서 해당국의 고유한 전략 사상의 특징을 이해하는 것은 필수적이다. 예를 들어 미국의 경우 풍요로운 자원과 대부분의 전쟁을 원정에 의한 전쟁을 수행했기 때문에 방대한 자원으로 적을 제압할 수 있는 막대한 화력과 자원에 중심을 둔 지연전을 펼쳐왔다. 반대로 영국의 경우 제한된 자원으로 상대방을 최대한 불리한 상황에 놓이게 해 승리를 거두어야 했기에, 야간 작전이나 기습, 적의 허를 찌르는 다양한 방책들과 간접접근전략들이 발전되게 되었다. 미국의 전략 사상가 에이드리언 R. 루이스(Adrian R. Lewis)는 각국의 전략 사상은 해당 국민들이 오랜 역사와 문화 속에서 형성된 독특한 전쟁 문화 속에서 발전한다고 설명했다.[42]

현재 푸틴 대통령과 러시아군 수뇌부가 실행하고 있는 군사전략도 러시아 전략 사상의 전통 및 특징과 밀접한 관계 속에서 구현된다. 러시아 전략 사상은 전통적으로 미래의 전쟁을 예측하고 러시아에 위협이 될 새로운 전쟁의 양상에 대비하기 위한 새로운 군사전략을 개발하고 이를 구현하기 위한 전력구조 증강과 군 구조 개편을 추진해왔다. 러시아 전략 전문가 김영준은 러시아 전략 사상의 특징으로 포괄성, 실용성, 창조성을 꼽으면서 러시아는 역사적으로 변화에 매우 밀접하게 대응하는 군사전략을 발전해왔다고 지적하고 있다.[43] 실제 러시아는 타 국가들과는 다른 독특한 역사와 지정학적 특성을 지녔기 때문에 광대한 영토에 대한 위협을 대비해야 한다는 심리적 강박이 늘 있었다. 지정학 전문가인 팀 마셜은 우크라이나 사태에 대한 러시아의 안보에 대한 심리적 강박관념에 관해, 동유럽과 맞닿는 국경지대의 광대한 평야가 러시아인들에게 나폴레옹과 히틀러의 침공을 연상시키는 안보 콤플렉스를 야기했다고 지적했다.[44]

---

42 Adrian R. Lewis, *The American Culture of War: The History of U.S. Military Force from World War II to Operation Enduring Freedom* (London and New York: Routledge, 2012).

43 김영준, 「푸틴의 전쟁과 러시아 전략 사상」, 153~182쪽.

김영준에 따르면 현재 서방 사회가 정의한 러시아의 하이브리드 전쟁 수행 방식은 적의 위협에 전 국력을 총동원해 총력전을 펼쳐야 하는 포괄성의 특징에서 러시아에게는 새로운 방식이 아니라 기존 방식의 연장선이라고 볼 수 있다. 김영준은 러시아 전략 사상가 알렉산드르 스베친이 20세기 초에 제시한 통합군 리더(Integrated Military Commander)는 군 지휘관이 전술과 작전술만이 아닌 정치·경제·사회·문화 전반에 관한 전문성을 갖고 적을 격퇴하기 위해 포괄적이고 총체적인 전략을 수립해야 한다는 점에서 현재의 하이브리드 전쟁과 역사적 연속성이 있음을 강조했다.[45] 또한 미래전을 늘 예측하고 대비해왔던 러시아 전략 사상의 창조적인 특징을 볼 때, 우크라이나 사태와 크림반도 합병에서 보여준 러시아군의 비군사적 수단에 의한 전략적 목표 달성은 러시아 전략 사상의 중요한 특징이 구현된 것이라고 강조했다.[46]

이렇듯 현재 러시아 군사전략은 러시아 전략 사상의 오랜 전통이 계승되고 발전된 형태라고 볼 수 있다. 푸틴 대통령과 국방장관 세르게이 쇼구, 총참모장 발레리 게라시모프가 계속 강조하는 새로운 위협에 대한 러시아군의 새로운 대처 방식, 즉 전쟁 수행 방식의 변화와 발전은 러시아 전략사상의 오랜 전통이라고 하겠다.

3) 러시아 군사전략의 양상과 특징

서방 사회는 러시아가 우크라이나 사태와 크림반도 합병을 거치면서 비군사적인 수단 등을 효율적으로 활용해 정치적·군사적 목표를 달성해나가는 것을

44 Tim Marshall, "Russia and the Curse of Geography."

45 김영준, 「푸틴의 전쟁과 러시아 전략 사상」, 153~182쪽; Alexander A. Svechin, *Strategy* (Minneapolis, Minnesota: East View Information Services, 1927).

46 김영준, 「푸틴의 전쟁과 러시아 전략 사상」, 153~182쪽.

보고, 이를 새로운 전쟁 형태인 하이브리드 전쟁이라고 정의했다. 그러나 러시아는 이러한 서방 사회의 정의에 전혀 동의하지 않으며, 오히려 서방사회가 민주화 혁명인 색깔 혁명을 후원해 합법 정부를 전복시키고, CNN, BBC, ≪뉴욕타임스≫, ≪가디언(The Guardian)≫ 등의 언론을 통해 러시아의 민주주의와 인권 문제를 부각하며 여론전을 펼치는 하이브리드 전쟁을 실시하고 있다고 비난하고 있다.[47]

그럼에도 불구하고, 세르게이 쇼구 국방장관이나 발레리 게라시모프 총참모장 등 러시아군 수뇌부는 공개적인 석상에서 비군사적 수단이 현대전에서는 군사적 수단보다 더욱 효과적이고 중요하다는 사실을 지속적으로 강조함으로써, 러시아 전쟁 방식이 새로운 시대에 적합한 군사전략으로 변화해가고 있음을 시사하고 있다. 발레리 게라시모프 총참모장 같은 경우 우크라이나 사태가 발생하기 1년 전 러시아의 ≪군사저널(Voyenno-Promyshlennyv Kurier)≫에 글을 기고했는데, 해당 기고문에서 미래의 전쟁 양상을 전망하고 이에 맞는 전쟁 수행 방식을 러시아군이 실시해야 한다고 주장했고, 1년 뒤 러시아는 우크라이나 사태와 크림반도 합병에서 이 주장에 따른 여러 비군사적 수단 등을 활용한 군사전략을 실시해 전략적 목표를 달성했다. 이후 게라시모프 총참모장의 주장은 게라시모프독트린(Gerasimov's Doctrine)이라 불리며, 러시아군이 추구하는 새로운 군사전략의 형태를 대표하게 되었다.[48] 게라시모프는 해당 기고문(The Value of Science in the Foresight: New Challenges Demand Rethinking the Forms and Methods of Carrying out Combat Operations)에서 비군사적 수단과 군사적 수단을

47 Bettina Renz and Hanna Smith, "Russia and Hybrid Warfare - Going Beyond the Label," *Aleksanteri Papers*, No.1(2016); Bettina Renz and Hanna Smith(ed.), "After 'hybrid warfare', what next? - Understanding and Responding to Contemporary Russia," Prime Minister's Office(2016.10).

48 Charles K. Bartles, "Getting Gerasimov Right," *Military Review* (2016.1), pp.30~38.

혼합해 미국의 새로운 전쟁방식에 대항해야 한다며 그 비율은 4 : 1이 좋다고 주장했다.[49]

러시아가 우크라이나 사태와 크림반도 합병에서 보여준 군사전략의 양상은 매우 새로웠고 결과적으로 효과적이었다. 러시아는 게라시모브 총참모장의 주장대로 군사적 수단보다는 비군사적 수단을 압도적으로 활용해 전략적 목표를 달성하고자 했다. 예를 들어 우크라이나에서 긴장이 최고조로 향하던 시기, 러시아가 우크라이나를 전면 침공한다는 소문을 퍼뜨리는 정보전을 실시했고, 전면전 발생 가능성을 두려워하던 우크라이나와 동유럽 국가들을 대상으로 해당 시기에 4만 명의 러시아군을 불시 검열(Snap Inspection) 훈련이란 명분으로 우크라이나 국경지대에 집결시켰다. 이어서 중앙군관구(Central Military District)에서도 장병 6만 5000명, 전투기 200여 대, 헬리콥터, 트럭과 전차 5500여 대를 72시간 내에 소집시켰다. 이러한 군사력의 과시는 전쟁의 가능성을 두려워하던 우크라이나인들에게 심리적 공포감을 불러일으켰다. 또한 RT를 통해 러시아는 국제사회에 러시아의 입장을 전달하는 여론전을 적극적으로 폈다. 크림반도가 자치 투표로 독립을 달성할 수 있다는 법적 논쟁을 여론을 통해 부각시킴으로써, 우크라이나는 이를 받아들일 수 없는 사항을 논쟁거리로 만드는 데 성공하기도 했다. 또한 무국적 민병치안대로 리틀 그린 맨(Little Green Men)이라 불리는 용병들이 크림반도와 동부 우크라이나에서 활동했는데 반러시아 우크라이나 주민들은 이들에게 엄청난 위협을 느꼈고, 이들 중 일부는 러시아

---

49 Valery Gerasimov, "The Value of Science Is in the Foresight: New Challenges Demand Rethinking the Forms and Methods of Carrying out Combat Operations," *Voyenno-Promyshlennyy Kurier* (2013.2.26); "СМИ: российские военные эксперт ы хотят создать концепцию "мягкой силы"," *RIA Novosti* (2016.3.1). https://ria.ru/defense_safety/20160301/1382237782.html(검색일: 2017.7.27); Roger N. McDermott, "Gerasimov Calls for New Strategy to Counter Color Revolution," *Eurasia Daily Monitor*, Vol.13, No.46(2016.3.8).

군인으로 밝혀지기도 했다. 이렇듯 여러 방식의 여론전, 정보전, 반정보전, 심리전 등의 다양한 수단들이 동원되면서 러시아는 최소한의 희생으로 크림반도 합병이라는 전략적 목표를 달성한 것으로 평가되었다.[50]

러시아는 공개적으로 이러한 비군사적 수단 들을 통한 새로운 전쟁 수행 방식을 주장했고, 국방장관 세르게이 쇼구도 공개석상에서 이러한 전쟁 수행 방식에 적합한 군 구조와 전력구조 개편 등의 국방 개혁을 주장했다. 2016년 12월 22일 러시아 국방부 회의(Russian Defense Ministry Collegium)에서 쇼구 국방장관은 선택과 집중에 의한 국방 개혁의 비전을 강조했고, 이에는 이러한 내용이 포함되었다.[51]

---

50 H. Reisinger and A. Golt, "Russia's Hybird Warfare-Waging War below the Radar of Traditional Collective Defense," *Research Paper*, No.105(NATO Defense College, 2014.11); Roger N. McDermott, "Gerasimov Calls for New Strategy to Counter Color Revolution"; Alexander Lanoszka, "Russian Hybrid Warfare and Extended Deterrence in Eastern Europe," *International Affairs*, Vol.92, No.1(2016), pp.175~195; Evgeny Finkel, "The Conflict in the Donbas between Gray and Black: The Importance of Perspective," *Report to DHS S&T Office of University Programs and DoD Strategic Multilayer Assessment Branch* (2016.12).

51 ""Искандеры" из-под Северной Пальмиры Версия для печати Добавить в избранное Обсудить на форуме За маневрами под Санкт-Петербурго м внимательно наблюдали спецслужбы Северного альянса," *Nezavisi moye Voyennoye Obozreniye* (2016.10.7). http://nvo.ng.ru/nvoevents/2016-10-07/2_iscan der.html(검색일: 2017.7.27); Stephen R. Covington, "The Culture of Strategic Thought Behind Russia's Modern Approaches to Warfare," *Defense and Intelligence Projects* (Belfer Center for Science and International Affairs, Harvard Kennedy School, 2016.10); Timothy Thomas, *Russian Military Strategy: Impacting 21st Century Reform and Geopolitics* (Fort Leavenworth, KS: The US Army Foreign Military Studies Office, 2015); Raymond Finchness, "War's Unchanging Nature," *Operational Environment Watch*, Vol.3, Issue.4(The US Army Foreign Military Studies Office, 2013.4); Charles K. Bartles, "The Nature of 'Future War'," *Operational Environment Watch* (The US Army Foreign Military Studies Office, 2016.10), pp.42~43; Raymond Finchness, "A Russian Perspective of 21st Century War," *Operational Environment Watch*, Vol.7, Issue.4(The US Army Foreign

4) 군사전략 달성을 위한 교육 훈련

러시아군은 러시아의 군사전략을 달성하기 위한 실전과 같은 교육 훈련을 강조해오고 있고, 비군사적 수단을 통한 군사전략은 비공개에 해당하는 부분이기 때문에, 공개된 교육 훈련 등은 러시아군의 첨단화와 현대화와 연계된 훈련들이 주요한 부분들이다. 러시아는 오래된 대규모 재래식 전력을 소규모의 전문화·첨단화전력으로 변화시키기 위해 강력한 국방개혁을 실시해오고 있고, 교육 훈련도 이에 맞춰 강화되고 있다.

2016년에 실시된 캅카스 훈련(Kavkaz-2016)은 최근 러시아군이 어떠한 방향을 지향하는지 잘 보여주는 대규모 군사 훈련이다. 러시아군은 군사전략이 실시되고 실행되는 과정에서 문제점이 없는지 확인하기 위한 대규모 훈련을 실시하고 있다. 카브카즈 훈련은 남부 군관구(Southern Military District)의 훈련 수준과 전투 준비를 확인하기 위해 2016년 9월 5일부터 10일까지 실시되었고, 국가 동원 능력도 시험 대상이었다. 특히 연방보안부(Federal Security Service)나 내무부(Ministry of Internal Affairs, MVD) 등에 흩어진 병력들과의 협조 훈련도 점검 대상이었다. 훈련 간에는 가장 중심이 되는 네트워크중심전 수행 능력이 중점 확인 사항이었다. 즉, C4ISR 등의 시스템이 점검되었고 많이 향상된 것으로 평가되었다. 이 훈련은 12만 명이 넘는 군인과 민간인이 참여한 대규모 훈련이었고, 이를 통해 러시아 군사전략의 실행 능력을 점검하는 중요한 훈련이었다.[52]

Military Studies Office, 2017.5), p.35; Roger N. McDermott, "Russian Military Theorists Consider Future War: Bridging the NATO-Russia Gap," *Eurasia Daily Monitor*, Vol.13, No.165(2016.10.14).

52 Timothy Thomas, "The General Staff on Kavaz-2016," *Operational Environment Watch*, Vol.6, Issue.10(The US Army Foreign Military Studies Office, 2016.10), p.52; Charles K. Bartles, "Kavkaz-2016 Exercise Emphasizes National Mobilization Capabilities," *Operational Environment Watch*, Vol.6, Issue.10(The US Army Foreign Military Studies

2017년에는 서부군관구의 전투 준비 태세와 전쟁 수행 능력을 점검하기 위한 자파드(Zapad) 훈련이 9월 14일부터 20일까지 진행되었다. 여느 훈련처럼 이 훈련 이전 9월 초에 불시 검열(Snap Exercise) 훈련이 실시되고, 벨라루스와 연합 훈련이 실시된다. 2009년 자파드 훈련 때는 6000여 대의 수송 차량이 참여했는데, 2017년에는 6000여 대 정도 수송차량이 참여한다.[53] 2014년에는 보스토크(Vostok) 훈련이 동부군관구(Eastern Military District)를 대상으로 실시되었고 9월에 실시되었다. 2016년 6월에는 1주일 정도 모든 군관구에서 푸틴 대

Office, 2016.10), p.36; Roger N. McDermott, "Moscow Tests Network-Centric Military Capability in Kavkaz 2016," *Eurasia Daily Monitor*, Vol.13, No.51(2016.9.20); Mikhail Malygin, "Уроки боевой работы в поле," *Voyennyy Vestnik Yuga Rossii* (2016.9.2); Raymond Finchness, "Morale Support for Kavkaz 2016," *Operational Environment Watch*, Vol.6, Issue.10(The US Army Foreign Military Studies Office, 2016.10), p.47.

53 "Российско-белорусская "агрессия" грянет в сентябре: Версия для печати Добавить в избранное Обсудить на форуме Запад наращивает свои войска в преддверии стратегических учений Союзного государства," *Nezavisimaya Voyennoye Obozreniye* (2016.6.16). http://nvo.ng.ru/forces/2017-06-16/1_952_zapad2017.html(검색일: 2017.7.27); Raymond Finchness, "Zapad 2017-A Threat to Belarus?" *Operational Environment Watch*, Vol.7, Issue.4(The US Army Foreign Military Studies Office, 2017.4), p.46; Rafael Fakhrutdinov, "Армии России и Белоруссии встретятся на Западе," *Gazeta.ru* (2017.2.23). https://www.gazeta.ru/army/2017/02/23/10541177.shtml(검색일: 2017.7.27); Roger N. McDermott, "Moscow Prepares for Zapad 2017," *Eurasia Daily Monitor*, Vol.14, No.90, (2017.7.11); "Совместная штабная тренировка с Объединенным командованием региональной группировки войск (сил) Республики Беларусь и Российской Федерации," *Mil.by* (2017.3.13). http://www.news.mil.by/ru/news/62262/(검색일: 2017.7.27); "«Запад-2017»: зачем Россия посылает войска в Беларусь?" *krymr.com* (2017.2.13). https://ru.krymr. com/a/28302385.html(검색일: 2017.7.27); "Российские войска не останутся в Белоруссии после учений "Запад-2017," *TASS* (2017.3.30). http://tass.ru/armiya-i-opk/4139191(검색일: 2017.7.27); Jorgen Elfving, "Waiting for Zapad 2017," *Eurasia Daily Monitor*, Vol.14, No.90(2017.7.11); Ihor Kabanenko, "Rekindled Train Wagon Debate Calls Into Question Planned Size for 'Zapad 2017' Exercise," *Eurasia Daily Monitor*, Vol.14, No.22(2017.2.22).

통령 주관으로 불시검열 훈련이 시행되었다.[54]

이렇듯 러시아는 새로운 군사전략 즉 전쟁 수행 방식이 실제 상황에서 얼마나 잘 수행될 수 있는지를 적극적이고 실전적인 훈련을 통해 점검을 강조하고 있다. 이러한 훈련들을 통해 러시아군은 문제점을 보완하고 있고, 네트워크중심전을 중심으로 한 첨단전력으로 발전될 수 있도록 노력을 기울이고 있다. 또한 러시아군이 실시하는 불시검열 훈련은 단지 자기 검열만의 목적이 아니라 국제 환경상 NATO와 미국, 주변국들에 메시지를 전달하거나, 심리전 및 여론전 효과를 달성하기 위해 시행되고 있다. 예를 들어 우크라이나-크림반도 사태를 둘러싼 긴장이 고조된 상황에서, 우크라이나 국경 지역과 크림반도 일대에서 러시아는 공수부대와 해병대를 투입한 대규모 군사 훈련을 실시했고, 이는 단순한 군사 훈련이 아닌 심리전 효과를 극대화하기 위한 군사전략이었다.[55]

---

54 В Вооруженных Силах РФ началась проверка боевой готовности," *Mil.ru* (2016.8.25). http://function.mil.ru/news_page/country/more.htm?id=12093731@egNews(검색일: 2017.7.27); "В Вооруженных Силах Российской Федерации стартовали специальные учения по видам всестороннего обеспечения," *Mil.ru* (2016.8.11). http://function.mil.ru/news_page/country/more.htm?id=12092572@egNews(검색일: 2017.7.27); Jorgen Elfving, "Novel Developments in Russia's Latest Snap Exercise" *Eurasia Daily Monitor*, Vol.13, No.148(2016.9.14); Мобготовность проверяют без ущерба для природы: Версия для печати До бавить в избранное Обсудить на форуме Внезапная выборочная проверка п о решению президента проходит с семи утра 14 июня," *Ng.ru* (2016.6.17). http://nvo.ng.ru/nvoevents/2016-06-17/2_mob.html(검색일: 2017.7.27); "Внезапная проверка боеготовности Вооруженных Сил Российской Федерации," *Mil.ru* (2016.6.14). http://function.mil.ru/news_page/country/more.htm?id=12087150@egNews(검색일: 2017.7.27); Jorgen Elfving, "Russia's June 2016 Snap Exercise: Same Old Story, but With a New Touch," *Eurasia Daily Monitor*, Vol.13, No.117(2016.6.29); "ВКС сражаются за микрофон," *Gazeta.ru* (2017.3.2). https://www.gazeta.ru/army/2017/03/02/10552511.shtml(검색일: 2017.7.27); Roger N McDermott, "Aerospace Forces' Snap Inspection Reveals Flaws," *Eurasia Daily Monitor*, Vol.14, No.30(2017.3.7).

55 "Авиация ЮВО отражает массированный удар авиации условного прот

2017년 실시되었던 자파드 훈련도 러시아의 국제적 영향력을 확인하는 상징적인 훈련이다.[56] 이러한 러시아군의 교육 훈련은 단순한 훈련 목적을 넘어서 여러 가지 의미를 지닌 군사전략의 일환으로 보는 것이 타당하다.

5. 러시아의 국방개혁

1) 러시아 국방개혁의 배경

러시아의 국방개혁은 러시아 정부가 수행하는 여러 국정 과제 중 가장 일관적으로 지지도가 높은 과제다. 러시아 국방개혁에 대한 높은 지지에는 크게 두 가지 이유가 있다. 첫째는 앞에 설명한 대로 탈냉전 이후 러시아의 위상 변화

ивник а в рамках СКШУ «Кавказ-2016»," *Mil,ru* (2016.9.8). http://function.mil.ru/news_page/country/more.htm?id=12095114@egNews&_print=true(검색일: 2017.7.27); Pavel Felgenhauer, "Massive Russian Troop Deployments and Exercises Held Close to Ukraine," *Eurasia Daily Monitor*, Vol.13, No.144(2016.9.8).

56 "Министр обороны России генерал армии Сергей Шойгу провел очередное селекторное совещание," *Mil.ru* (2016.11.1). http://function.mil.ru/news_page/country/more.htm?id=12101577@egNews(검색일: 2017.7.27); Pavel Felgenhauer, "Strategic Assessment: Russia's Relations with West Deteriorate as Military Prepares for 'Resource Wars'," *Eurasia Daily Monitor*, Vol.13, No.177(2016.11.3); Mikhail Falaleyev, "Встанем у моря. В сирийском Тартусе будет российская военная база," *Rossiyskaya Gazeta* (2017.1.22); "Россия может разорвать дипотношения с Украиной: В Москве прорабатывают варианты ответа на попытку теракта украинского спецназа в Крыму," Izvestia(2016.8.12). http://iz.ru/news/626718(검색일: 2017.7.27); Les Grau, "Operational Plans for Russia's Naval Base on the Mediterranean," *Operational Environment Watch*, Vol.7, Issue.2(The US Army Foreign Military Studies Office, 2017.3), p.52; Nickolai Litovkin, "Russia to build full-fledged naval base in Syria," *Russia Beyond the Headlines* (2017.1.23) http://rbth.com/international/2017/01/23/russia-to-build-fullfledged-naval-base-in-syria_686651(검색일: 2017.7.27)

에 따라 러시아인들이 겪었던 상실감, 서구 사회로부터 냉전의 패자라고 여겨졌던 모욕감, 소련 시절보다 더욱 가혹해진 경제적 상황과 빈부 격차로 인한 강대국 소련 시절에 대한 향수 등이 강대국 러시아에 대한 강력한 지지로 이어졌고, 이는 강대국을 유지하기 위한 강군 건설로의 지지로 자연스럽게 연결되었다.[57] 탈냉전 이후 러시아 외교안보 노선의 변화를 살펴보면 이러한 변화가 명료하게 나타난다. 소련 연방의 해체 이후 옐친 행정부는 서방과의 협력과 자유시장경제로의 러시아의 변혁을 전면에 내세웠고 많은 러시아인들도 경제 발전과 삶의 질 향상에 많은 기대감을 가졌었다. 이러한 옐친 행정부 노선의 상징적인 인물은 첫 외교부 장관이었던 안드리에 코지레프(Andrie Kozyrev)였고, 그는 표트르 1세(Peter the Great)부터 미하일 고르바초프(Mikhail Gorbachev)에 이어 계승되던 러시아 외교 정책 기조의 하나인 서구주의자(Westernizer) 전통을 강조했다. 즉, 러시아는 원래 유럽의 일부로 서유럽 국가들과 같은 가치와 정체성을 공유해야 하며, 이는 서구식 자유시장경제와 민주주의, 인권 등의 서구화를 러시아가 지향해야 할 길로 내세우는 것이었다. 그러나 러시아인들의 기대와 달리 서구 사회의 경제 지원은 기대보다 매우 부족했고, 오히려 러시아인들은 소련 시절보다 서구 국가들에 대해 러시아가 너무 굴종적이며, 멸시와 모욕을 당하고 있다고 생각하게 되었다.[58] 또한 러시아의 동의 없이 시작된 영

---

57 Stephen F. Cohen, *Soviet Fates and Lost Alternatives: From Stalinism to the New Cold War*(New York, NY: Columbia University Press, 2009); Stephen F. Cohen(ed.), *Rethinking the Soviet Experience*(New York: Oxford University Press, 1985); Stephen F. Cohen, *Failed Crusade*; Stephen Kotkin, *Armageddon Averted: The Soviet Collapse 1970-2000*(New York: Oxford University Press, 2008); Serhhii Plokhy, *The Last Empire: The Final Days of the Soviet Union*(New York: Basic Books, 2014); Geoffrey Hosking, *Rulers and Victims: The Russians in the Soviet Union*(Boston, Mass: Belknap Press of Harvard University, 2006).

58 Kathryn Stoner and Michael McFaul, "Who Lost Russia (This Time)? Vladimir Putin," *The Washington Quarterly*, Vol.38, No.2(Summer, 2015), pp.165~187; David Remick,

국과 미국 주도의 코소보 개입은 러시아에게 많은 충격을 주었다. 이러한 배경 속에서 러시아는 국제사회에서 서구와 동등한 지위를 요구하고, 지역 강국으로서의 지위를 회복해야 한다는 여론이 힘을 얻으면서, 이러한 주장을 내세우는 국가주의자들의 주장이 힘을 얻게 되었다. 코지레프 장관에 이어 외교부 장관에 오른 예브게니 프리마코프(Yevgeni Primakov)는 이러한 주장을 편 대표적인 인물로, 그가 외교부 장관으로 재직하던 기간 러시아는 서방과 균형을 유지하는 강력한 러시아로의 외교 노선이 힘을 얻기 시작했다.[59] 러시아 외교정책 전문가 안드레이 P. 치간코프(Andrei P. Tsygankov)는 이러한 프리마코프의 외교안보 노선을 서방과 러시아가 힘의 균형을 추구한 다는 점에서 세력 균형 패권전략(Great Power Balancing)이라고 정의했다.[60] 옐친 행정부 말기 푸틴은 국무총리로 일하면서 프리마코프와 가깝게 지냈고, 그의 노선도 프리마코프와 같은 방향이었기 때문에 대통령이 되어서도 이러한 강한 러시아를 지향하는 외교안보노선은 유지되었다. 다만 푸틴 행정부 1기와 2기는 서방과의 협력을 통한 경제개발이 최우선 과제였기 때문에, 이러한 협력을 희생하면서까지 강한 러시아를 추구하지 않았다. 치간코프는 푸틴의 이러한 노선을 프리마코프보다 매우 실용주의적인 노선이라고 평가하며, 실용주의 패권전략(Great Power Pragmatism) 노선이라고 정의했다.[61]

이러한 강한 러시아를 추구하던 러시아 정부가 NATO의 확대와 미국의 미사일 방어시스템(MD)에 위협을 느끼던 와중에 발생한 2008년의 조지아 사태

"Watching the Eclipse," *The New Yorker*(2014.8.11); Marhsa Gessen, *The Man Without a Face - The Unlikely Rise of Vladimir Putin* (New York: Riverhead Books, 2012).

59 김영준, 「러시아 외교·안보 정책의 기원과 푸틴의 동북아시아 정책」, 43~67쪽.

60 Andrei P. Tsygankov, *Russia's Foreign Policy: Change and Continuity in National Identity* (New York: Rowman & Littlefield Publishers, 2014), pp.93~101.

61 같은 책, pp.2~14.

는 러시아군에게는 큰 변화의 계기가 되었다. 즉, 조지아 사태 동안 러시아는 대외적으로 조지아를 압박해 강한 외교안보 의지를 드러냈지만, 대내적으로는 러시아군이 매우 취약한 지휘 통제 구조를 갖고 있었음을 확인하게 된 것이다. 예를 들어 다른 지역의 러시아 지휘관들은 조지아 사태가 터진 지 수일 후에야 해당 사태가 발생했다는 사실을 신문 기사를 통해 알았다.[62] 이러한 문제점들을 안고 당시 러시아 정부는 강력한 국방개혁을 추진할 것을 주장했고, 이에 러시아 국민들은 러시아군이 구소련 시절의 재래식 대규모 지상군에서 첨단전력을 지닌 전문적 현대 강군으로 변화하길 적극적으로 희망하며 지지했다.[63]

러시아 국방개혁의 높은 국민적 지지에는 강대국을 위한 강군 건설 이외에도 매우 중요한 이유가 있는데, 바로 병영 악·폐습의 척결이었다. 1년간 자신의 아들을 러시아군에 의무 복무시켜야 하는 러시아의 부모들은 러시아군 내의 심각한 구타 사건, 마약 사건, 부패 사건, 조직범죄 사건, 열악한 숙식 상황들을 알게 되면서, 러시아군에 대한 극심한 불신을 갖게 되고, 이에 대한 과감한 개혁과 병영 시설 개선을 요구하게 된 것이다. 더욱이 푸틴 정부 초창기 러시아 핵 잠수함 쿠르스크(Kursk)를 둘러싼 대형 사건은 러시아군이 갖고 있던 모든 문제점들이 국민들에게 적나라하게 드러나는 사건이 되었고, 이후에도 계속되는 병영 폭력과 조직범죄, 심각한 부패사건들과 열악한 병영 시설들이 문제가 되었다.[64] 즉, 강군 건설을 통한 강대국 러시아의 부활이라는 국민들의 거시적 염원 그리고 자녀들을 좀 더 나은 병영 생활에서 근무하도록 하는 — 혹

62 김영준, 「푸틴의 전쟁과 러시아 전략 사상」. 153~182쪽.

63 Pavel K. Baev, *The Russian Army in a Time of Trouble* (London: SAGE Publications and PRIO, 1996); Roger N. McDermott, *The Brain of the Russian Army: Futuristic Visions Tethered by the Past* (Fort Leavenworth, KS: The US Army Foreign Military Studies Office, 2013); Roger N. McDermott, "Russia's Strategic Mobility: Supporting 'Hard Power' to 2020?" *FOI* (Stockholm, Sweden: Swedish Defense Research Agency, 2013)

64 Robert Moore, *A Time: The Untold Story of the Kursk Tragedy* (New York: Crown, 2003).

은 모병제로 변화시키려는 — 개인적인 열망들이 더해져서, 현재 러시아 경기 침체 속에서도 러시아 국방 개혁을 견인하는 국방예산은 큰 폭으로 감소하지 않은 상황이다.[65]

2) 러시아 국방예산의 특징과 전망

러시아는 서방 제재와 오일 가격의 하락으로 지속적으로 경기가 침체되어 있으며, 수년간 BRICs 국가 중 가장 낮은 성장률을 보이고 있다. 다음 IMF의 자료(〈그림 4-1〉)에서 볼 수 있듯이 BRICs 국가들 중 중국이 가장 높은 성장률을 보이고 있고, 이어서 인도가 두 번째로 높은 성장률을 유지하는 반면 러시아는 브라질과 함께 성장률 증가가 거의 수년간 정체되어왔다. 이는 높은 청년 실업률과 극심한 경기 침체를 불러왔다.

이러한 심각한 경기 침체와 높은 실업률에도 러시아 국방예산은 최근 소규모 감축을 제외하곤 꾸준하게 증가해왔다.

국제 전략 문제 연구소(IISS: International Institute for Strategic Studies)에 따르면 GDP 대비 국방비의 비율은 2011년 3.4%에서 2015년 4.98%에 이르기까지 지속적인 증가세를 보여왔고, 2016년에만 4.64%로 일시적인 감소를 보였다. 2017년 러시아 국방예산은 약 600억 달러(589억 달러)로 1위인 미국의 약 6000억 달러(6045억 달러)와 2위인 중국의 약 1500억 달러(1450 억 달러)에 이어 세계 3위다.[66] 전반적인 경기 침체로 인해 당분간 러시아 국방예산의 증대는 힘들 것

65 Katri Oynnoniemi, "Russia's Defence Reform: Assessing the Real "Serdyukov Heritage", *Finish Institute of International Affairs Briefing Paper 126* (2013.3); Roger N. McDermott, *The Reform of Russia's Conventional Armed Forces: Problems, Challenges and Policy Implications* (Washington D.C.: The Jamestown Foundation, 2011); Rod Thornton, *Military Modernization and the Russian Ground Forces* (Carlisle, PA: Strategic Studies Institute of the US Army War College, 2011).

〈그림 4-1〉 BRICs 국가들의 국내총생산 증가율(2005~2017) (단위: %)

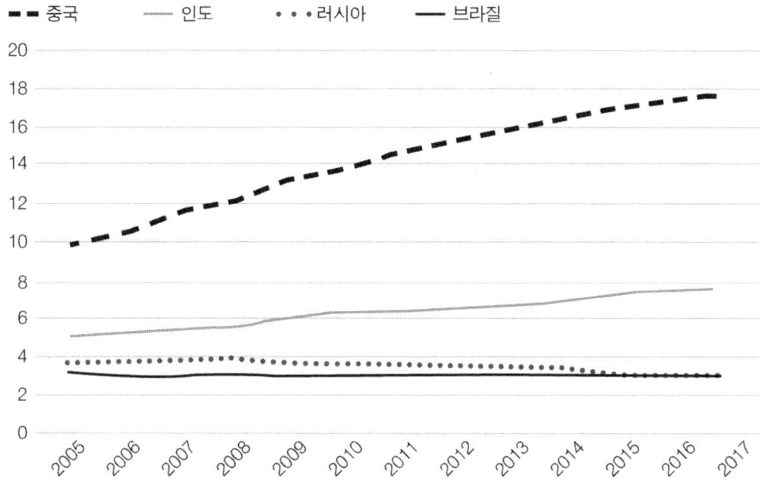

자료: Keir Giles et al., "The Russian Challenge," *Chatham House Report* (London: Chatham House, 2015), 15; Source: IMF World Economic Outlook database of April 2015.

〈그림 4-2〉 국내총생산 대비 러시아 국방예산 비율(1992~2015) (단위: %)

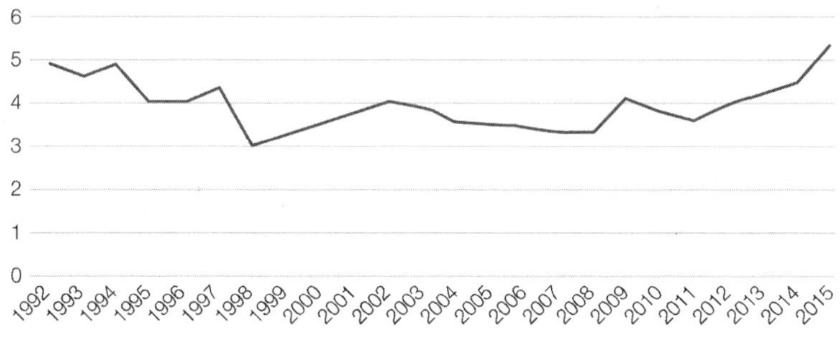

자료: IMF World, *Economic Outlook database of April 2015*. www.russiadefence.net(검색일: 2017.8.31)

---

66 International Institute for Strategic Studies, *The Military Balance: The Annual Assessment of Global Military Capabilities and Defence Economics 2017*, p.19, pp.191~192.

으로 보이나, 이는 강력한 주요 정부 과제이고 국민의 지지가 매우 견고하고 높기 때문에, 러시아 국방예산의 급격한 감소는 없을 것으로 전망된다. 그러나 이러한 국방예산의 미미한 감소세는 러시아군이 당초 2020년 시행을 목표로 계획한 국가무장계획 2020(SAP 2020: State Armament Plan 2020)을 2025년으로 연기하게끔 했다. 러시아 국방부도 국방예산의 감소를 우려해 러시아 재무부에 예산 증액을 강력히 주문하기도 했다. 이러한 예산 감소는 국가무장계획(SAP)에 결정적인 영향을 끼치기 때문에, 경기 침체가 당분간 지속될 것으로 볼 때 매년 국방부와 재무부 간의 예산을 둘러싼 격론은 심화될 것으로 전망된다.[67]

3) 러시아 국방개혁의 특징과 경과

러시아 국방 개혁의 동향은 많이 알려져 있다. 기본적으로 기존 소련 시절 대규모 병력에 기반을 둔 재래식 전력에서 탈피해 노후 장비를 첨단 장비로 교체하고, 동원 및 증원 병력을 기반으로 한 대규모 사단 구조에서 테러 및 소규모 분쟁에 즉각 대처할 수 있는 신속 기동 대응 여단 구조로 군 구조를 개편하며, 육·해·공군의 합동성 보장과 불필요한 지휘 구조를 단순화하기 위해 불필요한 지휘 제대를 없애는 것이다. 병력 구조도 대규모 징병제 중심에서 부사관을 중심으로 한 모병제와 계약군제를 적극적으로 도입해 전문성을 증대하고, 병영 시설도 최신식으로 교체하며, 장성급과 영관급 장교의 수를 줄이고, 위관급 장교의 수를 늘려서 피라미드 형태 병력 구조로 변화하는 것이다. 더불어 네트워크 기반 중심전을 달성하기 위해 C4ISR을 최첨단 장비로 개편하고, 북

67 “В Госдуме предложили оптимизировать расходы на оборону вместо сокращения,” *Interfax* (2016.9.9). http://www.interfax.ru/russia/527524(검색일: 2017.7.27); Pavel Felgenhauer, “Russian Military Resists Proposed Budget Cuts, Prepares for Major Ground War,” *Eurasia Daily Monitor*, Vol.13, No.149(2016.9.15).

〈표 4-1〉 러시아 부대별 병력 현황

부대	병력	부대	병력	부대	병력
사단	8,500	공중강습사단	5,500	탱크사단	6,500
여단	4,500	공수사단	5,500	탱크여단	3,000
연대	2,000	해군보병여단	2,500	로켓여단	500
대대	700~900	MLRS여단	500	포병여단	1,000

자료: Aleksey Ramm, "Минобороны возрождает легендарную «чеченскую дивизию» 42-я мотострелковая дивизия больше не будет бороться с террористами, а прикроет государственную границу," *Izvestiya Online* (2016.9.27), http://izvestia.ru/news/634(검색일: 2017.7.27); Charles K. Bartles, "Possible Force Structure Changes for Russia's Combined Arms Armies," *Operational Environment Watch*, Vol.6, Issue.11(The US Army Foreign Military Studies Office, 2016.11), p.42.

극 및 우주, 핵전력 및 공수부대 등 비대칭전력을 강화해 다양한 미래전에 대비하는 것이다. 이러한 국방개혁의 청사진을 수행하기 위해 비군인 국세청장 출신의 아나톨리 세르듀코프(Anatoly Serdukov)가 2008년 국방장관으로 취임해, 부패와의 전쟁을 선포하며 국세청 출신의 직원들을 국방부 고위직에 임명하며 개혁을 추진해왔다. 예상대로 현역 및 예비역 장교단, 군사 전문가들이 비군사 전문가에 의한 국방개혁을 반발하고 나섰고, 수년간 수많은 장교단을 해임한 세르듀코프의 국방개혁은 현역 및 예비역 장교들의 반발을 불러일으켰다. 결국 세르듀코프는 부패 문제 및 개인 신상을 이유로 해임되고, 2012년 말 비상안전처 장관 출신의 세르게이 쇼구가 국방장관으로 임명되었다. 그는 오랫동안 비상 재해·재난 업무를 맡으며 국민들에게 인기가 높았고, 현역과 예비역 사이에서도 두터운 신임을 받는 인물이었다. 현재도 쇼구는 현역과 예비역 장교단의 의견을 적극적으로 수용하고, 반발 없는 국방개혁을 추진해오고 있다.

러시아는 기존의 군관구(Military District) - 군(Army) - 군단(Corps) - 사단(Division) - 연대(Regiment) 구조에서 효율적인 지휘 통제를 위해 군관구(Military District) - 군(Army) - 여단(Brigade) 구조로 개편했고, 기존 육·해·공군의 별도 작전 명령 체계를 군관사령관이 해당 지역 공수부대와 핵전략사령부대를 제외하고 모든 육·해·공군 부대를 작전 통제하도록 합동성을 강화했다. 또한 기존의 동원병력 중심의 사단 구조에서 상시 대응 부대(Permanent Ready Forces), 즉 상비 여단 구조로 개편했다. 교육 기관도 지역별로 수백 개 기관이 흩어져 있어서 모두 여러 개의 기관으로 통폐합했으며, 계약병제와 부사관제도를 도입해 적극적으로 전문 직업 군인을 유치하기 위해 노력하고 있다. 국가무장계획에 의해 노후 장비를 최신전력으로 교체하는 선력 증강안을 추진하고 있으며, 정보전을 위한 통신 장비 교체도 적극적이다. 핵전력의 노후화 방지를 위한 전력 보강을 추진 중이고, 우주군, 사이버전력, 북극 군사 기지화를 위해 노력하고 있다.[68]

최근에는 34만 명 규모의 국가근위대(National Guard)가 창설되었다. 기존의 내무부 부대(the Internal Troops), 교도소 경호대(Federal Penitentiary Service Prison Guards), 데모 진압 부대(Riot-Police Squards) 등이 통합된 성격으로, 대통령 지시에 의해 반정부시위·테러리즘·분리주의 등에 대처하는 특수부대다. 이는 러시아가 새로운 전쟁의 위협을 색깔혁명과 같은 민주화 시위로도 보고 있다는 점을 명백하게 보여주고 있다.[69]

---

68 Roger N. McDermott, *The Reform of Russia's Conventional Armed Forces: Problems, Challenges and Policy Implications* (Washington D.C.: The Jamestown Foundation, 2011); Rod Thornton, Military Modernization and the Russian Ground Forces(Carlisle, PA: Strategic Studies Institute of the US Army War College, 2011); Timothy L. Thomas, *Russia Forges Tradition and Technology through Toughness* (Fort Leavenworth, KS: The US Army Foreign Military Studies Office, 2011), pp.11~22; Katri Pynnoniemi, "Russia's Defence Reform: Assessing the Real "Serdyukov Heritage," *FIIA Briefing Paper 126* (2013.3); Roger N. McDermott, "Russia's Strategic Mobility: Supporting 'Hard Power' to 2020?" *FOI* (Stockholm, Sweden: Swedish Defense Research Agency, 2013a); Roger N. McDermott, *The Brain of the Russian Army: Futuristic Visions Tethered by the Past*; Charles K. Bartles, "The Russian General Staff System," *Operational Environment Watch*, Vol.6, Issue.1(2016.1).

69 Svetlana Bocharova, Alexei Nikolskiy, "Президент разрешил Росгвардии коман довать армейскими частями," *Vedomosti* (2017.5.26); Yuri Baluyevsky, "Война н е кончается, она - замирает," *Nezavisimoye Voyennoye Obozreniye* (2017.5.26);

흥미로운 점은 우크라이나 사태로 인해 NATO와 동유럽국의 러시아 국경 지대 전력이 강화되고 교육 훈련이 증대되자, 기존과는 반대로 서부군관구에는 없앴던 정규 사단이 다시 창설되고 있다는 점이다. 서부군관부에 2개 사단, 즉 1탱크군(1st Tank Army)와 20연합군(20th Combined Armed Army)에 소련식 4개의 기동 연대가 포함된 사단이 각각 창설되었고, 남부군관구에도 1개의 사단이 창설되었다.[70] 이는 앞으로도 국제 상황에 따라 국방 개혁의 방향과 방식

Inna Sidorkova, "Спецназ подготовят в Гудермесе," *RBK*(2017.3.17); Roger N. McDermott, "Putin's Secret Force Multiplier: Special Operations Forces," *Eurasia Daily Monitor*, Vol.13, No.81(2016.4.26); Sergey Sukhankin, "Russian National Guard: A New Oprichnina, 'Cyber Police' or Something Else?" *Eurasia Daily Monitor*, Vol.14, No.38(2017.3.21); Alexander Golts, "The Russian Army to be Subordinated to the National Guard a Crisis," *Eurasia Daily Monitor*, Vol.14, No.76(2017.6.8); Valery Dzutsati, "Creation of Russian National Guard could Affect Kremlin Policies in the North Caucasus," *North Caucasus Weekly*, Vol.17, No.8(2016.4.18); Raymond Finchness, "Army Subordinate to National Guard?" *Operational Environment Watch*, Vol.7, Issue.7(The US Army Foreign Military Studies Office, 2017.7), p.48; Raymond Finchness, "National Guard: Defense Against Color Revolution," *Operational Environment Watch*, Vol.7, Issue.7(The US Army Foreign Military Studies Office, 2017.7), p.49; Raymond Finchness, "New Special Forces Training Center in Chechnya," *Operational Environment Watch*, Vol.7, Issue.5(The US Army Foreign Military Studies Office, 2017.5), p.36; Yuri Baluyevsky, "Война не кончается, она – замирает"; International Institute for Strategic Studies, *The Military Balance: The Annual Assessment of Global Military Capabilities and Defence Economics 2017*, p.186; Valery Dzutsati, "Creation of Russian National Guard could Affect Kremlin Policies in the North Caucasus"; Raymond Finchness, "Army Subordinate to National Guard?", p.48; Raymond Finchness, "National Guard: Defense Against Color Revolution," p.49.

70 International Institute for Strategic Studies, *The Military Balance: The Annual Assessment of Global Military Capabilities and Defence Economics 2017*, pp.184~185; Alexander Golts, "New Divisions May Reduce Russian Army's Combat Readiness," Eurasia Daily Monitor, Vol.13, No.97(2016.5.18); "Пять миллиардов для новой дивизии: Версия для печати Добавить в избр анное Обсудить на форуме Соединение численностью около 10 тысяч чело век будет развернуто в Ростовской области," *Nezavisimoye Voyennoye Obozreniye*(2016.4.1). http://nvo.ng.ru/nvoevents/2016-04-01/2_mlrd.html(검색일: 2017.7.27); "Шойгу: Минобороны РФ в

은 실용적·창조적으로 맞춤식 개혁이 진행될 것이라는 점을 잘 보여준다.[71] 앞으로 러시아 국방개혁의 흐름은 지금의 방향을 크게 벗어나지 않고 2025년으로 연기된 국가무장계획(SAP 2025)을 중심으로 선택과 집중에 의해 진행될 것이다. 이를 뒷받침할 국방예산과 지도자의 의지, 국민의 지지가 크게 변하지 않을 것이기 때문에 전문화된 첨단군을 지향하는 러시아 국방개혁은 순탄하게 진행될 것으로 전망된다. 다만, 여러 서방국의 러시아군사전문가들이 평가하듯이 러시아 국방개혁의 목표와 현실 사이에는 큰 차이가 존재하기 때문에 이를 단시간에 극복하는 것은 매우 어려울 것으로 보인다.

2016 году сформирует три новые дивизии на западном направлении," *TASS* (2016.1.12). http://tass.ru/armiya-i-opk/2579480(검색일: 2017.7.27); Alexander Golts and Michael Kofman, *Russia's Military: Assessment, Strategy, and Threat* (Center on Global Interests, 2016.6), pp.7~9. http://www.redstar.ru/index.php/newspaper/item/32169-s-pritselom-na-perspektivu(검색일: 2017.7.27); Roger N. McDermott, "Untangling Plans for Russia's Military Force Structure," *Eurasia Daily Monitor*, Vol.13, No.66(2016.4.5); "Источник: дивизии 1-й танковой и 20-й армий на западе России будут иметь по шесть полков," *TASS* (2016.4.1). http://tass.ru/armiya-i-opk/3169104(검색일: 2017.7.27); "Пять миллиардов для новой дивизии: Версия для печати Добавить в избранное Обсудить на форуме Соединение численностью около 10 тысяч человек будет развернуто в Ростовской области," *Nezavisimoye Voyennoye Obozreniye* (2017.4.1); Charles K. Bartles, "Russia's Current, Possibly Future, Western Military Dispositions," *Operational Environment Watch*, Vol.6, Issue.9(The US Army Foreign Military Studies Office, 2016.9), p.45.

71 Aleksey Ramm, "Минобороны возрождает легендарную «чеченскую дивизию» 42-я мотострелковая дивизия больше не будет бороться с террористами, а прикроет государственную границу"; Charles K. Bartles, "Possible Force Structure Changes for Russia's Combined Arms Armies," p.42.

4) 러시아 전력 증강 동향

러시아는 국가무장계획에 의거해 전력구조 현대화를 진행하고 있고, 2016년 기준으로 전체 전력의 47퍼센트가 현대화된 것으로 자체 평가 중이다.[72] 전반적인 전력의 현대화는 다양한 부대에서 이루어지고 있다. 러시아 공군은 기존의 Su-27Ss, Mig-31s, Su-24s, Su-25s를 업그레이드하고 있으며, Su-30SM, Su-35, Su-34 전투기를 증대하고, Mi-28N, Mi-35, Ka-52 등의 헬리콥터 전력도 증가하고 시리아 내전에서 성능을 확인하기도 했다. 러시아 해군은 잠수함 건조 분야에서 8개의 핵 추진 잠수함 중 3기를 업그레이드했다.[73] 또한 러시아 해군은 최근의 6세대(Six Generation) 통신 수단을 도입하고, 기존의 R-620 통신기를 최신의 글로나스(GLONAS)와 GPS로 교체해 선반 간 통신 성능을 증대시켰다. 미사일과 포병 분야에서도 토네이도-S 동시다발 발사기(Tornado-S Multiple Launch Rocket System)를 도입해 최대 사거리를 200km까지 확장할 예정이며, 새로운 155mm 견인포 코아리시야-SV(Koalitsiya-SV Artillery)를 도입하기도 했다.[74]

이와 별개로 러시아군은 북극과 우주군에 많은 투자를 하고 있다. 2017년 4월 21일에는 국방장관 쇼구가 2020년까지 북부함대를 위한 무장계획과 2025년까지의 운주군 구조 개편을 강조했다.[75] 또한 기존의 4개 군관구에서 사실

---

72 Alexander Golts and Michael Kofman, *Russia's Military*, pp.4~7.

73 같은 책, pp.4~7.

74 "План Минобороны РФ по перевооружению в действии: Версия для печати Добавить в избранное Обсудить на форуме Военные моряки завершили серию испытаний корабельной радиостанции нового поколения," *Nezavisimoye Voyennoye Obozreniye* (2016.6.2). http://nvo.ng.ru/nvoevents/2017-06-02/2_950_news.html(검색일: 2017.7.27); Roger N. McDermett, "Russia's Defense Spending Spree Set to Continue," *Eurasia Daily Monitor*, Vol.14, No.74(2017.6.6).

75 "Крепнет оборонный потенциал," Krasnaya Zvezda(2016.7.17). http://redstar.ru/index.php/component/k2/item/29670-krepnet-oboronnyj-potentsial(검색일:

상 북극의 신설 군사기지들을 위한 제5관군인 북부 사령부(Northern Military District)가 운영되고 있으며, 9만여 명의 병력이 여기에 포함되어 있고, 북극 군사력 강화를 위해 무만스크(Murmansk) 지역에 14군단(14th Army Corps)을 창설했다. 또한 북극에서 방공전력을 강화해 2개의 방공 사단이 2018년에 창설되며, UAV전력 배치도 진행하고 있다. 러시아는 2020년까지 북극 훈련(2020 Activity Plan by the Northern Fleet)의 중점적 시행을 계획하고 있다.[76]

또한 러시아군은 사이버전, 전자전, 정보전을 중시해, 푸틴 대통령은 2016년 말 정보안보독트린(Information Security Doctrine)에 서명했고, 이를 위한 전

2017.7.27); Roger N. McDermott, "Defence Minister Shoigu Reports on Russian Military Modernization," *Eurasia Daily Monitor*, Vol.13, No.131(2016.7.20).

76 Les Grau, "Northern Fleet Arctic Defense Involves 90,000 Personnel," *Operational Environment Watch*, Vol.7, Issue.1(The US Army Foreign Military Studies Office, 2017.1), p.73; Aleksey Ramm and Yevgeniy Andreyev, "В Мурманске формируется новое сухопутное объединение," *Izvestiya Online* (2017.4.13); Charles K. Bartles, "Russia Establishes New Army Corps in the Arctic," *Operational Environment Watch*, Vol.7, Issue.6(The US Army Foreign Military Studies Office, 2017.6), p.40; Les Grau, "Upgrading Arctic Air Defense," *Operational Environment Watch*, Vol.6, Issue.12(The US Army Foreign Military Studies Office, 2016.12), p.47; Les Grau, "A Second Arctic Air Defense Division," *Operational Environment Watch*, Vol.7, Issue.4(The US Army Foreign Military Studies Office, 2017.4), p.53; Les Grau, "Large UAV Debut over Arctic Delayed," *Operational Environment Watch*, Vol.6, Issue.10(The US Army Foreign Military Studies Office, 2016.10), p.51; Les Grau, "Arming the Icebreakers," *Operational Environment Watch*, Vol.7, Issue.5(The US Army Foreign Military Studies Office, 2017.5), p.40; Les Grau, "Winter Training in the Arctic," *Operational Environment Watch*, Vol.7, Issue.5(The US Army Foreign Military Studies Office, 2017.5), p.41; "В новый порт Сабетта зашел первый арктический танкер-газовоз «Кристоф де Маржери»," *Komsomolskaya Pravda* (2016.4.2). https://www.yamal.kp.ru/online/ne ws/2702157/(검색일: 2017.7.27); John C. K. Daly, "Russian-Chinese Joint Ventures in Russia's Far East, Arctic," *Eurasia Daily Monitor*, Vol.14, No.48(2017.4.7); Stephen Blank, "Fueling Russia's Arctic Obsession," *Eurasia Daily Monitor*, Vol.13, No.175(2016.11.1); Alexander Golts, "Russian Military Build-Up in Arctic Highlights Kremlin's Militarized Mindset," *Eurasia Daily Monitor*, Vol.13, No.139(2016.8.1).

력 증강을 강조했다.[77] 또한 러시아군은 다양한 전자전 장비를 도입함으로써 전자전 전력 강화를 실행하고 있는데 문만-BN(Munman-BN), 모스크바 (Moskva), 리어-3(Leer-3), 크라수카(Krasukha) 등의 장비가 대표적이며, 데이터 수집을 돕는 시그닛/엘린트(SIGINT/ELINT)와 지휘통제 시스템 개선을 위한 R-330K 기동 자동 설치 지휘소(R-330K Mobile Automated Command Post) 등도 실전 배치되었다. 자동 지휘통제 시스템(Automated Command and Control System)과 지오스페셜 정보 시스템(GIS: Geospatial Information Systems) 등의 전력 또한 강화되었다.[78] 우주전 영역에서도 나랴드(Naryad, code-named IS-MU) 등의 미국 위성 파괴 기술 기술도 강조하고 있으며, 러시아 우주군은 최근 5만여 회의 지휘통제 C2 점검 훈련을 실시하고 반위성무기를 개발하고 있으며, 조기 경보 위성

77 Sergey Sukhankin, "Russia's New Information Security Doctrine: Fencing Russia from the "Outside World"?" *Eurasia Daily Monitor*, Vol.13, No.198(2016.12.16).

78 Sergey Sukhankin, "Russian 'Cyber Troops': A Weapon of Aggression," *Eurasian Daily Monitor*, Vol.14, No.63(2017.5.11); Pavel Felgenhauer, "Defence Minister Shoigu Promotes Russian Cyber Warfare Troops and Declares Victory in Syria," *Eurasia Daily Monitor*, Vol.14, No.23(2017.2.23); Sergey Sukhankin, "European Response to Russia's Disinformation and Cyber Aggression: Reaction or Strategy?" *Eurasia Daily Monitor*, Vol.14, No.82(2017.6.20); Sergey Sukhankin, "Russian Playing Catch-up in Cyber Security," *Eurasia Daily Monitor*, Vol.13, No.172(2016.10.26); Sergey Sukhankin, "Russia Beefs up its Offensive Cyber Capabilities," *Eurasia Daily Monitor*, Vol.13, No.188(2016.11.30); Sergey Sukankin, "Europe Seeks Consolidation in the Face of Cyber and Information Threats by Russia," *Eurasia Daily Monitor*, Vol.13, No.192(2016.12.7); Sergey Sukhankin, "Russian Electronic Warfare in Ukraine: Between Real and Imaginable," *Eurasian Daily Monitor*, Vol.14, No.71(2017.5.24); Aleksey Ramm, Dmitriy Litovkin, and Yevgeniy Andreyev, "В войска радиоэлектронной борьбы придет искусственный интеллект Система «Былина» сама найдет, опознает и задавит помехами радиолокаторы, средства связи и спутники противника," *Izvestiya Online* (2017.4.4). http://izvestia.ru/ news/675891(검색일: 2017.7.27); Charles K. Bartles, "Russia Fielding First C2 System for Electronic Warfare Brigades," *Operational Environment Watch*, Vol.7, Issue.6(The US Army Foreign Military Studies Office, 2017.6), p.42.

(early-warning satellites)을 발사해 미국 방어 시스템을 제압하고자 한다.[79] 또한 러시아군은 이스칸더미사일 시스템도 최신의 기동휴대전역 미사일 시스템인 이스칸더-M 시스템으로 2020년까지 기존 미사일을 교체할 예정이다.[80]

6. 결론: 러시아 군사전략의 평가와 선망

러시아의 군사전략은 다른 국가와 마찬가지로 역사적 요인, 지정학적 요인,

---

79 Charles K. Bartles, "GIS Seen as Key Enabler for Automated Command and Control," *Operational Environment Watch*, Vol.7, Issue.4(The US Army Foreign Military Studies Office, 2017.4), p.41; Sergey Ptichkin, "В России разработали радиостанцию, с игнал котоpoйнельзя перехватить," *Rossiyskaya Gazeta Online* (2017.2.21). https://rg.ru/2017/02/21/specialistyrazrabotali-radiostanciiu-kotoruiu-nelzia-perehvatit.html(검색일: 2017.7.27); Tyler Gartner, "Russian Armed Forces Deploy a New Radio System," *Operational Environment Watch*, Vol.7, Issue.4(The US Army Foreign Military Studies Office, 2017.4), p.50; Charles K. Bartles, "The "Killer Satellites" Threat to US Space Based Capabilities," *Operational Environment Watch*, Vol.6, Issue.9(The US Army Foreign Military Studies Office, 2016.9), p.50; Charles K. Bartles, "New S-500 will Increase Russian Anti-Satellite Capability," *Operational Environment Watch*, Vol.7, Issue.6(The US Army Foreign Military Studies Office, 2017.6), p.41; "Совещание по развитию космичес кой отрасли," *Kremlin.ru* (2017.3.22). http://www.kremlin.ru/events/president/news/54539(검색일: 2017.7.27); Stephen Blank, "Space and the Russian Military: New Trends," *Eurasian Daily Monitor*, Vol.14, No.79(2017.6.14).

80 Charles K. Bartles, "Iskander Turns 10, Modernization Scheduled," *Operational Environment Watch*, Vol.7, Issue.3(The US Army Foreign Military Studies Office, 2017.3), p.40; Roger N. McDermott, "Moscow Pursues Enhanced Precision-Strike Capability," *Eurasia Daily Monitor*, Vol.14, No.1(2017.1.17); "СОЕДИНЕНИЕ ВВО ПОЛУЧИЛО Б ОЛЕЕ ДЕСЯТИ КОМПЛЕКСОВ "ИСКАНДЕР-М"," *RIA Novosti* (2017.6.9). https://ria.ru/arms/20170609/1496170175.html(검색일: 2017.7.27); Roger N. McDerment, "Russia's Military Precision Strike Capability Prioritizes Iskander-M," *Eurasia Daily Monitor*, Vol.14, No.82(2017.6.20).

국내적 요인, 대외환경 등의 영향을 받아 형성되어왔다. 현재 푸틴 대통령과 쇼구 국방장관, 게라시모프 총참모장이 강조하는 비군사적 수단에 의한 전략적 목표 달성은 미래 전쟁 양상을 예측하고 가장 효과적으로 러시아가 위협에 대처하는 소위 하이브리드 전쟁 수행 방식을 보여주고 있다. 러시아군은 기본적으로 급변하는 국제질서와 새로운 위협에 대처하기 위해 러시아 국방개혁을 러시아군의 첨단화와 현대화에 중점을 두고 진행하고 있으며, 이는 제한된 예산으로 선택과 집중을 통해 구현되고 있다. 지도자의 의지, 국민의 지지로 앞으로도 이러한 방향은 지속될 것으로 보이며, 강대국 러시아의 부활이라는 러시아인들의 염원을 이룩하기 위해 러시아 강군 건설은 러시아 정부가 진행하는 다른 어떤 국정 과제보다 중요하게 수행될 것으로 평가된다. 우크라이나 사태와 크림반도 합병에서 확인되었듯이 러시아는 핵심 이익이 걸린 사안에 대해서는 단기적인 경제적 불이익을 감수하고서라도 적극적으로 대처해나갈 것으로 보인다. 장기화되고 있는 시리아 내전 개입에서도 테러와의 전쟁이라는 큰 틀에서 러시아는 지역에서의 안정을 추구하고자 적극적인 자세로 패권을 유지하려고 할 것이다. 북극과 우주전 등의 새로운 전략 지역에서도 러시아는 국익을 실현하고자 포괄적인 국가 자원을 효율적으로 활용할 것이고, 군사적 수단도 이에 중요한 요소로 포함될 것으로 평가된다. 푸틴이 재집권한 현 상황에서 러시아인들의 강군 건설에 대한 지지는 지속될 것이므로, 러시아는 현재 구현하고 있는 군사전략을 지속 발전시킬 것이며, 국방개혁이라는 핵심 과제도 많은 제한사항을 극복하고자 총력을 기울일 것으로 보인다. 탈냉전 이후 러시아의 위상 저하로 러시아인들이 겪은 모욕감과 허탈감, 상실감과 안보 불안을 고려할 때 푸틴이 아닌 다른 지도자가 러시아를 이끌더라도 강국 러시아를 위한 강군 건설, 비군사적 수단을 적극 활용한 러시아 군사전략의 지속적인 발전은 당분간 지속될 것으로 전망된다. 이런 점에서 러시아의 경제 위기의 장기화와 외교적 고립이 러시아 강국 및 강군 건설을 저하시킬 요소로 작용되기는 어렵다고 판단된다.

참고문헌

김영준. 2016. 「푸틴의 전쟁과 러시아 전략사상」. ≪국가전략≫, 제22권 4호.

______. 2016. 「러시아 외교·안보 정책의 역사적 기원과 푸틴의 동북아시아 정책」. ≪국방대학교 교수논총≫, 제24권 2호.

Baev, Pavel K. 1996. *The Russian Army in a Time of Trouble*. London: SAGE Publications and PRIO.

Bartles, Charles K. 2016.1. "The Russian General Staff System." *Operational Environment Watch*, Vol.6, Issue.1.

______. 2016.1. "Getting Gerasimov Right." *Military Review*.

______. 2016.9. "Russia's Current, Possibly Future, Western Military Dispositions." The US Army Foreign Military Studies Office. *Operational Environment Watch*, Vol.6, Issue.9.

______. 2016.9. "The "Killer Satellites" Threat to US Space Based Capabilities." The US Army Foreign Military Studies Office. *Operational Environment Watch*, Vol.6, Issue.9.

______. 2016.10. "The Nature of 'Future War'." The US Army Foreign Military Studies Office. *Operational Environment Watch*, Vol.6, Issue.10.

______. 2016.10. "Kavkaz-2016 Exercise Emphasizes National Mobilization Capabilities." The US Army Foreign Military Studies Office. *Operational Environment Watch*, Vol.6, Issue.10.

______. 2016.11. "Possible Force Structure Changes for Russia's Combined Arms Armies." The US Army Foreign Military Studies Office. *Operational Environment Watch*, Vol.6, Issue.11.

______. 2017.3. "Iskander Turns 10, Modernization Scheduled." The US Army Foreign Military Studies Office. *Operational Environment Watch*, Vol.7, Issue.3.

______. 2017.4. "GIS Seen as Key Enabler for Automated Command and Control." The US Army Foreign Military Studies Office. *Operational Environment Watch*, Vol.7, Issue.4.

______. 2017.6. "New S-500 will Increase Russian Anti-Satellite Capability." The US Army Foreign Military Studies Office. *Operational Environment Watch*, Vol.7, Issue.6.

______. 2017.6. "Russia Fielding First C2 System for Electronic Warfare Brigades." The US Army Foreign Military Studies Office. *Operational Environment Watch*, Vol.7, Issue.6.

______. 2017.6. "Russia Establishes New Army Corps in the Arctic." The US Army Foreign Military Studies Office. *Operational Environment Watch*, Vol.7, Issue.6.

Blank, Stephen. 2017.6.14 "Space and the Russian Military: New Trends." *Eurasian Daily Monitor*, Vol.14, No.79.

Blank, Stephen. 2016.11.1 "Fueling Russia's Arctic Obsession." *Eurasia Daily Monitor*, Vol.13, No.175.

Bocharova, Svetlana. and Nikolskiy, Alexei. 2017.5.26. "Президент разрешил Росгвардии командовать армейскими частями(The President Has Allowed the National Guard to Command Army Units)." *Vedomosti*.

Brezinski, Zibigniew. 1997. *The Grand Chessboard: American Primacy and its Geostrategic Imperatives*. New York: Basic Books.

______. 2012. *Strategic Vision: America and the Crisis of Global Power*. New York: Basic Books.

Cohen, Stephen F.(ed.) 1985. *Rethinking the Soviet Experience: Politics and History Since 1917*. New York and Oxford: Oxford University Press.

Cohen, Stephen F. 2001. *Failed Crusade: America and the Tragedy of Post-Communist Russia*. New York and London: Norton & Company.

______. 2009. *Soviet Fates and Lost Alternatives: From Stalinism to the New Cold War*. New York: Columbia University Press.

Colby, Elbridge. 2016.1.12. "Russia's Evolving Nuclear Doctrine and its Implications." *Foundation pourla Recherche Strategique*.

Covington, Stephen R. 2016.10. "The Culture of Strategic Thought Behind Russia's Modern Approaches to Warfare." *Defense and Intelligence Projects*. Belfer Center for Science and International Affairs, Harvard Kennedy School.

Daly, John C. K. 2017.4.7. "Russian-Chinese Joint Ventures in Russia's Far East, Arctic." *Eurasia Daily Monitor*, Vol.14, No.48.

Dawisha, Karen. 2014. *Putin's Kreptocracy: Who Owns Russia?*. New York and London: Simon ssia's Evolving Nuclear Strategy and What it means for Europe." *European Council on Foreign Relations*.

Dyner, Anna Maria. 2017.1.3. "The Russian Federation's New Foreign Policy Concept." *PISM Bulletin*, No.1. The Polish Institute of International Affairs.

Dzutsati, Valery. 2016.4.18. "Creation of Russian National Guard could Affect Kremlin Policies in the North Caucasus." *North Caucasus Weekly*, Vol.17, No.8.

Elfving, Jorgen. 2016.6.29. "Russia's June 2016 Snap Exercise: Same Old Story, but With a New Touch." *Eurasia Daily Monitor*, Vol.13, No.117.

______. 2017.7.11. "Waiting for Zapad 2017." *Eurasia Daily Monitor*, Vol.14, No.90.

Elfving, Jorgen. 2016.9.14. "Novel Developments in Russia's Latest Snap Exercise." *Eurasia Daily Monitor*, Vol.13, No.148.

Fakhrutdinov, Rafael. 2017.2.23. "Армии России и Белоруссии встретятся на Западе(Armies of Russia and Belarus Will Meet in the West)." *Gazeta.ru*. https://www.gazeta.ru/army/2017/02/23/10541177.shtml(검색일: 2017.7.27)

Falaleyev, Mikhail. 2017.1.22. "Встанем у моря. В сирийском Тартусе будет российская военная база(We Will Stand by Sea. There Will Be Russian Military Base in Syria's Tartus)." *Rossiyskaya Gazeta*.

Felgenhaur, Pavel. 2016.1.7. "Putin Signs a National Security Strategy of Defiance and Pushback." *Eurasia Daily Monitor*, Vol.13, No.4.

______. 2016.9.8. "Massive Russian Troop Deployments and Exercises Held Close to Ukraine." *Eurasia Daily Monitor*, Vol.13, No.144.

______. 2016.9.15. "Russian Military Resists Proposed Budget Cuts, Prepares for Major Ground War." *Eurasia Daily Monitor*, Vol.13, No.149.

______. 2016.11.3. "Strategic Assessment: Russia's Relations with West Deteriorate as Military Prepares for 'Resource Wars'." *Eurasia Daily Monitor*, Vol.13, No.177.

______. 2017.2.23. "Defence Minister Shoigu Promotes Russian Cyber Warfare Troops and Declares Victory in Syria." *Eurasia Daily Monitor*, Vol.14, No.23.

Finchness, Raymond. 2013.4. "War's Unchanging Nature." The US Army Foreign Military Studies Office. *Operational Environment Watch*, Vol.3, Issue.4.

______. 2016.10. "Morale Support for Kavkaz 2016." The US Army Foreign Military Studies Office. *Operational Environment Watch*, Vol.6, Issue.10.

______. 2017.4. "Zapad 2017-A Threat to Belarus?" The US Army Foreign Military Studies Office. *Operational Environment Watch*, Vol.7, Issue.4.

______. 2017.5. "A Russian Perspective of 21st Century War." The US Army Foreign Military Studies Office. *Operational Environment Watch*, Vol.7, Issue.5.

______. 2017.5. "New Special Forces Training Center in Chechnya." The US Army Foreign Military Studies Office. *Operational Environment Watch*, Vol.7, Issue.5.

______. 2017.7. "Army Subordinate to National Guard?" The US Army Foreign Military Studies Office. *Operational Environment Watch*, Vol.7, Issue.7.

______. 2017.7. "National Guard: Defense Against Color Revolution." The US Army Foreign Military Studies Office. *Operational Environment Watch*, Vol.7, Issue.7.

Finkel, Evgeny. 2016.12. "The Conflict in the Donbas between Gray and Black: The Importance of Perspective." *Report to DHS S&T Office of University Programs and DoD Strategic Multilayer Assessment Branch.*

Gaddis, John Lewis. 1997. *We Now Know: Rethinking Cold War History.* Oxford and New York: Oxford University Press.

______. 2005. *The Cold War: A New History.* New York: Penguin Books.

______. 2005. *Strategies of Containment: A Critical Appraisal of American National Security Policy during the Cold War.* Oxford and New York: Oxford University Press.

Gartner, Tyler. 2017.4. "Russian Armed Forces Deploy a New Radio System." The US Army Foreign Military Studies Office. *Operational Environment Watch*, Vol.7, Issue.4.

Gerasimov, Valery. 2013.2.26. "The Value of Science Is in the Foresight: New Challenges Demand Rethinking the Forms and Methods of Carrying out Combat Operations." *Voyenno-Promyshlennyy Kurier.*

Gessen, Masha. 2012. *The Man without a Face: The Unlikely Rise of Vladimir Putin.* New York: Riverhead Books.

Giles, Keir. et al. 2015. "The Russian Challenge." *Chatham House Report.* London: Chatham House.

Glantz, David M. 1998. *Stumbling Colossus: The Red Army on the Eve of World War.* Lawrence, Kansas: University Press of Kansas.

Golts, Alexander. 2016.5.18. "New Divisions May Reduce Russian Army's Combat Readiness." *Eurasia Daily Monitor*, Vol.13, No.97.

______. 2016.8.1. "Russian Military Build-Up in Arctic Highlights Kremlin's Militarized Mindset." *Eurasia Daily Monitor*, Vol.13, No.139.

______. 2017.6.8. "The Russian Army to be Subordinated to the National Guard a Crisis." *Eurasia Daily Monitor*, Vol.14, No.76.

Golts, Alexander and Michael Kofman. 2016.6. *Russia's Military: Assessment, Strategy, and Threat.* Center on Global Interests. http://www.redstar.ru/index.php/newspaper/item/32169-s-pritselom-na-perspektivu(검색일: 2017.7.27)

Gorlizki, Yoram and Oleg Khlevniuk. 2004. *Cold Peace: Stalin and the Soviet Ruling Circle, 1945-1953.* New York and Oxford: Oxford University Press.

Grau, Les. 2016.10. "Large UAV Debut over Arctic Delayed." The US Army Foreign Military Studies Office. *Operational Environment Watch*, Vol.6, Issue.10.

______. 2016.12. "Upgrading Arctic Air Defense." The US Army Foreign Military Studies

Office. *Operational Environment Watch*, Vol.6, Issue.12.

______. 2017.1. "Northern Fleet Arctic Defense Involves 90,000 Personnel." The US Army Foreign Military Studies Office. *Operational Environment Watch*, Vol.7, Issue.1.

______. 2017.3. "Operational Plans for Russia's Naval Base on the Mediterranean." The US Army Foreign Military Studies Office. *Operational Environment Watch*, Vol.7, Issue.3.

______. 2017.4. "A Second Arctic Air Defense Division." The US Army Foreign Military Studies Office. *Operational Environment Watch*, Vol.7, Issue.4.

______. 2017.5. "Arming the Icebreakers." The US Army Foreign Military Studies Office. *Operational Environment Watch*, Vol.7, Issue.5.

______. 2017.5. "Winter Training in the Arctic." The US Army Foreign Military Studies Office. *Operational Environment Watch*, Vol.7, Issue.5.

Grigas, Agnia. 2016. *Beyond Crimea: The New Russian Empire.* New Haven and London: Yale University Press.

Guriev, Sergei and Al eh Tsyvinski. 2010. "Challenges Facing the Russian Economy after the Crisis," in Anders Aslund, Sergei Guriev and Andrew C. Kuchins, eds., *Russia After the Global Economic Crisis.* Washington D.C.: Peterson Institute for International Economics.

Hill, Fiona and Clifford G. Gaddy. 2015. *Mr. Putin: Operative in the Kremlin.* Washington DC: Brooking Institution Press.

Hosking, Geoffrey. 2006. *Rulers and Victims: The Russians in the Soviet Union.* Boston, Mass: Belknap Press of Harvard University.

IMF World. *Economic Outlook database of April 2015.* www.russiadefence.net(검색일: 2017.8.31)

International Institute for Strategic Studies. 2016. *The Military Balance: The Annual Assessment of Global Military Capabilities and Defence Economics 2016.* London: Routledge.

International Institute for Strategic Studies. 2017. *The Military Balance: The Annual Assessment of Global Military Capabilities and Defence Economics 2017.* London: Routledge.

Judah, Ben. *Fragile Empire: How Russia Fell In and Out of Love with Vladimir Putin.* New Haven and London: Yale University Press.

Kabanenko, Ihor. 2017.2.22. "Rekindled Train Wagon Debate Calls Into Question Planned Size for 'Zapad 2017' Exercise." *Eurasia Daily Monitor*, Vol.14, No.22.

Kim, Youngjun. 2015.12."Russo-Japanese War Complex: A New Interpretation of Russia's Foreign Policy toward Korea." *The Korean Journal of International Studies,* Vol.13, No.3.

Kokoshin, Andrei. 1998. *Soviet Strategic Thoughts, 1917-1991*. Cambridge, MA: The MIT Press.

Kotkin, Stephen. 2008. *Armageddon Averted: The Soviet Collapse 1970-2000*. New York: Oxford University Press.

LaFeber, Walter. 2013. *The New Empire: An Interpretation of American Expansionism, 1860-1890*. Ithaca: Cornell University Press.

Lanoszka, Alexander. 2016. "Russian Hybrid Warfare and Extended Deterrence in Eastern Europe." *International Affairs*, Vol.92, No.1.

Lewis, Adrian R. 2012. *The American Culture of War: The History of U.S. Military Force from World War II to Operation Enduring Freedom*. London and New York: Routledge.

Litovkin, Nickolai. 2017.1.23. "Russia to build full-fledged naval base in Syria." *Russia Beyond the Headlines*. http://rbth.com/international/2017/01/23/russia-to-build-fullfledged-naval-base-in-syria_686651(검색일: 2017.7.27)

Lo, Bobo. 2003. *Vladimir Putin and Evolution of Russian Foreign Policy*. London: Blackwell Publishing.

Lucas, Edward. 2008. *The New Cold War: Putin's Russia and the Threat to the West*. London: Palgrave Macmillan.

Malygin, Mikhail. 2016.9.2. "Уроки боевой работы в поле(The Lessons of Combat Work in the Field)." *Voyennyy Vestnik Yuga Rossii*.

Marshall, Tim. 2015.10.31. "Russia and the Curse of Geography: Want to understand why Putin does what he does? Look at a map." *The Atlantic*.

Mastny, Vojtech. 1996. *The Cold War and Soviet Insecurity: The Stalin Years*. New York and Oxford: Oxford University Press.

McCormick, Thomas J. 1990. *America's Half-Century: United States Foreign Policy in the Cold War*. Baltimore, MD: John's Hopkins University Press.

McDermott, Roger N. 2011. *The Reform of Russia's Conventional Armed Forces: Problems, Challenges and Policy Implications*. Washington D.C.: The Jamestown Foundation.

______. 2013a. "Russia's Strategic Mobility: Supporting 'Hard Power' to 2020?" *FOI*. Stockholm, Sweden: Swedish Defense Research Agency.

______. 2013b. *The Brain of the Russian Army: Futuristic Visions Tethered by the Past*. Fort Leavenworth, KS: The US Army Foreign Military Studies Office.

______. 2016.1.12. "Russia's 2015 National Security Strategy." *Eurasian Daily Monitor*, Vol.13, No.7.

______. 2016.3.8. "Gerasimov Calls for New Strategy to Counter Color Revolution." *Eurasia Daily Monitor*, Vol.13, No.46.

______. 2016.4.5. "Untangling Plans for Russia's Military Force Structure." *Eurasia Daily Monitor*, Vol.13, No.66.

______. 2016.4.26. "Putin's Secret Force Multiplier: Special Operations Forces." *Eurasia Daily Monitor*, Vol.13, No.81.

______. 2016.9.20. "Moscow Tests Network-Centric Military Capability in Kavkaz 2016." *Eurasia Daily Monitor*, Vol.13, No.51.

______. 2016.10.14. "Russian Military Theorists Consider Future War: Bridging the NATO-Russia Gap." *Eurasia Daily Monitor*, Vol.13, No.165.

______. 2017.1.17. "Moscow Pursues Enhanced Precision-Strike Capability." *Eurasia Daily Monitor*, Vol.14, No.1.

______. 2017.3.7. "Aerospace Forces' Snap Inspection Reveals Flaws." *Eurasia Daily Monitor*, Vol.14, No.30.

______. 2017.6.6. "Russia's Defense Spending Spree Set to Continue." *Eurasia Daily Monitor*, Vol.14, No.74.

______. 2017.6.20. "Russia's Military Precision Strike Capability Prioritizes Iskander-M." *Eurasia Daily Monitor*, Vol.14, No.82.

______. 2017.7.11. "Moscow Prepares for Zapad 2017." *Eurasia Daily Monitor*, Vol.14, No.90.

______. 2016.7.20. "Defence Minister Shoigu Reports on Russian Military Modernization." *Eurasia Daily Monitor*, Vol.13, No.131.

Mearsheimer, John J. 2014.9. "Why the Ukraine Crisis is the West's Falt: The Liberal Delusions that Provoked Putin." *Foreign Affairs*, Vol.93, No.5.

Monaghan, Andrew. 2013.4. *The New Russian Foreign Policy Concept: Evolving Continuity*. Chatham House.

Moore, Robert. 2003. *A Time: The Untold Story of the Kursk Tragedy*. New York: Crown.

Myers, Steve Lee. 2015. *The New Tsar: The Rise and Reign of Vladimir Putin*. New York: Vintage Books.

Olikar, Olga. 2016.1.7. "Unpacking Russia's New National Security Strategy." *Center for Strategic & International Studies Commentary*.

______. 2016.5. *Russia's Nuclear Doctrine: What We Know, What We Don't, and What That Means*. CSIS.

Oynnoniemi, Katri. 2013.3. "Russia's Defence Reform: Assessing the Real "Serdyukov Heritage." *Finish Institute of International Affairs Briefing Paper.*

Ptichkin, Sergey. 2017.2.21. "В России разработали радиостанцию, сигнал которойнельзя перехватить(Russian Develops Radio Set with Uninterceptable Signal)." *Rossiyskaya Gazeta Online.* https://rg.ru/2017/02/21/specialistyrazrabotali-radiostanciiu-kotoruiu-nelzia-perehvatit.html(검색일: 2017.7.27)

Plokhy, Serhhii. 2014. *The Last Empire: The Final Days of the Soviet Union.* New York: Basic Books.

Pynnoniemi, Katri. 2013.3. "Russia's Defence Reform: Assessing the Real "Serdyukov Heritage." *FIIA Briefing Paper 126.*

Ramm, Aleksey. 2016.9.27. "Минобороны возрождает легендарную «чеченскую дивизию» 42-я мотострелковая дивизия больше не будет бороться с террористами, а прикроет государственную границу." *Izvestiya Online.* http://izvestia.ru/news/634(검색일: 2017.7.27)

Ramm, Aleksey and Andreyev, Yevgeniy. 2017.4.13. "В Мурманске формируется новое сухопутное объединение(A New Ground Combined Formation Is Being Formed in Murmansk)." *Izvestiya Online.*

Ramm, Aleksey, Litovkin, Dmitriy, and Andreyev, Yevgeniy. 2017.4.4. "В войска радиоэлектронной борьбы придет искусственный интеллект Система «Былина» сама найдет, опознает и задавит помехами радиолокаторы, средства связи и спутники противника(Troops Will Get Electronic Warfare Artificial Intelligence System: Bylina System Will Independently Find, Identify, and Suppress Enemy Radar, Communications, and Satellites)." *Izvestiya Online.* http://izvestia.ru/news/675891(검색일: 2017.7.27)

Reisinger, H. and Golt, A. 2014.11. "Russia's Hybird Warfare-Waging War below the Radar of Traditional Collective Defense." *Research Paper,* No.105, NATO Defense College.

Remick, David. 2014.8.11."Watching the Eclipse." *The New Yorker.*

Renz, Bettina and Hanna Smith. 2016.1. "Russia and Hybrid Warfare - Going Beyond the Label." *Aleksanteri Papers*, No.1.

Renz, Bettina and Hanna Smith(ed.). 2016.10. *After 'hybrid warfare', what next? - Understanding and Responding to Contemporary Russia.* Prime Minister's Office.

Rice, Condoleezza. 1986. "The Making of Soviet Strategy." in Peter Paret(ed.). *Makers of Modern Strategy: from Machiavelli to the Nuclear Age.* Princeton, NJ: Princeton

University Press.

Samuelson, Lennart and Vitaly Shlykov. 2000. *Plans for Stalin's War Machine: Tukhachevskii and Military-Economic Planning, 1925-1941*. New York: St. Martin Press.

Sidorkova, Inna. 2017.3.17. "Спецназ подготовят в Гудермесе(Spetsnaz Will Train in Gudermes)." *RBK*.

Sinovets, Polina and Bettina Renz. 2015. "Russia's 2014 Military Doctrine and Beyond: Threat Perceptions, Capabilities and Ambitions." *Research Paper*, No.117. Rome, Italy: The Research Division of the NATO Defence College.

Snyder, Timothy. 2010. *Bloodlands: Europe between Hitler and Stalin*. New York: Basic Books.

Stoecker, Sally W. 1998. *Forging Stalin's Army: Marshal Tukhachevsky and the Politics of Military Innovation*. Boulder, Colorado: Westview Press.

Stone, David R. 2000. *Hammer & Rifle: Militarization of the Soviet Union, 1926-1933*. Lawrence, KS: University Press of Kansas.

Stone, David R.(ed.). 2010. *The Soviet Union at War, 1941-1945*. New York: Pen & Sword Books.

Stoner, Kathryn and Michael McFaul. 2015. "Who Lost Russia (This Time)? Vladimir Putin." *The Washington Quarterly*, Vol.38, No.2(Summer, 2015).

Sukhankin, Sergey. 2016.10.26. "Russian Playing Catch-up in Cyber Security." *Eurasia Daily Monitor*, Vol.13, No.172.

______. 2016.11.30. "Russia Beefs up its Offensive Cyber Capabilities." *Eurasia Daily Monitor*, Vol.13, No.188.

______. 2016.12.7. "Europe Seeks Consolidation in the Face of Cyber and Information Threats by Russia." *Eurasia Daily Monitor*, Vol.13, No.192.

______. 2016.12.16. "Russia's New Information Security Doctrine: Fencing Russia from the "Outside World"?" *Eurasia Daily Monitor*, Vol.13, No.198.

______. 2017.3.21. "Russian National Guard: A New Oprichnina, 'Cyber Police' or Something Else?" *Eurasia Daily Monitor*, Vol.14, No.38.

______. 2017.5.11. "Russian 'Cyber Troops': A Weapon of Aggression" *Eurasian Daily Monitor*, Vol.14, No.63.

______. 2017.5.24. "Russian Electronic Warfare in Ukraine: Between Real and Imaginable." *Eurasian Daily Monitor*, Vol.14, No.71.

______. 2017.6.20. "European Response to Russia's Disinformation and Cyber Aggression:

Reaction or Strategy?" *Eurasia Daily Monitor*, Vol.14, No.82.

Suvorov, Viktor. 1990. *Icebreaker: Who Started the Second World War?* London: Hammish-Hammilton.

Svechin, Alexander A. 1927. *Strategy*. Moscow: Voennyi Vestnik.

Talukdar, Indrani. 2017.2.16. "Russia's New Foreign Policy 2016." *Viiewpoint*. Indian Council of World Affairs.

The Ministry of Foreign Affairs of the Russian Federation. 2016.12.1. *Foreign Policy Concept of the Russian Federation*. http://www.mid.ru/en/foreign_policy/official_documents/-/asset_publisher/CptIC B6BZ29/content/id/2542248(검색일: 2017.7.26)

Thomas, Timothy L. 2011. *Russia Forges Tradition and Technology through Toughness*. Fort Leavenworth, KS: The US Army Foreign Military Studies Office.

Thomas, Timothy. 2015. *Russian Military Strategy: Impacting 21st Century Reform and Geopolitics*. Fort Leavenworth, KS: The US Army Foreign Military Studies Office.

______. 2016.10. "The General Staff on Kavaz-2016." *Operational Environment Watch*, Vol.6, Issue.10. Fort Leavenworth, KS: The US Army Foreign Military Studies Office.

Thornton, Richard C. 2001. *Odd Man Out: Truman, Stalin, Mao, and the Origins of the Korean War*. Washington DC: Brassey's.

Thornton, Rod. 2011. *Military Modernization and the Russian Ground Forces*. Carlisle, PA: Strategic Studies Institute of the US Army War College.

Trenin, Dmitri. 2014.12.29. "2014 Russia's New Military Doctrine Tells It All." *Carnegie Moscow Center Commentary*.

Tsygankov, Andrei P. 2014. *Russia's Foreign Policy: Change and Continuity in National Identity*. New York: Rowman & Littlefield Publishers.

Weathersby, Kathryn. 1993. "Soviet Aims in Korea and the Origins of the Korean War, 1945-1950: New Evidence from Russian Archives." *Cold War International History Project Working Paper*, No.8.

______. 1995a. "New Evidence on the Korean War." *Cold War International History Project Bulletin*, No.6/7.

______. 1995b. "To Attack or Not Attack? Stalin, Kim Il Sung, and Prelude to War". *Cold War International History Project Bulletin*, Vol.5.

______. 1998. "New Evidence on thc Korcan War." *Cold War International History Project Bulletin*, No.11.

______. 2002. "Should We Fear This? Stalin and the Danger of War with America". *Cold*

War International History Project Working Paper, No.39.

______. 2003. "New Evidence on North Korea," *Cold War International History Project Bulletin*, No.14/15.

Willliams, William Appleman. 1962. *Tragedy of America Diplomacy*. New York: Delta.

Zubok, Vladislav M. 2007. *A Failed Empire: The Soviet Union in the Cold War from Stalin to Gorbachev*. Chapel Hill, NC: The University of North Carolina Press.

Zubok, Vladislav and Constantine Pleshakov. 1996. *Inside the Kremlin's Cold War: From Stalin to Khrushchev*. Cambridge and London: Harvard University Press.

기사

Baluyevsky, Yuri. 2017.5.26. "Война не кончается, она – замирает(War hasn't ended, it has come to a standstill)." *Nezavisimoye Voyennoye Obozreniye*.

BBC News. 2016.5.9. "Immortal Regiment: Thousands March to Remember WW2 relatives." http://www.bbc.com/news/in-pictures-36249817(검색일: 2017.4.11)

Gazeta.ru. 2017.3.2. "ВКС сражаются за микрофон." https://www.gazeta.ru/army/2017/03/02/10552511.shtml(검색일: 2017.7.27)

Izvestia. 2016.8.12. "Россия может разорвать дипотношения с Украиной: В Москве прорабатывают варианты ответа на попытку теракта украинского спецназа в Крыму." http://iz.ru/news/626718(검색일: 2017.7.27)

Krasnaya Zvezda. 2016.7.17. "Крепнет оборонный потенциал." http://redstar.ru/index.php/component/k2/item/29670-krepnet-oboronnyj-potentsial(검색일: 2017.7.27)

Mil.by. 2017.3.13. "Совместная штабная тренировка с Объединенным командованием региональной группировки войск (сил) Республики Беларусь и Российской Федерации." http://www.news. mil.by/ru/news/62262/(검색일: 2017.7.27).

Interfax. 2016.9.9. "В Госдуме предложили оптимизировать расходы на оборону вместо сокращения." http://www.interfax.ru/russia/527524(검색일 2017.7. 27)

Komsomolskaya Pravda. 2016.4.2. "В новый порт Сабетта зашел первый арктический танкер-газовоз «Кристоф де Маржери»." https://www.yamal.kp.ru/online/news/2702157/(검색일: 2017.7.27)

Kremlin.ru. 2015.12.31. "Утвержде на Стратегия национальной безопасности России." http://kremlin.ru/acts/news/51129(검색일: 2017.7.27)

______. 2015.12.31. "Утверждена Стратегия национальной безопасности России." http://kremlin.ru/acts/news/51129(검색일: 2017.7.27)
______. 2017.3.22. "Совещание по развитию космической отрасли." http://www.kremlin.ru/events/president/news/54539(검색일: 2017.7.27)
krymr.com. 2017.2.13. "«Запад-2017»: зачем Россия посылает войска в Беларусь?" https://ru.krymr.com/a/28302385.html(검색일: 2017.7.27)
Mil.ru. 2016.6.14. "Внезапная проверка боеготовности Вооруженных Сил Российской Федерации." http://function.mil.ru/news_page/ country/more.htm?id=12087150@egNews(검색일: 2017.7.27)
______. 2016.8.11. "В Вооруженных Силах Российской Федерации стартовали специальные учения по видам всестороннего обеспечения." http://function.mil.ru/news_page/country/more.htm?id=12092572@egNews(검색일: 2017.7.27)
______. 2016.8.25. "В Вооруженных Силах РФ началась проверка боевой готовности." http://function.mil.ru/news_page/country/more.htm?id=12093731@egNews(검색일: 2017.7.27)
______. 2016.9.8. "Авиация ЮВО отражает массированный удар авиации условного противник а в рамках СКШУ «Кавказ-2016»." http://function.mil.ru/news_page/country/more.htm?id=12095114@egNews&_print=true(검색일: 2017.7.27)
______. 2016.11.1. "Министр обороны России генерал армии Сергей Шойгу провел очередное селекторное совещание." http://function.mil.ru/news_page/country/more.htm?id=12101577@egNews(검색일: 2017.7.27)
Nezavisimaya Voyennoye Obozreniye. 2016.4.1. "Пять миллиардов для новой дивизии: Версия для печати Добавить в избр анное Обсудить на форуме Соединение численностью около 10 тысяч чело век будет развернуто в Ростовской области." http://nvo.ng.ru/nvoevents/2016-04-01/2_mlrd.html(검색일: 2017.7.27)
______. 2016.6.2. "План Минобороны РФ по перевооружению в действии: Версия для печати Добавить в избранное Обсудить на форуме Военные моряки завершили серию испытаний корабельной радиостанции нового поколения." http://nvo.ng.ru/nvoevents/2017-06-02/2_950_news.html(검색일: 2017.7.27)
______. 2016.6.16. "Российско-белорусская "агрессия" грянет в сентябре: Вер

сия для печати Добавить в избранное Обсудить на форуме Запад на ращивает свои войска в преддверии стратегических учений Союзного государства." http://nvo.ng.ru/forces/2017-06-16/1_952_zapad2017.html(검색일: 2017.7.27)

______. 2016.10.7. ""Искандеры" из-под Северной Пальмиры Версия для печа ти Добавить в избранное Обсудить на форуме За маневрами под Сан кт-Петербургом внимательно наблюдали спецслужбы Северного аль янса." http://nvo.ng.ru/nvoevents/2016-10-07/2_iscander.html(검색일: 2017.7.27)

______. 2017.4.1. "Пять миллиардов для новой дивизии: Версия для печати Добавить в избранное Обсудить на форуме Соединение численность ю около 10 тысяч человек будет развернуто в Ростовской области."

Ng.ru. 2016.6.17. "Мобготовность проверяют без ущерба для природы: Верси я для печати До бавить в избранное Обсудить на форуме Внезапная выборочная проверка п о решению президента проходит с семи утра 14 июня." http://nvo.ng.ru/nvoevents/2016-06-17/2_mob.html(검색일: 2017.7.27)

RIA Novosti. 2016.3.1. "СМИ: российские военные эксперты хотят создать конц епцию "мягкой силы"." https://ria.ru/defense_safety/20160301/1382237782.html(검색일: 2017.7.27)

______. 2017.6.9. "СОЕДИНЕНИЕ ВВО ПОЛУЧИЛО БОЛЕЕ ДЕСЯТИ КОМПЛЕКСОВ "ИСКАНДЕР-М."" https://ria.ru/arms/20170609/1496170175.html(검색일: 2017.7.27)

Rossiyskaya Gazeta. 2015.12.22. "Вызов принят: Николай Патрушев: подготовлен а обновленная Страгия национальной безопасности РФ." https://rg.ru/2015/12/22/patrushev-site.html(검색일: 2017.7.27)

______. 2015.12.22. "Вызов принят: Николай Патрушев: подготовлена обновл енная Стратегия национальной безопасности РФ." https://rg.ru/2015/12/22/patrushev-site.html(검색일: 2017.7.27)

Russia Beyond the Headlines. 2016.5.9. "Putin joins the 'Immortal Regiment' march in Moscow." http://rbth.com/news/2016/05/09/putin-joins-the-immortal-regiment-march-in-moscow_591541(검색일: 2017.4.11)

TASS. 2016.1.12. "Шойгу: Минобороны РФ в 2016 году сформирует три новые дивизии на западном направлении." http://tass.ru/armiya-i-opk/2579480(검색일: 2017.7.27)

______. 2016.4.1. "Источник: дивизии 1-й танковой и 20-й армий на западе

России будут иметь по шесть полков." http://tass.ru/armiya-i-opk/3169104 (검색일: 2017.7.27)

______. 2017.3.30. "Российские войска не останутся в Белоруссии после учений"Запад-2017"." http://tass.ru/armiya-i-opk/4139191(검색일: 2017.7.27)

Vedomosti. 2015.12.31. "Президент России утвердил стратегию национальной безопасности страны: Москва заинтересована в партнерстве с Вашингтоном, но США оказывают давление на Россию." https://www.vedomosti.ru/politics/articles/2015/12/31/623046-prezident-rossii(검색일: 2017.7.27)

______. 2015.12.31. "Президент России утвердил стратегию национальной безопасностистраны: Москва интересована в партнерстве с Вашингтоном, но США оказывают давление на Россю." https://www.vedomosti.ru/politics/articles/2015/12/31/623046-prezident-rossii(검색일: 2017.7.27)

엮은이

국방대학교 안보문제연구소 국방대학교 안보문제연구소는 국가 수준의 중장기 안보 및 국방 정책 연구를 선도하는 기관으로, 1972년 대통령령에 의거 국방대학교 부설 정책연구기관으로 발족되었다. 국방부의 정책과 전략 자문 연구기관으로서 국방대학교 안보문제연구소의 목표는, 국가 안보 차원의 국방정책 및 군사전략 연구 역량 제고에 집중하고, 국방대학교 교과목과 연계한 교육 학술 이론을 연구하며, 국내외 연구 기관과 교류 협력을 강화하는 것이다. 국방대학교 안보문제연구소는 전문학술지 ≪국방연구≫와 영문 전문학술지 ≪Korean Journal of Security Affairs≫, 정기 간행물 ≪안보현안분석≫과 ≪RINSA Forum≫을 정기적으로 발간하고 있다.

지은이(수록순)

한용섭 현재 국방대학교 안전보장대학원 교수로 재직 중이다. 서울대학교 정치학 학사, 미국 하버드대학교 정책학 석사, 미국 랜드대학원 안보정책학 박사를 취득했다. 1977년에 제21회 행정고시를 합격하고 국방부에 몸을 담아 한미연례안보협의회 담당, 국방부장관 정책 보좌관, 국방부 북핵담당관, 남북핵통제공동위원회 전략수행위원으로 활동했다. 1994년 국방대학교 교수로 부임한 이래, 2005년에 안보문제연구소장, 2010년에 국방대학교 부총장을 지냈으며, 2006년에 한국평화학회 회장, 2012년에 한국핵정책학회 초대회장을 역임했다. 중국 외교학원과 상하이 푸단대학교 및 미국 포틀랜드주립대학의 교환교수를 지냈다. 주요 국문 저서로는 『북한 핵의 운명』(2018), 『한반도 평화와 군비통제』(2015), 『국방정책론』(2012), 『동북아의 핵무기와 핵군축』(2001), 『미중경쟁 시대의 동북아 평화론』(2010, 공저), 『21세기 미·중 패권경쟁과 한반도 평화』(2015, 공저), 『자주냐 동맹이냐』(2004), 『동아시아 안보공동체』(2005, 공저) 등이 있다. 주요 영문저서로는 Peace and Arms Control on the Korean Peninsula(2005), Sunshine in Korea(2002, 공저), Nuclear disarmament and non-proliferation in Northeast Asia, 그 외 국영중일(어) 학술논문 다수가 있다.

박영준 현재 국방대학교 안보대학원 교수로 재직 중이다다. 연세대학교 정치외교학과와 서울대학교 대학원 외교학과를 졸업하였고, 육군사관학교 교관을 거쳐, 일본 도쿄대학교에서 국제정치학 박사 학위를 취득했다. 미국 하버드대학교 US-Japan Program에 2회에 걸쳐 방문학자로 체재했고, 한국평화학회 회장, 현대일본학회 회장, 국제정치학회 안보

국방분과위원장 등으로 활동하면서 일본정치외교, 동북아 국제관계, 국제안보 등의 분야에서 『제3의 일본』(2008), 『안전보장의 국제정치학』(2010, 공저), 『21세기 국제안보의 도전과 과제』(2012, 공저), 『해군의 탄생과 근대일본』(2014), 『한국 국가안보전략의 전개와 과제』(2017) 등의 저서와 연구 논문을 발표했다. 국가안전보장회의 및 외교부의 정책자문위원 활동과 ≪중앙선데이≫, ≪세계일보≫, ≪한국일보≫ 등 다양한 언론매체에서 고정 칼럼 집필을 통한 국가안보정책 관련 사회적 제언을 활발하게 행하고 있다.

박창희 현재 국방대학교 안보대학원 교수로 재직 중이다. 육군사관학교를 졸업하고 미 해군대학원(Navla Postgraduate School)에서 국가안보 석사 학위를, 고려대학교에서 정치학 박사 학위를 취득했다. 미국 아태안보연구소(Asia-Pacific Center for Security Studies)에서 정책연수를 받고, 국방대학교 안보문제연구소 군사문제연구센터장 등을 역임했으며, 현재 국방대학교 군사전략학과장, 합참 정책자문위원, 연합사 정책자문위원, 한국국방정책학회 부회장으로 활동하고 있다. 주요 강의 및 연구 분야는 군사전략, 중국군사, 전쟁 및 전략 등이며, 주요 저서로 『손자병법』(2017), 『중국의 전략문화』(2015), 『군사전략론』(2013), 『현대 중국 전략의 기원』(2011), 『군사사상론』(2014, 공저) 등이 있으며, 연구논문으로는 「북한 핵 상황하 한국의 군사전략」, 「중국의 전략문화와 전쟁수행 방식」, 「중국의 군사」 등이 있다.

김영준 현재 국방대학교 안전보장대학원 교수로 재직 중이다. 미국 국방부 싱크탱크 Foreign Military Studies Office(FMSO) 국제선임연구원이자 한미 연합사령관 전략자문단 위원으로 미국 정부 및 미군에 한반도 안보, 국방, 군사문제에 관해 자문해오고 있다. 한국 국제정치학회 안보 국방 분과 위원회 위원 및 간사, 한국 핵정책학회 연구이사, 한국 국방정책학회 연구이사, 국방부 국방개혁 2.0 자문위원, 여시재 동북아 전략 자문위원으로 활동 중이며, 청와대, 국방부, 외교부, 통일부 등 주요 정부부처에 정책 자문을 해오고 있다. 주요 저서로 *Origins of the North Korean Garrison State* (2017)가 있으며, 「푸틴의 전쟁과 러시아 전략사상」(2017), "Russo-Japanese War Complex: A New Interpretation of Russia's Foreign Policy toward Korea"(2015), "CIA and the Soviet Union", 「미국과 미군, 몰락하고 있는가?」 등의 논문을 저술했다. 아리랑 TV 뉴스, Peninsula 24 TV 시사토론, 국방뉴스, 국방포커스 시사토론 방송, 특집 국군의 날 TV 생방송, 특집 남북정상회담 TV 생방송, 특집 북미정상회담 TV 생방송 등에 전문가 패널로 출연하고 있다.

한울아카데미 2088
국방대학교 안보문제연구소 총서 1
미·일·중·러의 군사전략(개정판)

엮은이 | 국방대학교 안보문제연구소
지은이 | 한용섭·박영준·박창희·김영준
펴낸이 | 김종수
펴낸곳 | 한울엠플러스(주)
편집책임 | 조인순
편　　집 | 김지하

초판 1쇄 발행 | 2008년 12월 29일
개정판 1쇄 인쇄 | 2018년 7월 20일
개정판 1쇄 발행 | 2018년 8월 3일

주소 | 10881 경기도 파주시 광인사길 153 한울시소빌딩 3층
전화 | 031-955-0655
팩스 | 031-955-0656
홈페이지 | www.hanulmplus.kr
등록번호 | 제406-2015-000143호

Printed in Korea.
ISBN 978-89-460-7088-2 93390(양장)
978-89-460-6511-6 93390(학생판)

※ 책값은 겉표지에 표시되어 있습니다.
※ 이 책은 강의를 위한 학생용 교재를 따로 준비했습니다.
강의 교재로 사용하실 때에는 본사로 연락해주시기 바랍니다.